Arruinado por el exceso, perfeccionado por la carencia

La paradoja de la nutrición de perros y gatos

Richard S. Patton, PhD

AF811915

Copyright © 2017 Richard S. Patton
Título original: Ruined by Excess, Perfected By Lack. The paradox of pet nutrition

Todos los derechos reservados.
Traducción: Mónica González Tovar y Moresby Tovar
Versión en español Copyright © Mónica González Tovar, 2023
Primera edición.
Editado por: Mónica González Tovar
www.MonicaGonzalezTovar.com

Todos los derechos reservados. Ninguna parte de esta publicación puede ser reproducida, almacenada o transmitida en manera alguna ni por ningún medio, ya sea electrónico, mecánico, fotocopiado, grabado ni de otro modo, sin autorización previa por escrito del editor.

Descargo de responsabilidad

La información contenida en este libro es veraz y completa de acuerdo con nuestro leal saber y entender y tiene por objeto ayudar a los tutores de perros y gatos a encontrar mejores opciones nutricionales para sus animales. Este libro no pretende ser un sustituto del consejo o la atención veterinaria. El autor y el editor declinan toda responsabilidad en relación con el uso de esta información.

DEPÓSITO LEGAL: M-19830-2023

ISBN: 978-84-09-52266-8

IMPRESO EN ESPAÑA

DEDICATORIA

La hora y el lugar de nacimiento de una persona, así como el ADN que le acompaña, son exclusivamente el resultado de la travesura de otros. En lo que respecta a estos otros, he tenido toda la suerte que uno podría necesitar durante toda una vida gracias a quienes he podido llamar madre y padre.
Para mis padres Stu y Colleen Patton.

AGRADECIMIENTOS

En lo que respecta al mundo de los libros, este no se considera extenso, sin embargo, ha sido la principal preocupación de mi vida en mis horas libres durante más de una década. La ambición de emprender esta tarea fue posible gracias a la confianza depositada en mí por varios de mis jefes a lo largo de mi carrera profesional. Paul Chandler, Mark Morris, Meyer Luskin y Hassan Kassem han sido, sencillamente, mis mentores profesionales. Tengo la esperanza de que este libro, de alguna pequeña manera, sirva para validar el criterio y la paciencia de estos hombres.

A pesar de los años de educación y capacitación formal, prácticamente todo lo que sé acerca del cuidado de los animales, de verdadera aplicación práctica, me lo han enseñado los animales y sus tutores.

Más allá de cualquier dedicatoria y reconocimiento: está de más decir que sin la lealtad y la devoción incansable de mi esposa Elayne, este libro, y de hecho mi carrera, no existirían. Quiero que quede constancia de esto.

CONTENIDO

PRÓLOGO A LA EDICIÓN EN ESPAÑOL

Como lectora ávida que soy, siempre he disfrutado descubriendo las diversas formas que diferentes autores tienen de plantear un mismo tema. Cada autor o autora plasma en su obra no sólo sus conocimientos técnicos, sino también su forma única de ver dicho tema y su percepción del mundo en general, enriqueciendo así el mundo de sus lectores con enfoques específicos y formas diferentes de abordar las particularidades del tema.

Aunque cada autor o autora tiene la capacidad de enriquecer el mundo de sus lectores a su manera, en muy raras ocasiones he tenido el privilegio de descubrir un libro que haga vibrar mi mente y mi alma de una forma tan intensa. Son esos libros que no puedo dejar de leer y releer, en los que encuentro joyas casi en cada página y que despiertan en mí una necesidad imperiosa de hacerlos llegar a todos aquellos interesados en la materia. Muchas veces son libros que se esconden en ediciones que pasan desapercibidas y, en muchos casos, no reciben la atención que se merecen.

Arruinado por el exceso, perfeccionado por la carencia es, sin duda alguna, una de estas joyas poco conocidas.

El Dr. Richard Patton aborda el tema de la nutrición desde una perspectiva única en el campo, fundamentada en una sólida base científica y acompañada por la observación curiosa, práctica y aplicada al comportamiento natural de los animales de un investigador de campo.

En las páginas de este libro encontrará una explicación clara, concisa y fácil de comprender de las bases fisiológicas de la nutrición, así como una guía sobre los alimentos apropiados para perros, gatos y caballos. Pero no sólo eso, también encontrará las vivencias acumuladas a lo largo de más de 40 años por un nutricionista e investigador de campo, narradas con un sentido del humor exquisito y haciendo uso de uno de los sentidos menos comunes: el sentido común.

En el mundo de la nutrición de nuestros perros, gatos y caballos, se encuentra cada día más información, pero pareciera que a medida que aumenta la cantidad de información, aumenta también la complejidad y dificultad de aplicación de ésta en la vida cotidiana. Este libro marca una gran diferencia en ese sentido. Nos recuerda que nuestros animales han sobrevivido y evolucionado de manera exitosa en un mundo primitivo, sin la ayuda del ser humano y que, durante esa evolución, han desarrollado mecanismos fisiológicos y de comportamiento refinados para adaptarse a los nutrientes variables y en ocasiones escasos que les ofrecía el entorno.

El Dr. Patton expone de forma clara y sencilla los problemas derivados del exceso de nutrientes y de ingredientes nada naturales, como por ejemplo el azúcar y los carbohidratos solubles, que afectan a la salud de nuestros queridos animales y cómo la solución no radica en aumentar la ingesta de esto o aquello, sino en reducir la de los componentes innecesarios para su desarrollo.

El organismo de nuestros animales (y el nuestro también) posee las herramientas necesarias para manejar la carencia intermitente de nutrientes que se encuentra de forma natural en nuestro entorno, de una forma elegante y eficaz. Lo que no es capaz de manejar con la misma destreza es el exceso constante de calorías y de ciertos ingredientes. Al menos no sin caer en la enfermedad.

Este libro le llevará a reflexionar detalladamente sobre la forma en la que tanto nosotros como nuestros animales nos hemos alimentado durante los últimos 150 años y le ayudará a ver cómo cambiarla para el beneficio de la salud y el bienestar general.

Estoy segura de que lo encontrará tan ameno y científicamente esclarecedor como yo.

Mónica González Tovar

El Escorial, septiembre de 2023.

1
INTRODUCCIÓN

Mi insaciable curiosidad por la aventura y los caprichos del destino me han llevado a explorar una gran diversidad de lugares, tanto geográficos como filosóficos, que muy pocas personas han tenido la oportunidad de conocer. Gracias a mis años de experiencia viajando alrededor del mundo, he desarrollado un punto de vista único que deseo compartir con usted en este libro. Si bien mi formación es como científico, he trabajado como nutricionista animal en todo el mundo durante décadas. Debido a la diversidad de animales para los que he formulado dietas, creo que es justo decir que soy un nutricionista comparativo y me siento cualificado para hablar sobre nutrición animal, especialmente en lo que respecta a los fundamentos y conceptos básicos.

En este libro identifico una causa de obesidad que ni los profesionales veterinarios ni la industria de alimentos para mascotas han tomado en cuenta en su totalidad. Este concepto, que sostiene que el exceso de carbohidrato soluble puede ser un problema dietético, está siendo actualmente analizado en la bibliografía científica humana. Aunque ha sido mencionado por primera vez en revistas especializadas hace más de 20 años, ha tardado mucho tiempo en alcanzar el modesto nivel de debate actual que se está llevando a cabo.

Cuando alguien se dedica a enseñar, es crucial que logre que los estudiantes comprendan la relevancia de lo que están aprendiendo. Este libro se propone proporcionar esa relevancia a través de la perspectiva de tres principios fundamentales.

El primer principio se refiere a la composición de nutrientes en el mundo primitivo. La lógica indica que ningún ser vivo podría evolucionar para necesitar un nutriente que no existiera en su entorno natural. De manera alternativa, requerir un nutriente ausente en el entorno podría llevar a la extinción de dicho organismo. No obstante, la calidad, la densidad de nutrientes, la abundancia, la época y la localización de los nutrientes en el mundo primitivo eran variables.

El segundo principio fundamental es la adaptabilidad dietética de los mamíferos. Esta capacidad explica cómo los animales pueden sobrevivir temporalmente sin un nutriente esencial en su entorno. Como veremos en el libro, los animales tienen una capacidad casi ilimitada para manejar la falta de nutrientes si se les permite comportarse de forma natural.

Este es el tercer principio fundamental: los animales deben tener la libertad de desarrollar su comportamiento innato para adaptarse a una dieta variable. De este modo, pueden sobrevivir y prosperar en entornos cambiantes.

La mayor ambición de este libro es explicar por qué, a pesar de la increíble capacidad de adaptación de los animales modernos, pueden sufrir de desnutrición. A menudo, sin saberlo, los tutores de perros y gatos forzamos cambios en el comportamiento de nuestros animales que pueden ser cruciales para su nutrición. Además, tanto la evolución humana como la de nuestros amigos animales se han perfeccionado para manejar la carencia de nutrientes y energía. Debido a que nunca ha habido una necesidad real de adaptarse al exceso de energía, hay una adaptabilidad limitada a las dietas modernas que contienen altos niveles de ciertos tipos de calorías. Esto es una variación del concepto de "gen ahorrador" que se discute en el debate sobre cómo las sociedades primitivas interactúan con la tecnología moderna.

Este libro detalla por qué, a pesar de la adaptabilidad de los animales domésticos, es probable que estén malnutridos si no se aplican los principios fundamentales de la nutrición. Explica cómo las personas pueden ayudar a sus perros y gatos a tener una dieta adecuada para su salud y bienestar, y cómo esto puede marcar una gran diferencia en la calidad de vida de nuestros amigos peludos.

Además de mi capacitación formal y experiencia profesional, durante los últimos 30 años he disfrutado de una pasión que me ha proporcionado otra perspectiva privilegiada para comprender la dietética y la nutrición. Cada año, me aventuro en las regiones inhóspitas de las Montañas Rocosas, viajando a caballo y emulando con precisión a los exploradores del siglo XIX. En los anales de la antropología existe un precedente para este concepto de "reconstrucción de laboratorio de campo". En la década de 1940, Thor Heyerdahl y sus colegas navegaron en una balsa primitiva desde Perú hasta la isla habitada más cercana, una distancia de más de 6.000 km a través del Pacífico. Su propósito era demostrar que el hombre prehistórico habría sido capaz de realizar dicho viaje con la ayuda de los vientos alisios y las corrientes. La aventura fue relatada en el popular libro "Kon-Tiki" (Rand McNally, 1950, Nueva York, NY), en el que Heyerdahl narraba numerosas revelaciones antropológicas que no habrían sido descubiertas por los académicos que trabajan exclusivamente desde una oficina.

En nuestro laboratorio de campo, vivíamos de la tierra, confiando en equipos de la década de 1830. Esto significaba que no disponíamos de ropa impermeable ni cerillas, y que utilizábamos únicamente herramientas primitivas de la época. Aunque para nosotros suponía una gran aventura y diversión, a menudo nos encontrábamos a 80 km de cualquier asentamiento humano y, en realidad, no estábamos jugando, sino sobreviviendo en regiones inhóspitas con la tecnología de Lewis y Clark. Conforme perfeccionábamos esta actividad a lo largo de los años, y gracias a mi formación en la observación y recolección de datos, recopilé información sobre el comportamiento humano y animal en entornos naturales, así como sobre el efecto de la nutrición obtenida de forma ancestral y primitiva.

Hay muchos libros útiles sobre nutrición moderna, al menos una media docena sobre la dieta primitiva de nuestros antepasados y varias docenas sobre nutrición de animales de compañía. Sin embargo, a pesar de todo este conocimiento acumulado, aún falta algo en nuestro enfoque sobre nuestra propia nutrición y la de los animales de los que cuidamos. Sabemos, en su mayor parte, qué alimentos comer y cuáles evitar, y que es necesario hacer ejercicio regularmente y controlar las porciones de las comidas.

Sin embargo, todavía enfrentamos problemas de sobrepeso y obesidad en nuestros perros y gatos, con una prevalencia del 40% según un artículo de Business Week, de agosto de 2007. La medicina veterinaria, al igual que otros campos biomédicos, está inundada de tecnología novedosa y tiene poco tiempo para enfocarse en la prevención. En lugar de eso, se enfoca en la crisis, y la nutrición no suele ser vista como una crisis, sino que empeora gradualmente hasta que surge otra crisis.

Figura 1 *La medicina veterinaria está orientada hacia la crisis. La nutrición es, rara vez, una crisis.*

El estudio de la nutrición es, por naturaleza, complejo y multifacético. No tiene un punto de partida evidente y requiere una comprensión integral de los componentes alimentarios y los factores que influyen en su absorción y utilización por el cuerpo. No se puede analizar aisladamente la composición del alimento o la función de cada nutriente, ya que están interrelacionados y forman parte de un sistema complejo. Cualquier aspecto de un tema está conectado con muchos otros y debe ser considerado en un contexto más amplio (Figura 2).

Figura 2 *El estudio de la nutrición requiere una comprensión de muchas disciplinas.*

Para tener una comprensión completa de la nutrición, es necesario considerar múltiples factores interrelacionados. Por ejemplo, no se puede hablar sobre la proteína sin tomar en consideración también la energía. Las necesidades de Zinc están influenciadas por el estrés, y el consumo total de calorías es sólo una parte de la historia. La fuente o el tipo de calorías consumidas es más importante que la cantidad total consumida, ya que la grasa, a pesar de tener más del doble de contenido calórico que el azúcar, no es tan culpable como el azúcar de la obesidad. Aunque este conocimiento es de dominio público desde hace más de 100 años, a menudo se pasa por alto. Además, cada especie utiliza una estrategia única para obtener nutrientes del entorno, lo que hace que sea difícil aplicar generalizaciones a todas las especies, a menos que se examine a nivel celular. Los herbívoros consumen grandes cantidades de plantas, mientras que los carnívoros comen pequeñas cantidades de herbívoros. Algunas criaturas pueden comer casi cualquier cosa, pero existe una especialización clara en su nutrición, especialmente cuando se ven presionadas.

Dado que la nutrición es una ciencia que abarca numerosas

disciplinas, es importante que les informe con antelación sobre el mapa que seguiré para abordar los diferentes aspectos de esta ciencia. En primer lugar, les presentaré algunos detalles clave sobre mi trayectoria profesional que, en mi opinión, me califican como experto en nutrición animal. He dedicado toda mi carrera al estudio de la nutrición animal, por lo que dedicaré algunas páginas a hablarles de mí. La historia comienza formalmente en el Capítulo 2, donde revisaremos los principales componentes de los alimentos con el objetivo de esbozar las reglas fundamentales de la nutrición, el lenguaje utilizado y su significado. Por ejemplo, ¿qué es la proteína o el carbohidrato? ¿Qué es una caloría? Para cualquier debate, es necesario llegar a un acuerdo sobre el significado de las palabras utilizadas. El Capítulo 2 puede resultar engorroso para algunos, y quizás el más árido, pero es esencial para comprender la composición orgánica de los alimentos. Se ha hecho todo lo posible para que el diálogo sea ligero y simplista, desterrando los detalles más tediosos a las notas finales, pero aún así, se requerirá paciencia y tolerancia.

Una vez definida la terminología, en el Capítulo 3 nos remontamos a nuestro origen, a lo que fue el alimento no sólo de nuestros antepasados, sino de los primeros homínidos, los dinosaurios e incluso quienes habitaron antes de ellos. El Capítulo 4 es un análisis del hermoso pero poco mencionado genio para la supervivencia de los mamíferos, la adaptabilidad, y, en particular, de un desafío actual para la adaptabilidad. El Capítulo 5 es otro tema de tipo intensivo, anatomía y fisiología digestiva, pero no puedo dejar que se vayan pensando que la vaca y el caballo son iguales o que el tigre y el gato doméstico son diferentes. Las especies toman diferentes caminos para llegar al nivel molecular de la nutrición pero una vez allí, todas las formas de vida son muy similares.

En el Capítulo 6 se trata el tema no nutricional del comportamiento, que tiene un impacto significativo sobre la nutrición. Disfruté mucho escribiendo los Capítulos 7 al 12, pero no soy tan ingenuo como para pensar que todos esperan ansiosamente un discurso intelectual. Los tutores de gatos y caballos tienen su propio capítulo, pero es difícil hacer entretenido el detalle minucioso sobre microorganismos, suplementos, vitaminas, minerales y, especialmente, las leyes y regulaciones. Estos capítulos se pueden considerar simplemente como material de referencia y leer de manera más general.

Pero en el capítulo final, el capítulo 13, volvemos de nuevo a la carga. Léanlo con más cuidado. Es el resumen de la saga completa.

Aunque este es un libro sobre nutrición animal, a menudo se aborda también la nutrición humana. Esto se hace porque la mayoría de las personas están familiarizadas con su propia nutrición, ya que comen tres veces al día, lo que les permite relacionarse de manera íntima con la discusión sobre la nutrición. Además, el campo de la nutrición humana está bastante avanzado en comparación con cualquier otro animal, y gran parte de lo que se sabe sobre los humanos (que también somos animales) se puede aplicar a los animales. De hecho, gran parte del conocimiento sobre la nutrición humana se resolvió primero utilizando modelos animales. Por lo tanto, es mucho lo que tienen en común un perro y un hombre en términos de nutrición, y a nivel celular, no existen diferencias apreciables.

Cuando los analizamos en detalle, los problemas de la nutrición animal son, a menudo, problemas creados por las personas. Esto es cierto aunque no sea por otra razón que, debido al confinamiento, le negamos a nuestros animales de compañía su comportamiento innato (y de hecho, a todos los animales domésticos), el cual los ha mantenido vitales y en forma desde el principio de los tiempos. Desde luego, no podemos liberar de su confinamiento a todas las criaturas confinadas. Tener osos pardos merodeando por el centro de Manhattan no sería muy adecuado. No existen soluciones fáciles, sólo alternativas inteligentes. Mi deseo con este libro no es decirles qué hacer, sino más bien aportarles conocimientos e información para que los utilicen durante su proceso de toma de decisiones.

NUTRICIÓN ANIMAL. EL CAMINO QUE ME ELIGIÓ A MÍ.

Era desgarrador observar a la madre gata tratando de caminar entre sus gatitos. Le fallaba el equilibrio y se caía hacia los lados. Eran los inicios de mi carrera y fue allí cuando comprendí que probablemente jamás sería indiferente ante el sufrimiento de los animales. Mi puesto de trabajo implicaba la responsabilidad de planificar el apareamiento de los gatos de forma que tuviéramos un flujo constante de gatitos. Esto se debía a que nuestra función como organización era proporcionar un servicio parecido a "Underwriters Laboratories" para la industria de alimentos para mascotas. Las empresas contrataban nuestras instalaciones para demostrar que sus dietas hacían lo que ellos decían, por ejemplo, el mantenimiento de adultos o el crecimiento de cachorros. Mi trabajo consistía en supervisar estos ensayos y garantizar que nuestras conclusiones fueran imparciales y científicamente correctas.

Por lo tanto, era necesario tener un aporte constante de camadas de perros y gatos para verificar la idoneidad nutricional de las diferentes dietas que nuestros clientes deseaban comercializar. De todas nuestras gatas (llamadas reinas), esta era mi favorita. Era una dama grande y gris con llamativos ojos amarillos y era muy dulce y amistosa. Con un criadero de más de 200 gatos, no había tiempo para domesticar y hacer más dóciles a cada uno, así que era fácil apreciar a los más dispuestos.

Para el apareamiento, los machos y las hembras se rotaban en una secuencia que impedía específicamente la endogamia. Esperaba con impaciencia el momento en el que la rotación emparejara a mi gata favorita con mi gato favorito, quienes eran individuos accesibles y amables. La gata era grande y gris con unos llamativos ojos amarillos, mientras que el gato era grande y masculino con un cuello grueso, y tenía un pelaje blanco y negro, como una vaca Holstein. El apareamiento de estos dos magníficos felinos produjo una camada de seis gatitos: cuatro negros, uno gris como la madre y uno Holstein como el padre. La madre era magnífica en su trabajo, proporcionando leche a sus gatitos para que ganaran peso y lucieran saludables. Sin embargo, tres semanas después del nacimiento, contrajo una infección de oído que afectó su equilibrio y le causó un evidente malestar. A pesar de los mejores cuidados médicos proporcionados por nuestro personal veterinario, su leche casi se secó y los gatitos dejaron de ganar peso.

La infección desapareció en una semana aproximadamente y pronto llegó el momento de destetar a los gatitos lo que, de acuerdo con el protocolo, se hacía a las seis semanas de edad. Me encontré con un dilema. Los gatitos tenían apenas la mitad del peso esperado para el destete, lo que los descalificaba para cualquier ensayo que midiera la capacidad de una dieta para sustentar el crecimiento. ¿Debía dejarlos con su madre, cuyo flujo de leche parecía haberse recuperado, o destetarlos de acuerdo con el protocolo y esperar lo mejor? Como este era mi primer trabajo profesional verdadero, me preocupaba ser visto como demasiado compasivo o como que maltrataba a los gatitos. De cualquier modo, decidí que fueran destetados a tiempo y realicé un seguimiento de las consecuencias con gran preocupación.

Existe una curva de crecimiento muy predecible después del destete, que siempre comienza con un fuerte declive en el crecimiento a medida que los gatitos hacen frente al estrés del destete, que es lo más traumático que les ocurre en sus nuevas vidas. Para mi sorpresa, mi preciada camada de gatitos ni siquiera pareció notar el destete. Al ser separados de su madre y empezar a comer alimento seco (el mismo que había estado comiendo su madre), ganaron peso a un ritmo acelerado, sin mostrar nunca disminución alguna de la ganancia de peso ni signos de estrés. De hecho, a las tres semanas (nueve semanas de edad) ya superaban la curva estándar del índice de crecimiento.

La persona encargada del cuidado diario de nuestros gatos fue uno de esos hallazgos fortuitos que se encuentran ocasionalmente en un equipo de trabajo. Tenía un talento innato para el cuidado de los gatos, aunque ni él mismo lo sospechaba cuando lo contratamos. No había ningún gato tímido o inaccesible en toda la instalación para él, a pesar de que para el resto de nosotros, casi todos los gatos eran imposibles de atrapar, incluso con una red.

Cuando le expresé mi asombro por el rápido crecimiento de la camada, él no compartió mi sorpresa y me explicó que los gatitos en realidad se habían destetado a las tres semanas de edad, justo cuando su madre se enfermó. Al quedarse sin suficiente leche, aprendieron a comer inmediatamente el alimento seco. Para corroborar esta información, revisé los registros de consumo de alimentos de todos nuestros animales, los cuales se recopilaban de forma rutinaria. Allí encontré la prueba. Aparentemente, el consumo de alimentos de la madre había aumentado cuando se enfermó, pero en realidad eran los gatitos los que habían estado comiendo su comida. Por lo tanto, cuando los destetamos a las seis semanas de edad, en realidad ya se habían destetado de una manera mucho menos estresante que lo normal. Estaban bajo el cuidado y la crianza de su madre mientras pasaban por el proceso de destete.

Esta experiencia tuvo un efecto profundo en mí. En primer lugar, como me había enseñado mi padre desde muy pequeño, nunca sabes con certeza cuándo estás ganando o cuándo estás perdiendo. Lo que en un momento puede parecer el peor acontecimiento posible, puede resultar ser lo mejor que te haya podido suceder. Por el contrario, un día maravilloso puede resultar ser un giro equivocado en tu vida. La otra lección que los gatitos me enseñaron de manera muy clara fue la adaptabilidad casi milagrosa de los animales a condiciones duras o crueles. Este es un tema que exploraremos en detalle en capítulos posteriores. Lo más importante es que este episodio con mi madre gata favorita y sus gatitos fue el comienzo de una verdad que me acompañó a lo largo de mi carrera. A pesar de haber recibido una extensa educación formal, casi todo lo que he aprendido acerca de la nutrición animal me lo han enseñado los animales y sus tutores.

Recuerdo claramente el día en que descubrí mi pasión por la nutrición animal. Tenía 19 años y estaba en la universidad buscando algo que me interesara. Aunque no estaba seguro de si la universidad era el lugar adecuado para mí, sabía que valía la pena intentarlo. Originalmente estaba inscrito en el programa de pre-medicina, pero me di cuenta de que era demasiado difícil para mí. Además, si no estaba inscrito en la universidad, sería reclutado por el ejército rápidamente. Así que me cambié a un programa de artes y ciencias, donde seguía teniendo problemas con mis calificaciones. Siempre he sido un amante de los animales, por lo que decidí tomar un curso de nutrición animal impartido por el Dr. Paul Hartsook del Departamento de Ciencia Animal de la Universidad Estatal de Pensilvania Penn State. El aula estaba justo al lado del calorímetro Armsby, donde se llevó a cabo la investigación pionera en metabolismo energético del Dr. Armsby hace más de 100 años. Nunca imaginé que algún día llegaría a estudiar el metabolismo energético en profundidad, pero ese curso me inspiró a hacerlo.

A mediados de los años 60, la nutrición animal era menospreciada por las ciencias duras. A menudo, los departamentos de nutrición eran parte del grupo de economía doméstica y se consideraba un tema para Betty Crocker y las futuras amas de casa. Sin embargo, el Dr. Hartsook presentó la ciencia de una manera lógica y yo vi una verdadera relevancia en el tema, algo que no había sentido en otras asignaturas. No puedo decir que un día, en una reorientación abrupta, tomé la nutrición animal como camino, como si hubiera renacido, pero sí cambié mi campo principal de estudio a la ciencia animal. En cuanto a mi promedio de calificaciones, los suficientes que tanto me había costado obtener se convirtieron en sobresalientes y notables, que obtenía casi sin esfuerzo. Incluso logré estar en el cuadro de honor, a pesar de las asignaturas desafiantes de bioquímica y estadística. Llegué a la conclusión, que muchos educadores saben, de que el promedio de calificaciones de los estudiantes universitarios es tanto una medida de su motivación y madurez como de su intelecto.

Cuando recuerdo aquel día con una mirada retrospectiva, a veces siento que estaba actuando bajo una sabiduría interior. Vi el estudio de la nutrición animal como una oportunidad de ser un científico y un vaquero al mismo tiempo. Al reflexionar, me doy cuenta de que esta no es una visión global poco precisa de mi carrera hasta la fecha. He tenido el privilegio de trabajar en todo el mundo, la mayoría de las veces con botas y pantalones vaqueros y ocasionalmente con traje y corbata, ayudando a los animales al aplicar los conocimientos más recientes de la ciencia de la nutrición y ayudando a sus tutores.

Después de la universidad, continué mi educación en la escuela de posgrado de Purdue, donde me especialicé en el efecto de la nutrición sobre la reproducción y obtuve una maestría. Luego, fui a Virginia Tech para obtener un doctorado, donde seguí tomando cursos de bioquímica y estadística. En Virginia Tech, realicé una investigación sobre la alimentación de vacas con insectos. Esto se debió a mi creencia de que el exoesqueleto de los insectos, que contiene quitina, podría ser digerido por las bacterias presentes en el rumen de las vacas. Y así fue. Aunque la mayoría de mis colegas desestimaron mi opinión, yo creía que los insectos representaban un reservorio de nutrición de buena calidad que había sido ignorado hasta entonces. La sociedad gasta millones de dólares en erradicar los insectos porque comen o destruyen un tercio del alimento producido en el mundo. En los países industrializados, las personas son conscientes de los costos causados por los insectos en forma de insecticidas utilizados en la agricultura o de exterminadores a los que hay que contratar. Sin embargo, las personas que viven en economías pobres o en climas tropicales se enfrentan a los daños producidos por los insectos con mayor regularidad. Con mi demostración de que los insectos podrían ser una fuente valiosa de alimento para el ganado, proponía que la sociedad debería considerar gastar algunos millones de dólares en la cría de insectos en lugar de gastar miles de millones en su erradicación. Yo pensaba que el estiércol de vaca sería un festín cálido para las cucarachas y que la simetría de este tipo de reciclaje (el estiércol alimenta a los insectos que alimentan a las vacas) tenía un potencial enorme.

Sin embargo, cuando publiqué mi investigación, tuvo poco impacto. En los Estados Unidos, sólo hubo tres solicitudes para la reimpresión del artículo, mientras que en otros países hubo más de 50 solicitudes. Me di cuenta de que la opinión de las personas estaba influenciada por el país en el que vivían. A pesar de esto, mi ambición de ayudar a alimentar al mundo y reciclar mientras se hace, se convirtió en un legado duradero de mi trabajo de grado.

Dejé la escuela de posgrado sin empleo en 1972, justo en medio de una considerable recesión económica. En ese momento, acepté un trabajo como vaquero cerca de Reno, Nevada. Compré un camión y cargué a mi familia en él para dirigirnos hacia el oeste, como en una escena de "Las Uvas de la Ira". Durante la universidad, había trabajado en ranchos en

Nevada y me atraía mucho la filosofía del estado, además de la belleza del desierto. Después de seis meses, surgió una verdadera oportunidad laboral y volé a Kansas para una entrevista. Recuerdo que me preguntaron qué salario tenía en mente y respondí, con toda honestidad, que lo haría por menos de lo que les costaría contratar a otra persona para el trabajo. Así que comencé mi carrera profesional en el mundo empresarial ganando 13.000 dólares al año.

El primer empleo profesional que obtuve después de completar mi educación formal fue en el laboratorio de investigación de nutrición animal, que se describe al inicio de este capítulo. La instalación fue fundada por la familia de Mark Morris para continuar los esfuerzos pioneros del Dr. Mark Morris Sr. en el manejo dietético de enfermedades en animales de compañía. El Dr. Morris fue el primero en proponer una dieta con baja cantidad de proteína, pero de alta calidad, para tratar la insuficiencia renal en perros. La llamada Dieta de Prescripción k/d se convirtió en el producto insignia de una línea de dietas similares que proporcionaba a los veterinarios y a sus clientes una herramienta dietética útil para tratar afecciones específicas en perros y gatos.

Al principio, mi trabajo consistía en supervisar los ensayos clínicos y, más tarde, fui trasladado a la oficina principal como asistente de formación profesional. Esto implicaba redactar documentación para veterinarios sobre el manejo dietético de las patologías de perros y gatos. Mis cualificaciones para hacerlo venían de la amplia experiencia que obtuve bajo la dirección del difunto Mark Morris Jr., hijo del fundador. El Dr. Morris (Jr.) creía que era mejor que un DVM (Doctor en Medicina Veterinaria, por sus siglas en inglés) se comunicara con otros DVM, por lo que como Ph.D., se me impidió desempeñar un papel principal en algunos trabajos. Sin embargo, se me otorgó una amplia discreción en la investigación sobre nutrición de animales de zoológico. Allí disfruté y tuve muchas experiencias inusuales para un nutricionista de animales. En los capítulos siguientes, a menudo hago referencia a mi experiencia con animales exóticos para ilustrar los principios comunes a todos los animales. Un empleado diligente podría desear trabajar durante toda su carrera para la familia Morris, pero para mí, pasar el resto de mi vida en Kansas era impensable. Empecé a sentir ansiedad.

Me llamó la atención una oferta de trabajo en Los Ángeles para un puesto de director de marketing en una empresa que reciclaba pan del día anterior y lo convertía en alimento para animales. Esta empresa tenía cinco instalaciones en todo el país y se enfrentaba a la decisión de contratar a alguien con orientación empresarial y enseñarle nutrición o contratar a un nutricionista y esperar que aprendiera habilidades empresariales. Logré convencerles de que me dieran una oportunidad y pasé los siguientes cuatro años en Los Ángeles, trabajando duro para demostrarles que no habían cometido un error al contratarme. Tuve la suerte de que Meyer Luskin, el propietario de la empresa, estuviera dispuesto a ser paciente conmigo mientras aprendía los entresijos del negocio y me esforzaba por convertirme en un animal corporativo.

Hasta este punto de mi carrera, mi formación se limitaba a mi formación científica y mi experiencia como vaquero y nutricionista animal. A menudo tuve que aprender lecciones importantes a través de mis errores, pero al menos me familiaricé con conceptos como cuentas por cobrar y cuentas por pagar. No es muy común que a un Doctor en Ciencias se le dé la oportunidad de adquirir conocimientos empresariales y debo decir que esos cuatro años en Los Ángeles fueron para mí equivalentes a un Postgrado en Administración Empresarial. Desde entonces, he tenido la capacidad de aplicar esta amplitud de mi perspectiva para beneficiar tanto a mis clientes como a mí mismo. *Ver notas finales en la página 287.*

Decir "pan del día anterior" era una simplificación excesiva. Los camiones de las rutas recogían los contenedores llenos de materia prima de las empresas de alimentos a lo largo de toda la ciudad y el sur de California, así como de otras grandes ciudades. Esta materia prima podía ser pan del día anterior que no se había vendido en las tiendas y se devolvía a la panadería, pero también incluía pasta, galletas, tentempiés, harina, donuts y bollería. En resumen, se utilizaba casi cualquier alimento humano que se pudiera procesar en los sistemas automatizados desarrollados especialmente para la instalación. Estos equipos especializados mezclaban y secaban la materia prima mientras eliminaban todo rastro de envases, como papel, plástico y celofán, utilizando también imanes para retirar todo el metal del alimento.

El producto final era un pienso seco similar a un cereal que reflejaba la dieta de la población local, y era alto en grasa, sal y carbohidrato soluble. En capítulos posteriores exploraremos en detalle lo que esto revela acerca de la dieta humana. Desde mi perspectiva, estaba ayudando a alimentar al mundo y a reciclar. Este producto se ofrecía a la industria de la alimentación animal a un precio más atractivo que los cereales de la competencia. Se recuperaban alimentos humanos útiles, los tutores de los animales los alimentaban de forma un poco más económica y la empresa obtenía algún beneficio. Todos ganaban, incluido yo, que tenía un empleo.

Pronto me di cuenta de que no encajaba en este trabajo. Vivir en la ciudad exigía un precio que no estaba dispuesto a pagar y, lo que es peor, mi éxito en un día cualquiera se medía en función de la cantidad de producto de panadería seco que se vendía. Esto era justo, puesto que esa es la naturaleza de los negocios. Mientras me esforzaba por ser un vendedor adecuado, aprendí algo que me hacía mucha falta ver: si posees algo, es porque un vendedor te lo ha vendido. Los vendedores han hecho de los Estados Unidos lo que es: una potencia económica nunca antes vista en la historia del mundo. En los negocios, eres un vendedor, apoyas directamente a un vendedor o eres innecesario. En las conferencias que he dado en todo el mundo, pocos puntos de vista que he expresado han encontrado más resistencia que mi opinión personal acerca de los vendedores. Pero esta resistencia suele venir de empleados que ni son vendedores ni apoyan directamente a un vendedor, sino de mandos intermedios. Por lo tanto, mantendré firme mi punto de vista sobre este tema.

Por mi parte, una de las mayores lecciones que aprendí durante mi estancia en la vida corporativa de la ciudad es que no soy un buen vendedor. Sin embargo, esta experiencia me permitió tener una comprensión más útil y realista: un vendedor conmigo a su lado venderá aún más. Fue entonces cuando mi carrera en transferencia técnica comenzó a tomar forma. Esto sucedió en 1980, cuando dejé Los Ángeles y me uní a mi antiguo asesor de la escuela de posgrado en una empresa de consultoría.

El Dr. Paul Chandler, mi mentor en la escuela de posgrado de Virginia Tech, había sido uno de los pacientes supervisores que había observado mi camino hacia la madurez. Él había sido estudiante de posgrado en el departamento de mi padre cuando yo estaba en la universidad de Penn State y me había invitado a unirme a su programa de posgrado cuando se fue a Virginia Tech como profesor. Sin embargo, como he mencionado antes, decidí hacer mi maestría en Purdue. Pero después de un año, llamé a Chandler para preguntarle si su oferta aún seguía en pie. Me dijo "ven", así que los dos últimos años de mi educación formal (1970-1972) los cursé bajo su dirección. En 1980, nos unimos nuevamente en una empresa de consultoría.

Desde entonces, he trabajado como consultor independiente en nutrición animal. He oído decir que la consultoría es lo que haces cuando no encuentras trabajo, pero he estado en la consultoría durante mucho tiempo y he logrado pagar las facturas todo este tiempo, así que tal vez esa observación no se aplique a todo el mundo. Lo que sí sé ahora es que soy bastante "difícil de emplear" en el sentido tradicional. Parece que tengo una actitud que no encaja bien en el mundo empresarial. Siempre he tenido un problema casi patológico con la autoridad, y el hecho de que una persona controle mi destino de alguna manera saca a relucir mi independencia característica. Me veo a mí mismo como un perro callejero que vive debajo del porche. A veces, en las noches frías, el perro callejero mira a través de la ventana al perro que está dentro de la casa, cerca de la chimenea, y piensa en la vida cómoda que podría tener como perro de interior. Pero luego recuerda que no tiene que pedirle a nadie que lo saque a hacer sus necesidades afuera, por lo que decide regresar bajo el porche y de alguna manera logra sobrevivir la noche.

Sé que hay un cierto grado de perro callejero en todas las personas, pero para algunos, como yo, la independencia es tan valiosa que he renunciado a un salario alto y beneficios adicionales para poder vivir donde quería y hacer lo que quería. Por supuesto, todo esto es en gran medida un estado mental, ya que he trabajado muchas más horas, he vivido metido en un avión o en un hotel, y nunca he estado fuera del alcance de mis clientes. Pero lo importante para mí era que podía tomar un día libre cuando quisiera. El hecho de que casi nunca lo hice fue mi elección.

Mi lista de clientes siempre ha sido variada. Entre mis clientes han figurado zoológicos y empresas que fabrican alimentos para zoológicos, productores de leche, ganaderos, granjas de caballos, empresas de alimentos para mascotas, fábricas de piensos, empresas que fabrican ingredientes especiales, empresas de reciclaje, gobiernos extranjeros y empresas de desarrollo internacional. El común denominador entre todos mis clientes era la nutrición animal. Este trabajo me ha llevado a más de 25 países extranjeros y los conocimientos y aventuras acumulados han sido impagables. Los únicos colores con los que siempre he volado han sido los de un nutricionista animal que recomendaba lo que era de mejor interés para el animal y para su propietario. Y esta ha sido mi política independientemente de quién me pagara. Si una empresa me contrataba para explicar la bioquímica nutricional de su producto a sus clientes potenciales y, debido a las circunstancias, creía que comprarlo no sería lo mejor para el cliente potencial, así lo decía, frente al cliente que me había pagado. En las raras ocasiones en que esto ocurría, y se perdía una venta en un momento puntual, mi franqueza se ganaba el respeto de mi cliente, lo que, con el tiempo, se convertía en una gran victoria.

Como creía que muchos problemas relacionados con la nutrición animal tenían su origen en los humanos, algo que me obligaba a correr el riesgo de poner en peligro mi estabilidad laboral al expresarlo, desarrollé un método para interrogar a mis clientes y sus empleados que nos ayudaba a llegar a la raíz de los problemas. Para lograr esto, formulaba la misma pregunta repetidamente, pero utilizando diferentes palabras.

La necesidad de un interrogatorio persistente se hizo evidente durante las pruebas de mercado de una nueva dieta para rapaces en los zoológicos. Tenía la sospecha creciente de que las águilas madre regurgitaban su comida para las crías y, al hacerlo, añadían enzimas que ayudaban a la digestión de los polluelos. El conservador de aves de uno de nuestros zoológicos de prueba era un observador muy perspicaz y estaba profundamente interesado en las rapaces. Me sentí afortunado de contar con él como colaborador en el proyecto. Le pregunté si alguna vez había observado a una águila madre regurgitando su comida para los polluelos. Respondió: "No, nunca, sólo siete veces". Con esta respuesta, obtuve la información precisa que necesitaba, que era el recuento exacto de la frecuencia con la que se observaba el comportamiento. Lo que me sorprendió fue que este comportamiento tan importante para las águilas madres era intrascendente en la mente del conservador, por lo que para él sus registros eran irrelevantes. El conservador estaba por encima del promedio en cuanto a observación y capacidad para ver lo que realmente estaba observando. Me sorprendió pensar que si hubiera estado trabajando con alguien con poderes normales de observación, la respuesta habría sido simplemente: "No, nunca". En ese caso, habríamos perdido una oportunidad para profundizar en mi hipótesis.

Recientemente, estaba discutiendo con otro nutricionista animal una de mis teorías (que el exceso constante de carbohidrato soluble no es bueno para los carnívoros). Aunque ella escuchó cortésmente mi opinión, me preguntó cómo explicaba yo que su gato hubiera vivido hasta los 19 años comiendo alimento seco durante toda su vida. (El alimento seco convencional del tipo expandido que se encuentra comúnmente en el mercado puede contener de 30% a 50% de carbohidrato soluble, lo que en mi opinión no es saludable para los carnívoros). Aunque me costó recuperarme, reconocí que el caso era único y probablemente se debía a que el gato se había adaptado a autoalimentarse a voluntad. Unos minutos más tarde, mientras yo seguía allí, ella instó a otra persona a reducir el peso de su gato para que no tuviera que administrarle dosis de insulina dos veces al día durante cinco años, como ella había tenido que hacer con su gata. Inmediatamente la confronté señalando que había retenido evidencia relevante para nuestra discusión: su gata había sido una diabética frágil durante los últimos cinco años de su vida, lo que apoyaba mi teoría, pero ella, como nutricionista animal, había optado por negar el papel de la dieta en la enfermedad de su gata.

La primera vez que le preguntes, la gente puede decirte lo que creen que quieres escuchar, luego lo que creen que deberías escuchar. La tercera vez que los interrogues, es posible que te digan lo que creen que realmente sucedió. Sin embargo, esto sólo ocurre en un ambiente no confrontacional, que no siempre está garantizado. A veces, los empleados se someten a su jefe, protegen a sus colegas o culpan a otro empleado. Pronto me di cuenta de que este comportamiento es común y lo hacemos todos en alguna medida. Así que después de interrogar varias veces a las personas durante el día, siempre me aseguraba de verificar la información con otra fuente confiable: los animales. Ellos siempre dicen la verdad y no les importa a quién se la dicen. Sin embargo, la información que los animales proporcionan a veces puede ser enigmática y difícil de interpretar.

Permítanme compartir una experiencia personal para ilustrar este punto. Un cliente tenía una o dos vacas que se debilitaban diariamente debido a una enfermedad desconocida. Él las sacaba del rebaño principal y las colocaba en el corral para enfermos, donde misteriosamente se recuperaban en unas pocas horas y eran devueltas al rebaño. Sin embargo, una vez de vuelta al rebaño, pronto volvían a enfermarse y regresaban al corral para enfermos, donde se recuperaban nuevamente. Finalmente, el problema se resolvió cuando el propietario, perplejo, metió su mano en el bebedero de agua y recibió una descarga eléctrica. Los cables eléctricos pelados hacían corto circuito con el sistema de calentamiento del tanque y producían una descarga eléctrica muy desagradable a cualquier animal que tratara de beber. El tanque de agua del corral para enfermos funcionaba adecuadamente, lo que permitía que los animales se recuperaran después de beber allí. Sin embargo, al ser devueltos al rebaño, los animales volvían a estar sedientos y enfermaban nuevamente. En mi experiencia, la mayoría de las veces todas las pistas que necesitas están justo delante de tus ojos. El reto es ver esas pistas e interpretarlas de la manera correcta.

Otra lección crucial que aprendí con una vergüenza incalculable, y quizás la más valiosa que aprendí acerca de la consultoría, es que las personas tienen muy buenas razones para hacer lo que hacen. Han llegado a sus métodos tras años de costosos ensayos y errores. Al principio de mi carrera veía una situación que creía que podía mejorarse y comenzaba a leerle a mi cliente "el evangelio según Patton". Con una paciencia admirable ellos explicaban a su consultor por qué lo habían hecho de esa manera, y yo tenía que retirarme avergonzado. No me tomó demasiado tiempo aprender a hacer preguntas, callar y escuchar. Si quería proponer un cambio, debía asegurarme de que mis razones fueran más sólidas que las del cliente. Para ello, era esencial escuchar su punto de vista y comprender por qué habían adoptado sus métodos actuales. Y ¿cómo podía conocer sus razones si no les preguntaba primero y oía (¡escuchaba!) su respuesta?.

2
COMPONENTES DIETÉTICOS PRINCIPALES (QUÍMICA DEL ALIMENTO)

Además de los principales componentes nutricionales, como proteínas, grasas, fibra, carbohidratos y minerales, existen otros dos nutrientes de máxima importancia: la energía y el agua. La energía no es un ingrediente que se añada a la fórmula ni se analice en el laboratorio como un porcentaje específico del total, pero es absolutamente crucial. Su nivel en una dieta depende directamente de los alimentos que la componen o de los ingredientes utilizados. En un momento analizaremos la energía, pero veamos primero el agua.

En la mayoría de los países desarrollados, se da por sentado el suministro de agua. El agua segura y fiable es uno de los indicadores distintivos, si no el más importante, de una sociedad progresista. Sin embargo, al pasar tiempo en una economía emergente, se puede apreciar rápidamente la verdad de esta observación. Una vez estando en Egipto, observé cómo un hombre lavaba un autobús Greyhound entero con un cubo de agua. En los Estados Unidos, la mera idea de hacer esto sería considerada absurda. Pero en Egipto también vi mujeres campesinas lavando los platos en un canal que tenía flotando, a pocos metros de distancia, el cuerpo de una cabra muerta. En Estados Unidos, hay agua potable en todas partes. Pero esto no es casualidad, sino el resultado de generaciones de ingenieros cualificados, una financiación pública dedicada, leyes rigurosas y un control constante.

Aunque el agua es el nutriente más importante para todos los seres vivos, a menudo no se le da la atención que merece en las discusiones sobre nutrición. El oxígeno es el único nutriente más crucial que el agua. Todos los animales necesitan agua regularmente para mantenerse hidratados. Es importante que el agua sea limpia, fresca y de buena calidad, aunque no sea necesario mencionar que deba ser así. Aunque la presencia de agua tóxica o microbiológicamente sucia es alarmante, estas situaciones son afortunadamente poco comunes y se pueden solucionar rápidamente. La calidad del agua se ve comprometida principalmente por su contenido mineral. La llamada agua dura, que es rica en minerales, puede corroer los grifos, teteras, bandejas de hielo y duchas, y no tiene un buen sabor. Sin embargo, la mayoría de los seres vivos pueden extraer los nutrientes necesarios del agua dura sin sufrir daños a corto plazo. A largo plazo, la ingesta de agua dura puede ser un problema para la salud. Si el agua de su hogar es dura, es recomendable que evite beberla y optar por agua de calidad en el supermercado para cocinar y preparar café. Este consejo también se aplica a perros y gatos. Los problemas de agua dura en perros y gatos suelen manifestarse primero como un pelaje pobre. Casi todos los problemas de nutrición en animales se manifiestan primero en su pelaje.

El agua puede contener también otros contaminantes, como nitratos y cantidades elevadas de minerales traza que pueden afectar a la salud si se consumen en grandes cantidades. Sin embargo, las autoridades encargadas de suministrar agua potable analizan regularmente el agua y toman medidas para corregir cualquier problema de contaminación. A pesar de esto, es recomendable inspeccionar el cuenco de agua de su perro al menos una vez a la semana. A menudo, se puede notar una película resbaladiza que se forma en el fondo o en las paredes del cuenco debido al crecimiento de bacterias. Para evitar la proliferación de bacterias y mantener la higiene del cuenco, es importante lavarlo con frecuencia con un abrasivo, jabón y agua caliente.

ENERGÍA

La discusión sobre la energía tiene dos aspectos: la cantidad que se libera en el cuerpo para mantener las actividades de la vida, y la cantidad que se ingiere para restaurar o reemplazar la energía gastada. En términos simples, se trata del esfuerzo y la dieta. A largo plazo, el equilibrio entre estos dos factores es clave para tener un cuerpo saludable, y cualquier desequilibrio puede conducir a la muerte o a la obesidad.

Es innecesario recalcar lo evidente, que tanto las personas como sus animales se encuentran en medio de una epidemia de obesidad. El hombre promedio en Estados Unidos aumenta un kilo y medio al año entre los 25 y los 50 años, lo que da como resultado un sobrepeso de 23 kilos a los 50 años. Este es el tema de los titulares y de todos los libros de dietas. Sin embargo, no debemos perder de vista la perspectiva. Un kilo y medio al año equivale a un aumento diario de peso de 2,5 gramos, que es menos que un chicle.

Muchas personas tienen un sistema extraordinario y eficaz para equilibrar las calorías que funciona perfectamente, mientras que muchas otras, no tanto. Media hora de caminata rápida, o cualquier ejercicio de su elección, quema 250 calorías, y una modesta autodisciplina en el control de las porciones restará fácilmente otras 250 calorías. Esta oscilación de 500 calorías a lo largo de los años prácticamente garantiza un cuerpo delgado para muchas personas. Como veremos, un replanteamiento de la fuente de estas calorías, ya sea de carbohidrato soluble, grasas o proteínas, hace que sea aún más fácil. La sorpresa es que la dieta ideal que ha sido promovida durante años por las autoridades políticas es incompleta, si no errónea, y no hace falta esperar años para revertir la obesidad.

La regulación eficaz de la economía energética también se aplica a nuestros animales domésticos, con una precisión al menos igual o mayor. Algunos cazadores de zorros llevan un GPS que registra la distancia recorrida. Al final de una cacería de tres horas, los miembros del equipo a veces habían recorrido 40 kilómetros con sus caballos, mientras que los sabuesos habían recorrido al menos el doble, es decir, 80 kilómetros en tres horas. Los perros de trineo de resistencia pueden recorrer hasta 128 kilómetros al día, quemando más de 11.000 calorías. Esto equivale, en términos de peso, a que un hombre queme 38.000 calorías en un día. Estas enormes hazañas de ejercicio son atípicas, pero sirven para ilustrar la capacidad inherente del perro de tener una energía ilimitada. Por muy encomiable y beneficioso que sea, cuando uno camina 20 minutos y su perro va divirtiéndose todo el tiempo, no ha aprovechado ni siquiera una fracción de su capacidad. Cómo un sabueso puede correr 80 kilómetros en tres horas, dos veces por semana, y no perder peso, mientras que un Airedale confinado a un apartamento, que no se mueve, se mantiene en forma, no se puede explicar en su totalidad considerando sólo la cantidad de comida que come. Sí, los perros Iditarod pierden peso y los perros completamente sedentarios pueden ganar peso, pero lo que es fascinante es la increíble amplitud en la tasa de uso calórico y la flexibilidad y adaptación que representa. Debe haber interruptores y reguladores internos que aún no hemos descubierto o comprendido en su totalidad. Los gatos, que se describen en detalle en el capítulo 9, son aún más interesantes. Muchos gatos domésticos, así como los leones y tigres salvajes, duermen hasta 18 horas al día.

Los animales, al igual que las personas, comen para satisfacer sus necesidades energéticas. En su estado natural, cuando han consumido suficientes calorías, dejan de comer. Sin embargo, esta capacidad natural se ve anulada en los seres humanos debido a factores culturales como la presión para dejar el plato limpio desde la infancia y otros hábitos alimenticios poco saludables. En el caso de nuestros perros y gatos, nuestra propia confusión se suma a esta mezcla debido al doble discurso impreso en las etiquetas de los alimentos para mascotas. Aunque estas etiquetas no están diseñadas para ser engañosas, a menudo requieren que un nutricionista las descifre y comprenda que sólo proporcionan información parcial.

Una regla fundamental en la nutrición animal es que la dieta debe ser equilibrada. Esto significa que todos los nutrientes deben estar equilibrados con el contenido energético de la comida. Cuando el animal ha consumido las calorías que necesita y deja de comer, debe haber consumido también la cantidad correcta de todos los demás nutrientes esenciales. Una dieta muy alta en calorías y baja en proteínas podría ser problemática. Si el animal hubiera dejado de comer después de haber cubierto sus necesidades calóricas, no habría consumido suficiente proteína. Este es el origen del término "calorías vacías", que se utiliza en la prensa popular para referirse a un alimento que no está equilibrado con los otros nutrientes esenciales.

La energía puede ser un tema complejo. En primer lugar, como concepto, es una abstracción que sólo puede medirse cuando se transforma de una forma a otra. Se cuantifica en unidades llamadas calorías, pero como veremos más adelante, la energía de una dieta no se describe solamente como la suma de las calorías presentes en los alimentos. Una caloría es la cantidad de energía necesaria para aumentar la temperatura de un centímetro cúbico o cc (que también equivale, por definición, a un gramo) de agua de 16,5 a 17,5 grados centígrados. Si imaginamos una jeringa del grosor de un lápiz, un cc es aproximadamente la mitad de una pulgada de esta jeringa. Una caloría representa una cantidad muy pequeña de energía, por lo que la mayoría de las discusiones se refieren a kilocalorías, es decir, 1000 calorías, abreviado como kcal. Siempre que se habla de nuestra ingesta calórica diaria, o de calorías cuando se refiere al ejercicio, en realidad nos referimos a kcal, aunque el término utilizado es invariablemente calorías.

DEBATE ACERCA DE LA ENERGÍA:

PRIMERA MITAD, REQUERIMIENTOS (O QUÉ ES LO QUE NECESITA EL ORGANISMO)

Es posible estimar con bastante precisión cuántas calorías necesita un animal de sangre caliente para su tasa metabólica basal (TMB). La tasa metabólica basal se refiere a los requerimientos energéticos de un individuo en reposo, en un ambiente térmico neutral y en ayunas (por ejemplo, justo antes de levantarse de la cama después de una noche de sueño), y que son los más bajos en las 24 horas del día. *Notas finales, página 287.*

Al levantarse y comenzar con las actividades del día, la tasa metabólica basal da lugar a la tasa metabólica total. Esta tasa varía significativamente entre los individuos debido al amplio rango de eficacia metabólica existente. Todos conocemos a personas que pueden comer sin restricciones y mantenerse delgadas, mientras que otros tienen que controlar constantemente su ingesta y aún así luchar contra el exceso de peso.

Este fenómeno también se observa en diferentes especies animales. Por ejemplo, en un estudio, se diseñó una dieta con una densidad calórica específica de manera que 250 gramos al día mantuvieran a un Beagle de 18 kilos en un peso constante, bajo una actividad controlada. Sin embargo, se observó que algunos Beagle de 18 kilos necesitaban 300 gramos de la misma dieta para mantenerse en su peso, mientras que otros sólo necesitaban 200 gramos.

Una vez hicimos un estudio de equilibrio de nitrógeno en caballos para una empresa farmacéutica. El primer paso en una investigación de este tipo es alimentar a cada caballo individual de forma que el nitrógeno excretado por la orina y las heces sea igual al nitrógeno consumido (se equilibra). Todos los caballos fueron alimentados con una dieta comercial que se anunciaba como completa y equilibrada para el mantenimiento de caballos adultos. Para lograr el equilibrio de nitrógeno en los 40 caballos del ensayo, todos ellos sometidos a un control cuidadoso de actividad, 18 requirieron la adición de cierta cantidad de maíz, un alimento energético, y 18 requirieron la adición de cierta cantidad de harina de soja, un alimento proteico. Sólo cuatro, o el 10%, de los 40 caballos mantuvieron la dieta sin necesidad de ningún tipo de suplemento.

Al controlar diariamente la producción de leche en vacas lecheras, se puede observar una gran variación en la eficacia metabólica y el peso corporal, incluso en aquellas que consumen la misma cantidad y tipo de alimento. De hecho, la conversión del alimento en leche, carne y huevos es evaluada cuidadosamente en el ganado vacuno, porcino y las aves de corral debido a que este factor es crucial para la rentabilidad de los dueños de las explotaciones. Es común que la eficiencia de conversión del alimento varíe hasta un 20%, debido a la variabilidad en la eficacia metabólica de los animales.

A pesar de que la ecuación para la tasa metabólica basal ha sido un conocimiento biomédico bien establecido, seguimos dependiendo de la experiencia del cuidador para determinar la ingesta calórica adecuada debido a la amplia variabilidad individual en la eficacia metabólica. Esto limita la utilidad de cualquier generalización. Más adelante en el libro, analizaremos este tema en detalle al hablar sobre las etiquetas de los alimentos para mascotas.

DEBATE ACERCA DE LA ENERGÍA: SEGUNDA MITAD, QUÉ CONTIENE LA DIETA

El contenido calórico de un alimento o de una dieta se describe generalmente de tres maneras diferentes, aunque ninguna de ellas es aplicable en todos los casos. Estas tres maneras de enumerar el contenido calórico son energía bruta, energía digestible y energía metabolizable. Las etiquetas de los alimentos para mascotas siempre se refieren a la energía metabolizable. *Notas finales, página 289.*

En el Apéndice, página 299, se presenta un ejemplo de cómo determinar las calorías en el alimento para mascotas. Se reconoce que este proceso no es sencillo y que es mejor dejar esta tarea a un nutricionista. No se debe a que los conceptos o las matemáticas sean difíciles, sino a que la información en el empaque es incompleta y requiere suposiciones que no siempre son seguras. Además, para ser verdaderamente precisos, una vez calculadas las calorías totales, el valor debe determinarse mediante ensayos reales de alimentación en animales. Sin embargo, esto es muy caro y rara vez se hace. En la mayoría de los casos, se calcula o se extrapola a partir de dietas similares, lo que puede estar muy alejado de la realidad. El mismo ingrediente no se digiere ni se absorbe siempre de la misma manera.

Por ejemplo, los subproductos utilizados en los alimentos

para mascotas, como los productos de panadería secos y los cereales de destilería secos, pueden perder digestibilidad si son calentados demasiado durante su procesamiento. Esto puede disminuir significativamente la digestibilidad de todos sus componentes. Los alimentos para mascotas de alta calidad pueden utilizar los valores de 4, 4 y 9 para la potencia calorífica bruta de proteínas, carbohidratos y grasas, respectivamente. Estos alimentos son costosos, pero ofrecen una mejor calidad. Para algunos alimentos con baja calidad de ingredientes o ultraprocesados, los valores más honestos pueden ser de 3,8, 3,8 y 8,5 para proteínas, carbohidratos y grasas, respectivamente. Sin embargo, estos ajustes tienen poco impacto en comparación con el cambio en la cantidad de alimento necesario para mantener un peso saludable.

Para la mayoría de las personas, el debate sobre las calorías en una dieta se centra en si la dieta provocará o no un aumento de peso. Sin embargo, esto es una simplificación excesiva y debemos considerar otros factores que influyen en la obesidad. La densidad energética de la dieta no es el único problema ni la solución al problema. Aunque es atractivo y bien intencionado pensar que el ejercicio es la mejor dieta, esto es engañoso.

Los factores críticos en la ecuación son la edad del animal, su tasa metabólica inherente y su eficacia en la absorción y utilización de nutrientes, el contenido calórico de la dieta, la interacción de los diferentes componentes de la dieta, la cantidad de dieta ingerida, la cantidad de ejercicio, la temperatura del medio ambiente y, lo que es crucial, la fuente de las calorías. Por "fuente" se refiere a si las calorías provienen de las proteínas, los carbohidratos o las grasas y, como veremos, la fuente de las calorías tiene un gran efecto en la respuesta metabólica del animal. Si las calorías provienen de los carbohidratos, ¿de qué tipo?, ¿fibra o almidón?, ¿fructosa o sacarosa? Debido a que la grasa tiene más del doble del contenido calórico del carbohidrato, durante décadas se ha asumido erróneamente que la obesidad es causada por un exceso de grasa. En realidad, hace décadas que hay datos que indican que la obesidad suele estar causada por un exceso de carbohidratos y no por simplemente comer en exceso o por falta de ejercicio.

Es fácil decir que la solución para una mascota obesa es más ejercicio. Pero hacer esto es ignorar la realidad de muchos perros y gatos que viven en apartamentos o que tienen tutores inactivos o en circunstancias en las que el ejercicio no está al alcance de la mano. Continuamente se comercializan dietas para perros y gatos para perder peso. Se emplean diferentes estrategias, como incluir más fibra. Incluso recientemente se ha aprobado un medicamento para la pérdida de peso en perros. Independientemente de la dieta que compre para la pérdida de peso, el animal se va a resistir a la restricción calórica y va a pedir comida. Lo mismo ocurre con las personas que intentan perder peso. A pesar de la promoción que se hace de diferentes productos, no hay una forma totalmente conveniente de perder peso.

El plan más perfecto sigue requiriendo al menos cierta dosis de autodisciplina. Tendrá que estar convencido de que la pérdida de peso de su animal es mucho más valiosa que la ansiedad temporal que pueda sufrir. Uno de los problemas es que un perro o un gato con sobrepeso que reciba una dieta que satisfaga únicamente sus necesidades diarias de calorías, y nada más, no engordará, pero tenderá a mantenerse con sobrepeso si no se cambia la composición de la dieta. Si la intención es provocar la pérdida de peso dando menos cantidad de la misma dieta que generó la obesidad en primer lugar, se debe dar una cantidad que aporte una cantidad de calorías inferior a las necesidades diarias de la mascota. Esta es la única manera de que el organismo recurra a sus reservas y comience a movilizar la grasa almacenada, esa misma grasa que fue almacenada exactamente para cuando la ingesta de energía fuera inadecuada. Así que, tenga en cuenta que su animal le pedirá comida y usted debe resistirse a darle más de lo que necesita.

Pero no se desanime. Lo más difícil son los primeros tres días. Después de unos tres días a dieta, se produce un cambio metabólico a medida que se movilizan los depósitos de grasa (reservas corporales), comienza a disminuir el tamaño del intestino y, entonces, lo peor ya ha pasado. Además, una dieta diseñada para mantener el nivel de azúcar en sangre constante (es decir, una dieta baja en carbohidrato soluble) ayuda enormemente a la movilización de la grasa corporal.

Los ruegos probablemente continuarán durante un tiempo, pero eso es un problema de comportamiento, tanto por parte del tutor como del animal.

Podemos resumir el tema de la energía de la siguiente forma: si todos los demás factores son iguales, la dieta con mayor cantidad de carbohidrato soluble conducirá a la obesidad en un menor período de tiempo. Sin embargo, los otros factores nunca son iguales, y sólo podemos confiar en el ojo entrenado del cuidador como el mejor regulador de la salud de la dieta. En la Tabla 1 se enumeran cuatro alimentos para mascotas disponibles en el mercado en formato abreviado (y en formato ampliado en el Apéndice), mostrando sus niveles de energía calculados. El rango no es grande, especialmente si se considera que una ligera reducción (10 %) de la cantidad de alimento proporcionada, con un aumento razonable del ejercicio, llevaría a una mayor pérdida de peso y una mejor salud que simplemente cambiar del alimento más calórico de la tabla al menos calórico.

Tabla 1. *Comparación, basada en las declaraciones de los empaques, de los cuatro alimentos secos principales para perros comprados en un supermercado*

	PURINA	PURINA	IAMS	PEDIGREE
% Proteína cruda	21	26	24	21
% Grasa	10	16	10	10
ELN ("carbohidratos")	43	34	42	44
Peso de la bolsa en libras	8,8	8,0	8,0	8,8
Costo por bolsa	7,29 $	10,99 $	9,99 $	7,49 $
Costo por libra	0,83 $	1,37 $	1,25 $	0,85 $
Kcal/por libra de materia seca[3]	1,801	1,987	1,787	1,812
Costo/Kcal	0,52 $	0,78 $	0,77 $	0,53 $

[3]Para un análisis detallado de los cálculos energéticos, *véase el Apéndice, página 304.*

MATERIA SECA

UN TEMA ÁRIDO, PERO IMPORTANTE

¿Alguna vez se ha preguntado si el alimento seco es mejor que el enlatado? La mayoría de personas tiene una o dos preguntas inquietantes en el fondo de sus mentes acerca de los beneficios relativos de las sobras de mesa, los alimentos crudos o las dietas naturales. Cuando se comparan dietas diferentes, primero hay que reducir cada una a una base de materia seca del 100%. Esto debería ser intuitivo, pero merece ser explicado porque su importancia es fundamental. Un kg de sandía no proporciona la misma nutrición que un kg de azúcar. Tiene el mismo peso, pero una es muy húmeda y la otra es muy seca. En el agua no hay proteínas ni energía ni nutrición de ningún tipo. (Vale, a veces hay trazas de minerales).

Es común preguntarse cuál de los dos tipos de alimentos para mascotas es mejor: en cuanto a proteínas, precio o nutrición general. Sin embargo, la respuesta final y la mejor proviene del propio animal. Antes de realizar cualquier comparación de diferentes alimentos para animales de compañía, es necesario tener una comprensión clara de un concepto nutricional básico: la materia seca. Esto se refiere a la cantidad de agua que contiene el alimento. Al igual que con la sandía y el azúcar, un kg de croquetas secas aporta una cantidad diferente de nutrientes que un kg de alimento enlatado o congelado. Existen múltiples formas de comparar alimentos para mascotas, incluyendo la cantidad y calidad de proteína, tipo de grasa, si está cocido o crudo, nivel de digestibilidad e incluso calidad de las heces. Estas comparaciones son válidas, pero no tienen sentido si no se ajusta antes la cantidad de materia seca.

Por alguna razón, este concepto es difícil de entender para los tutores de perros y gatos. Parece que cae en un punto ciego de su comprensión. A lo que se podría responder: ayudaría que alguien lo explicara claramente. Esto sería una crítica justa, ya que rara vez se explica y mucho menos con claridad. Y hay que admitir que, como cualquier aspecto sutil de la nutrición aportada por un determinado alimento para mascotas, es irrelevante si el parámetro de evaluación de un alimento para mascotas es sencillamente: ¿"Me gustan el aspecto y el comportamiento de mi perro"? A pesar de la gran cantidad de análisis profundos y debates sobre las etiquetas, muchos tutores de perros y gatos basan su valoración de un alimento en el aspecto y el comportamiento del animal. Y eso está bien. Es lo que realmente importa.

Pero volvamos a la discusión sobre la comparación de productos y sus declaraciones en la etiqueta. Si vamos a hacer esto, primero debemos poner cada producto en una base de materia seca. Para ilustrar lo que esto significa, consideremos dos alimentos para perros en la estantería de una tienda, uno enlatado y otro en forma de croquetas secas. La etiqueta de la lata dice que tiene un 12% de proteína, mientras que la bolsa de croquetas secas indica un 28%. Si, basándose en esta información, compra el producto en croquetas porque tiene una mayor cantidad de proteína, ha cometido un grave error. Si comparamos los dos productos en base a la materia seca (la única forma en que pueden compararse), el producto en lata tiene un 40% de proteína y las croquetas secas un 31%.

Aquí encontramos la clave si uno se toma un minuto para pensar en ello. Según la normativa, todos los alimentos para mascotas deben declarar su nivel de humedad en la etiqueta. Basta con restarlo de 100 para obtener la materia seca. Lo que no es agua en una lata de comida para mascotas es materia seca.

Lo mismo ocurre con la comida seca. Todas las croquetas secas tienen un 10% de humedad, es decir, un 90% de materia seca. Lo que realmente queremos saber al comparar los productos es cuánta proteína hay en la materia seca del paquete y no la proteína de todo el paquete tal y como está en la estantería.

La mayoría de los alimentos enlatados tienen un 70% de humedad, lo que significa que el 30% restante es materia seca. Lo que realmente queremos saber sobre la comida enlatada para mascotas de la que estamos hablando es: ¿qué parte de ese 30% es proteína? Es decir, ¿cuánta proteína hay en la materia seca del alimento? Si la etiqueta de una lata dice 70 % de humedad y 12

% de proteína, entonces ese alimento tiene un 40 % de proteína en base a materia seca (12/30 = 0,40 o 40%). Esta simple matemática también se puede aplicar a una bolsa de croquetas con un 28 % de proteína. Si restamos el 10 % de humedad, nos queda un 90 % de materia seca, y el 28 % de proteína en la etiqueta corresponde a un 31 % de proteína en base a materia seca (28/90 = 0,31 o 31%).

Como se ha explicado anteriormente, las matemáticas son una herramienta útil para determinar el contenido de nutrientes en base a materia seca de cualquier alimento para mascotas. Por normativa nacional, todos los alimentos para mascotas deben declarar la humedad en su etiqueta. Simplemente hay que restar el porcentaje de humedad indicado en la etiqueta de 100 para obtener la materia seca, y dividir cualquier otro valor de la etiqueta entre la materia seca para calcular el contenido de nutrientes en base a materia seca.

Un problema común en perros y gatos es el de las heces blandas que, en el 90 % de los casos, se debe simplemente a una alimentación excesiva. El tutor de un animal al que alimentaba con dos latas de alimento hizo el cambio a un peso igual de croquetas secas, lo que provocó heces sueltas. En vista de que ha terminado de leer esto pacientemente, ahora entiende por qué 1 kg de croquetas proporciona más del triple de materia seca que dos latas de alimento.

ENSAYOS DE DIGESTIBILIDAD

En el mercado estadounidense actual, la mayoría de las latas de comida para mascotas no tiene un peso de 454 gramos, sino que suele pesar alrededor de 370 gramos, una quinta parte menos. Al declarar el peso en gramos, los fabricantes se escudan en el paso al sistema métrico para evitar tener que admitir que su lata contiene menos de lo que usted estaba acostumbrado a comprar. Sin embargo, en la práctica, la mayoría de las personas no suele tener en cuenta este detalle. Simplemente compran el producto que compraron la última vez en el supermercado y lo dan a sus animales de compañía sin tener en cuenta la cantidad de materia seca que están ingiriendo. Sólo reaccionan si notan que su mascota está engordando, reduciendo la cantidad de alimento, o si la mascota pierde peso, cambiando de marca.

Pero los profesionales tienen que tomar en cuenta la ingesta de materia seca cuando realizan investigaciones sobre nutrición animal. La herramienta más utilizada en la investigación de la nutrición es el ensayo de digestibilidad. No es una investigación completa ya que deja sin respuesta algunas cuestiones importantes. Pero sí aborda una verdad esencial: si el alimento no pasa del intestino al organismo, no puede nutrir al animal. Por lo tanto, el enfoque básico es medir lo que entra en el animal (lo que come) y lo que sale (lo que excreta en las heces). La diferencia entre estas dos mediciones es lo que entra en el cuerpo del animal. Recuerde que un simple ensayo de digestibilidad no dice nada sobre el destino o el valor de un componente alimentario una vez absorbido. Sólo se trata de examinar un alimento para saber si se absorbe y en qué medida. Si un componente alimentario no se absorbe, o se absorbe mal, tiene poco valor nutricional para el animal.

En un ensayo de digestibilidad, se puede averiguar acerca de cada nutriente presente en el alimento. Para esto, se analiza cada componente de interés en base a la materia seca (¡recuerde la materia seca!) del alimento. Supongamos que nos interesa conocer la cantidad de proteína que el animal absorbe del alimento. El porcentaje de proteína en el alimento, multiplicado por la cantidad de alimento ingerido, nos da como resultado la cantidad de proteína ingerida. El mismo cálculo se realiza sobre las heces (materia seca) para obtener la cantidad de proteína excretada. La diferencia entre estos dos cálculos es la cantidad de proteína absorbida por el organismo o la digestibilidad de la proteína en la dieta.

De manera similar, se pueden hacer cálculos con cada uno de los demás componentes nutricionales presentes en el alimento para tener una idea de su utilidad para el organismo. En general, se encuentra que la grasa se digiere entre el 80% y el 95%, los carbohidratos alrededor del 80%, la proteína del 30% al 90% (dependiendo de su calidad) y los minerales entre el 30% y el 50%. No obstante, estos valores, aunque se calculen cuidadosamente, son sólo estimados y pueden variar en función de diversos factores.

Técnicamente, existen otros factores que se deben tener en cuenta en investigaciones más rigurosas. Por ejemplo, los alimentos que pasan por el tracto gastrointestinal (por lo general abreviado TGI) pueden raspar las células del revestimiento intestinal, lo que agrega proteínas y grasas a las heces. Un ensayo de digestibilidad simple no toma en cuenta estos pequeños ajustes. Para considerar este tecnicismo, cualquier valor obtenido en un ensayo de digestibilidad estándar se clasifica más precisamente como digestibilidad aparente. Para más información acerca de los ensayos de digestibilidad, *véase la página 292 de las Notas Finales.*

PROTEÍNA

Puede que sean la industria publicitaria, las compañías de alimentos para mascotas o el consumidor quienes contribuyen a tener un enfoque incorrecto de la nutrición proteica. De manera invariable, los envases de alimento para perros ya sean enlatados, en bolsas o congelados, mencionan la cantidad de proteína que contienen. A su vez, los consumidores suelen pensar que mientras más proteína, mejor. Sin embargo, esto implica ignorar un fundamento básico de la nutrición llamado valor biológico. Debido a este concepto, es posible que un alimento para perros con 16% de proteínas tenga un valor nutricional superior a uno con 38% de proteínas. La cantidad de proteínas de un alimento es sólo parte de la historia, es decir, la mitad del resultado de un partido.

Si le dijera que los Yankees y los Red Sox están jugando y el resultado es 7, probablemente me miraría como si estuviera loco o me pediría más información. La razón por la cual la cantidad de proteína es solamente la mitad de la historia es que hay otra dimensión crítica en el tema: la calidad de la proteína, también conocida como su valor biológico. Para comprender la verdadera utilidad de la proteína como parte de una dieta, es esencial conocer tanto la cantidad de proteína como el valor biológico de esa proteína. Es como comparar 500 gramos de monedas de 5 céntimos con 500 gramos de monedas de 10 céntimos, ambas tienen el mismo peso, pero un valor muy diferente.

Todas las proteínas están formadas por unidades estructurales llamadas aminoácidos (Tabla 2). Existen 22 de estos aminoácidos que se encuentran en proporciones diferentes en todas las proteínas. Aunque existen otros aminoácidos, como la taurina (del cual hablaremos más adelante), la gran mayoría de las proteínas están compuestas por estos 22 aminoácidos. Los aminoácidos son moléculas pequeñas, cada una de las cuales contiene nitrógeno (también conocido como grupo amino, de ahí su nombre). Bajo la dirección de nuestro ADN, los aminoácidos se combinan en grupos de cientos y miles para producir proteínas. Las enzimas son proteínas, formadas por aminoácidos bajo la dirección de nuestro genoma, que catalizan todas nuestras reacciones metabólicas. Como dijo la Dra. Rosemary Schraer durante sus clases de bioquímica en Penn State, la vida es en esencia un cuenco de enzimas. Incluso una enzima común y corriente puede multiplicar por varios miles la velocidad de una reacción.

Los aminoácidos se dividen en dos tipos: esenciales y no esenciales. Los aminoácidos esenciales son necesarios en la dieta y deben estar presentes en ella. Los aminoácidos no esenciales son aquellos que los animales pueden fabricar por sí mismos, por medio del ensamblaje de otros componentes de la dieta, siempre que haya suficientes piezas para el ensamblaje.

Tabla 2. *Los aminoácidos comunes: unidades estructurales de todas las proteínas*

Esenciales (deben estar presentes en la dieta)	**No esenciales (se pueden producir a partir de otros componentes de la dieta)**
Isoleucina	Glicina
Leucina	Acido Glutámico
Lisina	Ácido Aspártico
Metionina	Prolina
Treonina	Alanina
Triptófano	Serina
Valina	Tirosina
Histidina	Cisteína
Arginina	Asparagina
Fenilalanina	Hidroxiprolina
Taurina (gato)	Cisteína

Es posible clasificar las proteínas según su impacto

nutricional o su valor biológico (Tabla 3). Por ejemplo, la proteína del huevo es de muy alta calidad. Esto es lógico, ya que el huevo debe convertirse en una criatura completa sin ningún otro aporte de su madre o de cualquier otra cosa. De hecho, la proteína del huevo se considera como la de mayor valor biológico y todas las demás se comparan con ella. La razón por la que el huevo es de tan alta calidad es que contiene más aminoácidos esenciales que cualquier otra proteína. La proteína de la leche también es de muy alta calidad, aunque no tanto como la proteína del huevo. La leche es el único alimento de un mamífero recién nacido y su calidad es fundamental. Nótese que estamos hablando de la proteína del huevo y la proteína de la leche. Estos alimentos no están compuestos solamente de proteínas, también contienen grasas, minerales y carbohidratos, y como la mayoría de los alimentos, son una mezcla de diferentes componentes nutricionales.

Pero al considerar la fracción de proteína de estos alimentos, es posible clasificarlos según la calidad de su proteína. El valor biológico de la leche se establece en 93, lo que significa que su proteína es del 93% del valor de la proteína del huevo, que se considera el estándar y se establece en 100.

Tabla 3. *Valor biológico de las proteínas en diversos alimentos*

Todos estos valores aproximados están clasificados en relación a la proteína del huevo, que es la proteína más nutritiva de la naturaleza	
Huevo	100
Leche	93
Arroz	86
Pescado	75

Carne de res	75
Caseína (una proteína de la leche)	75
Maíz	72
Harina de semilla de algodón	60
Harina de cacahuete	56
Gluten de trigo	44

La cantidad de proteína en el arroz no es muy alta, siendo de un 8% o menos, pero el valor biológico de su proteína, 86, es bastante elevado para una planta. Esto es una suerte, ya que una porción importante de la población mundial obtiene una gran cantidad de su proteína a través del arroz. Por debajo de un valor de 75, que es donde se encuentra la mayoría de las proteínas vegetales, hay una falta de aminoácidos esenciales para la nutrición adecuada de un mamífero en crecimiento. Es posible formular una dieta que se acerque bastante a la adecuación nutricional de un mamífero joven mediante una mezcla muy cuidadosa de proteínas vegetales de alta calidad, pero los inconvenientes de este enfoque son considerables. Por esta razón, resulta mucho más fácil incluir una pequeña cantidad de leche o huevo en la dieta. A veces se utiliza una analogía pintoresca para ilustrar el concepto de que la composición de aminoácidos define y limita la calidad de una proteína. Imagínese un viejo barril de madera con tablones de diferentes alturas (Figura 3). La cantidad de agua que puede contener el barril está limitada por la altura del tablón más corto, al igual que la calidad de una proteína está determinada por su aminoácido más limitante.

Figura 3. *El Valor Biológico de una proteína está determinado por la cantidad del aminoácido más limitante, al igual que el agua que puede contener un barril estará limitada por el tablón más corto*

Así que ahora espero que pueda ver que una bolsa de alimento para perros que declare un 32% de proteínas posiblemente no sea mejor que una que tenga solamente un 16%. Si el producto del 32% se compone de proteínas vegetales de baja calidad, resulta inferior en aminoácidos esenciales a uno con un alto porcentaje de proteínas de leche y huevo. En el mercado de alimentos para mascotas, una dieta con un 16% de proteínas que contenga leche y huevo puede ser bastante costosa y, como la competencia es alta, el consumidor podría pasar por alto una dieta de este tipo, no sólo por ser costosa, sino por ser, desde el punto de vista desinformado del propietario de la mascota, de menor calidad que una dieta con un 32% de proteínas.

GRASA

Probablemente ningún otro aspecto de la nutrición está tan

lleno de información errónea como el tema de las grasas. Dado que la grasa no es el malvado villano que nos han hecho creer, es necesario hacer un poco de historia para ayudarnos a entender el papel correcto de las grasas en la nutrición animal. La grasa es un tema complicado si se considera en detalle, pero intentaremos simplificar esta discusión y comenzaremos con el contenido calórico de las grasas. Todo el mundo sabe que las grasas son una excelente fuente de calorías, y tanto las personas como los animales domésticos disfrutan mucho de la textura y el sabor de las grasas, y de su capacidad para satisfacer el hambre. Las grasas contienen nueve calorías por gramo, mientras que los carbohidratos y las proteínas contienen cuatro cada uno. Además, casi todo el mundo ha oído hablar de las grasas saturadas e insaturadas. Las plantas suelen ser la fuente de las grasas insaturadas, que son líquidas o aceites a temperatura ambiente, mientras que las grasas animales suelen ser más del tipo saturado, siendo sólidas a temperatura ambiente. Piense en el aceite de maíz y la grasa de tocino. La grasa del cerdo se denomina manteca de cerdo, y la del ganado vacuno, sebo. La grasa de las aves de corral se denomina grasa de ave, y la de las ovejas, sebo de cordero. El punto de fusión de un lípido (lípido significa grasa) viene determinado, entre otras cosas, por su estructura química y principalmente por el contenido de hidrógeno. Los términos "saturado" e "insaturado" denotan cantidades relativas de hidrógeno. En términos sencillos, una grasa saturada contiene todo el hidrógeno que puede (saturada de hidrógeno), mientras que una grasa insaturada tiene espacio para más hidrógeno. Es posible añadir más hidrógeno a una grasa insaturada, mediante un proceso llamado hidrogenación. Esto altera el punto de fusión, es decir, si la grasa es sólida o líquida a temperatura ambiente.

Las grasas de interés actual se encuentran en moléculas llamadas triglicéridos o triacilglicéridos. Un triglicérido es una molécula de glicerol que consta de tres átomos de carbono consecutivos, cada uno de los cuales está unido a un ácido graso. También hay mono- y diglicéridos de glicerol, que tienen uno o dos ácidos grasos unidos. Los ácidos grasos son las unidades estructurales de los lípidos, de la misma manera que los aminoácidos son las subunidades de las proteínas. Hay alrededor de una docena de ácidos grasos comunes (Tabla 4). Los ácidos grasos tienen un esqueleto de átomos de carbono dispuestos en una cadena y se designan por el número de carbonos en la cadena, que casi siempre es un número par.

La mayor parte de la información y desinformación sobre la nutrición lipídica de los últimos 50 años se ha centrado principalmente en los ácidos grasos de cadena larga, específicamente los de 16 a 18 carbonos, su nivel de saturación y su efecto sobre la aterosclerosis. Sin embargo, como la aterosclerosis no es una preocupación importante en la nutrición animal, no se discutirán estos detalles en este libro. En cambio, se enfocará en la discusión de los ácidos grasos omega-3 y omega-6, que tienen una longitud de cadena de 18, 20 y 22 carbonos, los cuales son relevantes para la nutrición animal y se tratarán en detalle en el Capítulo 10, en el apartado de Nutracéuticos.

Tabla 4. *Ácidos Grasos comunes de los alimentos*

Nombre común	Número de carbonos: enlaces doble
Cadena corta	
Acético	2:0
Propiónico	3:0
Butírico	4:0

Nombre común	**Número de carbonos: enlaces doble**
Caproico	6:0
Caprílico	8:0
Cadena media	
Cáprico	10:0
Láurico	12:0
Saturados (sin dobles enlaces, llenos de hidrógeno)	
Mirístico	14:0
Palmítico	16:0
Esteárico	18:0
Insaturados (uno o más dobles enlaces, espacio para más hidrógeno)	
Palmitoleico	16:1
Oleico	18:1
Linoleico	18:2
Linolénico*	18:3
Araquidónico	20:4
Eicosapentaenoico*	20:5

Nombre común	Número de carbonos: enlaces doble
Docosahexaenoico*	22:6

**Estos ácidos grasos son de la configuración omega-3 y su carencia en la dieta ha estado implicada en la causa de diversas afecciones.*

La mayoría del material vegetal contiene entre el 3% y el 8% de grasa, pero hay excepciones como las semillas y los frutos de las plantas, como los piñones y los aguacates, que pueden tener un alto contenido de grasa. Además, algunos subproductos de cereales, como el salvado de arroz, pueden contener entre un 10% y un 12% de grasa.

Los alimentos expandidos para perros, como las croquetas que son comunes en el mercado, se componen principalmente de ingredientes vegetales y subproductos cárnicos secos. Para mejorar la nutrición y la palatabilidad para el animal, a menudo se agrega grasa a la mezcla de la fórmula o se rocía sobre la croqueta después de su elaboración. Sin embargo, la grasa tiene tendencia a oxidarse o enranciarse, lo que puede afectar negativamente el sabor y dejar un regusto desagradable. Por lo tanto, todas las grasas contienen antioxidantes para evitar la oxidación y el enranciamiento. Estos antioxidantes, como el hidroxianisol butilado (BHA), el hidroxitolueno butilado (BHT) y el galato de propilo, deben figurar en la etiqueta por ley.

La mayoría de los consumidores consideran estos conservantes químicos como algo negativo y los productores han estado investigando métodos para eliminarlos. La vitamina E es un antioxidante muy eficaz, al igual que el ácido cítrico. Sin embargo, hasta la fecha, los sistemas antioxidantes naturales siguen siendo menos eficaces. Es justo esperar que un alimento para mascotas "totalmente natural" genuino y honesto tenga una vida útil más corta que uno con conservantes de grasa convencionales. En otras palabras, si una bolsa de comida para mascotas "totalmente natural" se almacena en el ático durante tres meses en verano sin enranciarse, es probable que no sea totalmente natural.

Como la grasa contiene más del doble de calorías que las proteínas y los carbohidratos, incluso una pequeña cantidad de grasa en una fórmula puede agregar calorías rápidamente. En el ejemplo de la Tabla 1 del Apéndice, se puede observar que la grasa, que sólo representa el 10% de la declaración en la etiqueta, aporta casi el 25% de las calorías. Si la grasa en la etiqueta hubiera sido del 18% en lugar del 10%, todavía sería menor que las proteínas o los carbohidratos, pero contribuiría con el 42% de las calorías. Sin embargo, como veremos más adelante, las calorías derivadas de la grasa no son las culpables que la mayoría piensa, y de hecho, aumentar la ingesta de grasa puede ser una forma de reducir la cantidad de carbohidratos de la dieta, lo que puede hacer que la dieta engorde menos si se hace correctamente. Este es uno de los conceptos respaldados por la Dieta Atkins y la Dieta de la Zona, dos programas de nutrición muy populares entre la gente.

FIBRA

La fibra es otro ejemplo de un tema de la nutrición que resulta difícil de tratar de forma ordenada en una sola sesión. Aunque pertenece a la categoría de los carbohidratos, los animales de estómago simple como los perros y los gatos no pueden digerirla, por lo que se discute a menudo de forma separada. La fibra es una parte integral de las discusiones sobre bacterias y anatomía, por lo que es difícil abordar completamente el tema en una sola sección sin restar importancia a otros temas de importancia. Aunque quizás no sea un tema explosivo, se tratan los aspectos básicos de la fibra dietética en este libro, con una discusión más amplia intercalada en otras secciones.

La clasificación de los diferentes sistemas digestivos de los animales tiende a estar relacionada con la relación que un animal tiene con las bacterias. A grandes rasgos, el mundo se divide en monogástricos y herbívoros. Los monogástricos, como indica la palabra, tienen un solo estómago. Los humanos, los perros y los gatos son monogástricos.

La diversidad de adaptaciones de los herbívoros se debe a que cada especie ha desarrollado una estrategia alimentaria específica según su anatomía y entorno. Por ejemplo, los elefantes y ciertos primates tienen una gran zona de fermentación en el intestino grueso, mientras que los canguros tienen una adaptación única en su estómago para la fermentación. Los ñus y las gacelas son rumiantes, lo que significa que tienen un estómago de cuatro compartimentos que les permite descomponer y fermentar la fibra vegetal de manera más eficiente.

A pesar de sus diferencias, todos los herbívoros comparten la capacidad de aprovechar la energía de las plantas. Las plantas son una fuente de alimento abundante y constante en la mayoría de los hábitats terrestres, y su capacidad para capturar la energía del sol las convierte en una fuente valiosa de nutrientes para los herbívoros. Aunque la concentración de proteína y energía en las plantas es baja, los herbívoros han evolucionado para poder consumir grandes cantidades de forraje al día. De hecho, algunos herbívoros pueden consumir hasta el 10% de su peso corporal diariamente en plantas.

En resumen, la clasificación de los sistemas digestivos de los animales está relacionada con su relación con las bacterias, y los herbívoros han desarrollado adaptaciones únicas para aprovechar la energía de las plantas. La diversidad de adaptaciones de los herbívoros refleja la diversidad de plantas en el mundo y las estrategias alimentarias específicas de cada especie. Un herbívoro de 500 kg en las llanuras del Serengeti puede devorar hasta 68 kg de forraje en un día.

Es cierto que ningún mamífero puede producir una enzima que actúe directamente sobre la fibra vegetal, pero muchos mamíferos, incluyendo los perros y los gatos, tienen bacterias en su tracto gastrointestinal que pueden descomponer la fibra en beneficio de su huésped. Sin embargo, la eficacia de estas bacterias varía según la especie y el tipo de fibra. Por ejemplo, el ganado vacuno y las ovejas son muy eficaces en la digestión de la fibra (bueno, sus bacterias, en realidad), mientras que los perros y los gatos no tienen tantas bacterias especializadas para esta tarea. Esto se puede observar en la Tabla 5.

Pero el hombre, el perro e incluso el gato carnívoro, pueden obtener ciertos beneficios de la fibra. La Tabla 5 ilustra otro punto importante, que es el lugar donde ocurre la digestión de la fibra en diferentes animales. En el caso del caballo, ocurre principalmente en el colon (intestino grueso), mientras que en el capibara ocurre en el ciego (conocido como apéndice en los humanos) o en el rumen en la vaca o el ciervo. Los monos que se alimentan de hojas tienen tabiques estomacales que ayudan a la digestión de la fibra. La digestión de la fibra varía ampliamente en los mamíferos, oscilando entre el 17% y el 83%. Sin embargo, la única generalización que se puede hacer es que los animales que sobreviven como comedores de plantas digieren al menos el 50% de la fibra que consumen.

De acuerdo con el difunto Dr. John Tracy, hasta la mitad de los requerimientos de mantenimiento de un cerdo pueden satisfacerse con la energía obtenida a partir de la descomposición de la fibra mediante la fermentación en el intestino posterior. Es importante tener en cuenta que los requerimientos energéticos de mantenimiento sólo incluyen las funciones básicas del cuerpo, como caminar y respirar. Para llevar a cabo procesos como la gestación, la lactancia o el crecimiento, se requiere aún más energía, a veces el doble de la necesaria para el mantenimiento. Sabemos que el hombre moderno es capaz de digerir hasta un 17% de fibra en la dieta gracias a las bacterias presentes en el intestino grueso. Es posible que los antepasados del hombre tuvieran una capacidad de digestión de fibra aún mayor, quizás similar a la observada en los cerdos.

Tabla 5. *Capacidad de fermentación de los mamíferos expresada como porcentaje de la fermentación total posible del tracto. P.J. Van Soest, 1994. Ecología Nutricional del Rumiante, pág. 59*

Especie	Rumen	Ciego	Colon	Total
Oveja	71	8	4	83
Capibara	-	71	9	80
Ganado vacuno	64	5	6	75
Caballo	-	15	54	69
Cobaya	-	46	20	66
Rata	-	32	29	61
Conejo	-	43	8	51
Cerdo	-	15	33	48
Humano	-	-	17	17
Gato	-	-	16	16

Especie	Rumen	Ciego	Colon	Total
Perro	-	1	13	14

El debate sobre la fibra es una excelente oportunidad para establecer un vínculo entre algunos conceptos generales de nutrición. El reino vegetal, gracias a la energía del sol, utiliza el dióxido de carbono del aire para producir azúcares, almidones, celulosa y otras fibras a través de la fotosíntesis. Luego, devuelve al aire la parte de oxígeno del dióxido de carbono.

La unidad estructural básica tanto de la celulosa como del almidón es el azúcar conocido como glucosa. La glucosa es una molécula omnipresente en la naturaleza y es la misma molécula que se utiliza en el metabolismo energético de todos los animales. Se trata de una cadena de seis carbonos y un oxígeno que forman un círculo o anillo. Cuando se unen muchas unidades de azúcar, se forman polisacáridos; dos unidades forman disacáridos y una sola unidad es un monosacárido. La celulosa es el compuesto orgánico más abundante en el mundo y es un polisacárido compuesto de unidades de glucosa unidas por enlaces β1,4 (beta 1,4). Las enzimas bacterianas pueden romper estos enlaces, pero no las enzimas de los mamíferos. El almidón está formado por muchas unidades de glucosa unidas por enlaces α1,4 (alfa 1,4) y α1,6 (alfa 1,6). El almidón formado por cadenas rectas de glucosa se llama amilosa y utiliza enlaces α1,4, mientras que las cadenas de almidón con ramificaciones, llamadas amilopectina, utilizan un enlace α1,6 en el lugar de la ramificación. Las enzimas de los mamíferos pueden romper estos enlaces.

En realidad, la fibra es una clase de compuestos que incluye celulosa, hemicelulosa, lignina, lignocelulosa y pectinas, por nombrar las categorías de fibra más abundantes. Los nutricionistas de animales hablan en términos de fibra detergente ácida y fibra detergente neutra, como una forma de dividir la fibra según la pared celular o el contenido celular y su digestibilidad relativa por medio de las bacterias. Las demás fibras tampoco son digeribles, salvo en menor medida por las bacterias. La quitina, del exoesqueleto de los insectos y los cangrejos, y parte de mi primera investigación sobre la alimentación de vacas con cucarachas, es un polisacárido. También es una cadena de unidades de glucosa y, por cierto, la segunda en abundancia en el mundo después de la celulosa. *Para más información sobre la quitina, véase la página 296 de las Notas Finales.*

Todas las frutas y verduras que comemos contienen fibra en mayor o menor cantidad. Personalmente, siempre he considerado que las hojas externas de la alcachofa son un precio muy alto a pagar por llegar al corazón de la misma, que me parece delicioso. Si alguna vez han intentado comer una hoja de alcachofa, recordarán que requiere una gran cantidad de masticación y esfuerzo, y produce pocos beneficios. Quizás por eso, las alcachofas suelen servirse con alguna salsa sabrosa para distraernos del sabor ordinario de todas esas hojas. Sin embargo, es la fibra la que hace que las hojas de alcachofa sean como son, y si se comieran varias, no causarían ningún problema. De hecho, la fibra, también conocida como masa fibrosa, tiene efectos beneficiosos en el tracto gastrointestinal. Además de aumentar el volumen de las heces, su efecto abrasivo ayuda a renovar el revestimiento celular del intestino.

La literatura científica que hace referencia a la fibra en la alimentación es muy extensa y sugiere que su inclusión en la dieta es beneficiosa. La falta de fibra se ha relacionado con una mayor probabilidad de padecer diferentes problemas de salud, como cáncer de colon y niveles altos de colesterol. Sin embargo, es importante no exagerar los efectos de la fibra. Es posible que su efecto beneficioso se deba a que diluye la energía de la dieta (lo cual es bueno) y reduce los carbohidratos solubles (beneficioso también). Nuestros animales de compañía, incluyendo los gatos, también se benefician de la fibra, por lo que no hay que evitarla en su alimentación. Siempre y cuando se les proporcione una dieta equilibrada que contenga todos los nutrientes necesarios, la cantidad de fibra puede ser relativamente alta, hasta un 15% o incluso un 20% del peso seco de la dieta. Lo importante es evitar incluir fibra en la dieta en detrimento de otros ingredientes necesarios y más costosos.

La relación simbiótica entre los animales que se alimentan de fibra y las bacterias que viven en sus tractos digestivos es mutuamente beneficiosa. Estos animales proporcionan a las bacterias un lugar cálido y protegido para vivir, así como una fuente constante de alimento: el forraje que consumen. A cambio, las bacterias digieren parcialmente esta comida y envían los restos y subproductos metabólicos al huésped. Todos los mamíferos tienen bacterias en sus tractos digestivos, pero algunos tienen una mayor cantidad de bacterias beneficiosas en la parte delantera del tracto, como los herbívoros, mientras que otros, como los perros y los humanos, tienen una mayor cantidad de bacterias beneficiosas en el extremo posterior. Es importante destacar que esta relación simbiótica es esencial para la digestión de la fibra y la supervivencia de estos animales en la naturaleza.

Tenemos que examinar más detenidamente la distinción entre monogástricos y herbívoros. A menudo, en la introducción a la nutrición animal, se da la impresión de que los herbívoros tienen una gran cantidad de bacterias en sus intestinos y los monogástricos carecen de ellas, pero la distinción no es tan clara. De hecho, el cerdo, un monogástrico clásico, como se mencionó anteriormente, puede digerir una cantidad significativa de fibra en su dieta, al igual que los humanos. La digestión de la fibra en los monogástricos la llevan a cabo las bacterias del intestino grueso. En la naturaleza, el gorila debe digerir indudablemente algo de fibra, ya que su dieta es muy parecida a la de un herbívoro. Los humanos pueden digerir hasta el 17% de la fibra que ingieren. Los rumiantes digieren entre el 70% y el 80%. Los monogástricos no son ineficientes en la digestión de la fibra, y los herbívoros no son expertos en ella. De hecho, hay numerosos ejemplos en la naturaleza de animales con una fisiología digestiva intermedia entre los rumiantes y los monogástricos. El caballo carece de la panza o el estómago anterior de un verdadero rumiante, pero tiene un ciego y un colon aumentados que hacen el mismo trabajo y de la misma manera, en simbiosis con las bacterias. El mono Colobus de África y el mono Langur de Asia, que viven casi exclusivamente en los árboles y a veces se les llama comedores de hojas, tienen lo que se llama un estómago complejo, que es una adaptación a una dieta rica en fibra, y también aprovecha la simbiosis con las bacterias.

En Australia, debido a la falta de herbívoros tradicionales, los canguros y sus parientes llenaron el vacío en el nicho ecológico. Sin embargo, cuando los inmigrantes europeos introdujeron los conejos en Australia para la caza, estos animales se reprodujeron descontroladamente y se convirtieron en una plaga, invadiendo casi por completo el subcontinente. El ecosistema no estaba preparado para controlar su población, y sólo los deportistas inmigrantes parecían ser capaces de limitar su crecimiento, aunque en realidad eran ineficaces.

La historia siguiente es una historia real y me fascina. La parte que no me gusta es que los hechos son bastante desconcertantes, pero es un ejemplo clásico de cómo la evolución perfecciona las especies y el papel absolutamente crítico del individuo raro o atípico de un patrimonio genético. Este relato pertenece al Capítulo 4, en el que se habla de la adaptabilidad, pero también encaja aquí. Se trata de un relato extraído del libro Down Under, de Bill Bryson (Transworld Publishers, Londres, 2000).

En 1859, Thomas Austin importó 24 conejos ingleses a Australia para satisfacer su placer por la caza deportiva. El ecosistema australiano no tenía herbívoros similares a los conejos y, por lo tanto, no había depredadores naturales para ellos. Como resultado, los conejos se multiplicaron descontroladamente y se convirtieron en una plaga. En sólo 20 años, más de 800 mil hectáreas de tierras agrícolas en Victoria habían sido destruidas por los conejos. Además, los conejos se expandieron rápidamente y avanzaron unos 120 km por año. La situación empeoró con la llegada de una grave sequía que afectó negativamente a los ganaderos, ya que las tierras de pastoreo se volvieron estériles e inútiles, arruinando algunas fincas.

La solución a la proliferación de los conejos en Australia se encontró en Sudamérica, en un virus llamado mixomatosis, que era letal para los conejos, pero inofensivo para otras especies. El virus fue liberado en la población de conejos y casi todos murieron, excepto uno de cada mil, que eran inmunes al virus. Estos pocos sobrevivientes procrcaron y, con el tiempo, la población de conejos en Australia volvió a aumentar. A pesar de que la introducción del virus redujo significativamente la población de conejos, no fue suficiente para erradicarlos por completo. Con el tiempo, Australia volvió a estar inundada de conejos.

En 2002 se estrenó una película muy popular, titulada *"Rabbit Proof Fence"* ("Generación robada" en España e Hispanoamérica), que no trataba de conejos, sino de las peripecias de los jóvenes nativos australianos de los años 30 que intentaban volver a casa a lo largo de una valla de 2.500 km. Esta valla se construyó para controlar a los conejos que volvían a inundar el campo. Gracias a la genialidad de las leyes de la evolución, los conejos se habían adaptado a la destrucción casi total, volviéndose inmunes a un virus mortal. Este tipo de perfeccionamiento se produce millones de veces al día en millones de especies, y así ha sido durante miles de millones de años.

CARBOHIDRATOS

La fotosíntesis es el proceso por el cual las plantas combinan el carbono del dióxido de carbono con diferentes azúcares que la planta utiliza de diversas maneras. Un decano universitario de la Ciudad de México me dijo una vez algo muy sencillo pero encantador: si estás en el negocio de la agricultura, estás en el negocio de cosechar sol y agua. Esta afirmación me cautivó, aunque me avergonzó un poco no haberla oído antes o haberla pensado yo mismo. Es una verdad fundamental y básica. Después de aceptar esta verdad, la única pregunta que se plantea es cómo comercializarás tu cosecha. ¿Será carne, leche, fibra textil como algodón o lana, o productos como aguacates o azúcar? Podría ser cualquiera de una docena de productos, y todos ellos se deben a las plantas.

Las plantas combinan el carbono en carbohidratos que se utilizan para tres tipos de compuestos: azúcares, almidones y fibra. Dependiendo de nuestras intenciones, las plantas se cosechan en función de sus componentes de carbohidratos, como los árboles, que se utilizan por su contenido en fibras de celulosa y lignina para la producción de madera, papel y leña. El maíz y el trigo se utilizan por su contenido en almidón, mientras que la caña de azúcar y la remolacha son fuentes de sacarosa, o azúcar de mesa. Prácticamente todas las plantas se cosechan por una razón específica, y de cada una de ellas se obtienen desde unos pocos a varios subproductos. Por ejemplo, la producción de harina de trigo tiene muchos subproductos que salen de la molienda, como el salvado de trigo, los restos de la molienda y la primera, segunda y tercera borra, por no hablar de la paja que queda en el campo. Todos ellos tienen un valor económico, y muchos se utilizan en los alimentos para mascotas. La razón principal del cultivo del algodón es la fibra textil, pero entre los subproductos de esta actividad se encuentran las semillas y las harinas con alto contenido proteínico que se utilizan para la alimentación animal, las cáscaras de las semillas que se utilizan en los lodos de perforación petrolífera y para la alimentación animal, el aceite que se utiliza en la cocina y las rebabas del algodón, llamadas también desechos de la desmotadora, que se utilizan en la alimentación animal.

El almacenamiento de energía en forma de carbohidratos se da tanto en plantas como en animales. En el caso de las plantas, se utiliza el almidón, el cual se encuentra precargado en las semillas como parte de su estrategia de supervivencia y transmisión de genes a la próxima generación. El almidón cumple la función de ser una fuente de energía para la plántula en sus primeros días, antes de que pueda realizar la fotosíntesis por sí misma. El contenido energético concentrado de las semillas fue descubierto por el hombre hace aproximadamente 10.000 años en Mesopotamia y fue el impulsor de la agricultura moderna.

El almacenamiento de energía en forma de carbohidratos también es común en el mundo animal, donde se almacena en la molécula de glucógeno. El glucógeno es similar al almidón en que contiene unidades de glucosa con enlaces similares, aunque se diferencia en que el glucógeno tiene más ramificaciones, unas tres veces más que el almidón. El glucógeno se encuentra principalmente en los músculos y en el hígado, siendo este último el que concentra mayor cantidad por unidad de peso. No obstante, las reservas totales del cuerpo se encuentran principalmente en los músculos, ya que estos son más abundantes que el hígado. En los alimentos secos para mascotas, el contenido de glucógeno es bajo debido a que la carne no es un ingrediente común en su composición. Los niveles de glucógeno en la carne son normalmente inferiores al 1%. En los alimentos enlatados, el hígado es un ingrediente más común, aunque las reservas de glucógeno en el hígado son, en promedio, inferiores al 5%. Sin embargo, cuando se encuentra en los alimentos, el glucógeno se digiere y procesa fácilmente en unidades de glucosa.

La sacarosa o azúcar de mesa es un tipo de disacárido compuesto por una molécula de glucosa y una de fructosa, lo que lo hace fácilmente digerible por los mamíferos. Otro tipo de disacárido es la maltosa, que se compone de dos moléculas de glucosa y se obtiene a partir de la hidrólisis del almidón. La lactosa es un disacárido que se encuentra principalmente en la leche y está compuesta por una molécula de glucosa y otra de galactosa. Los mamíferos jóvenes tienen la enzima lactasa necesaria para digerir la lactosa, pero en algunos adultos, esta enzima puede volverse inactiva, lo que causa molestias digestivas al consumir productos lácteos con alto contenido de lactosa. Estos cambios metabólicos relacionados con la edad no son infrecuentes, como sucede con la aparición de canas, que es común en adultos, pero no en niños.

Se supone que la persistencia del gen de la lactasa en los humanos surgió durante el período en que se domesticó el ganado, y es una de las mutaciones genéticas que se ha propagado más rápidamente. Sin embargo, se sabe que hay otro gen o conjunto de genes que mantiene activado el gen de la producción de lactasa. Los antropólogos han observado desde la década de 1960 que los grupos humanos que crían ganado suelen ser capaces de beber leche en la edad adulta. En 2006, un artículo publicado en *Nature* por Erika Check informó que los investigadores habían demostrado que la persistencia de la lactasa en los pueblos africanos dedicados a la cría de ganado surgió hace entre 3.000 y 7.000 años y se propagó rápidamente. Según los investigadores, para que una mutación genética se haya extendido tan rápidamente, debe haber proporcionado una gran ventaja de supervivencia. Los Europeos del Norte también presentan una mutación similar desde, incluso, antes.

Cuando el almidón se calienta en agua, experimenta un

proceso llamado gelatinización, el cual no es reversible, de manera similar a como cuando un huevo se fríe no se puede devolver a su estado original. Este proceso es un paso universal en la cocina y se utiliza en muchos alimentos, incluyendo la corteza de las tartas, los donuts, las galletas y la pasta. Aunque algunos dirían que los donuts no son secos en absoluto. El almidón también se utiliza como un agente espesante en alimentos como la tapioca y la salsa de carne. La propiedad del almidón de expandirse cuando se gelatiniza y mantener su forma y dureza cuando se enfría y se seca es utilizada en la industria de alimentos para mascotas para producir croquetas secas. La máquina utilizada para fabricar estas croquetas, llamada extrusora, fuerza una mezcla de alimentos a través de un cilindro largo con un tornillo que se mueve dentro de la longitud del cilindro (como se muestra en la Figura 4).

INGREDIENTES SECOS Y HÚMEDOS

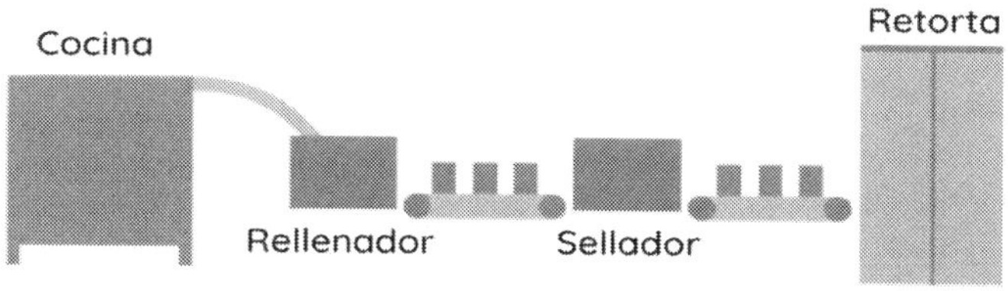

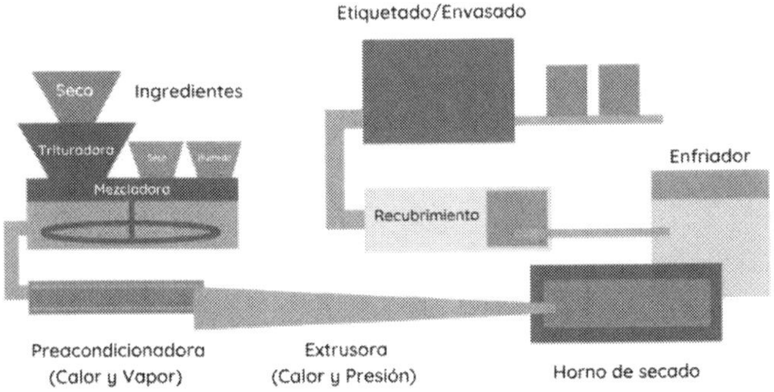

Figura 4 *Esquema de una línea de maquinaria para producir comida enlatada (arriba) y croquetas secas (abajo).*

La tolerancia entre el tornillo y la pared interior del cilindro es muy estrecha, lo que genera un gran calentamiento cuando el tornillo gira a altas revoluciones y el alimento se cocina a alta temperatura durante un corto tiempo. Cuando el alimento abandona el calor y la presión del cilindro, el componente de almidón se expande y enfría rápidamente. Para tener éxito en la extrusión, se requiere un nivel mínimo de almidón en el alimento, lo que resulta en que la mayoría de los alimentos extruidos para mascotas contengan algún tipo de carbohidrato soluble que puede llegar a constituir hasta la mitad del alimento. La extrusión es una forma económica de producir alimentos secos para mascotas, lo que lleva a muchos tutores de razas grandes a utilizar alimentos expandidos para mantener los costos bajos. Sin embargo, los perros que se alimentan exclusivamente de croquetas expandidas consumen una cantidad constante y alta de carbohidrato soluble, lo que puede tener efectos en su salud a largo plazo. Este problema también parece existir en las personas.

Casi la mitad de la población estadounidense tiene sobrepeso. En el best seller del New York Times "Agua para elefantes", de Sara Gruen, se muestra una imagen de un grupo de fenómenos de circo de principios del siglo XX, que incluye a un enano, una mujer barbuda, un gigante y una mujer obesa. Lo que llama la atención es que, en la actualidad, es común encontrar personas con el mismo peso y altura que la mujer obesa en lugares públicos. La obesidad está acompañada de una serie de afecciones y síntomas que los profesionales médicos llaman síndrome metabólico, que incluyen hipertensión, colesterol elevado, arterias endurecidas y síntomas de prediabetes. Según un artículo de portada de Business Week del 6 de agosto de 2007, el 40% de los perros en Estados Unidos también padecen sobrepeso. No me parece una coincidencia que la obesidad en perros sea igualmente problemática que en las personas.

A estas alturas ya sabe que cuando compra una bolsa de comida para perros o una lata de comida para gatos, está adquiriendo una mezcla de proteínas, grasas, carbohidratos, agua y minerales. Sin embargo, es posible que se pregunte cuál es la mejor mezcla para su animal y cuál es la dieta adecuada para él. En este sentido, se han abordado temas como la energía y sus diferentes formas de medición, la calidad y cantidad de proteína, la importancia de las grasas en comparación con los carbohidratos solubles, así como el concepto crucial de materia seca en la dieta.

Aunque este capítulo ha sido un poco tedioso, es el último de los temas pesados por ahora. Ahora que se han establecido las reglas y las definiciones, se puede examinar lo que se consideraba alimento en el pasado y esto podría ayudar a comprender lo que debería ser la alimentación actual para nuestros perros y gatos.

REFERENCIAS

Los perros de trineo queman 11.000 calorías(...): Case LP, Carey DP, Hirakawa DA, Dristotle L. 2000. Canine and Feline Nutrition. A Resource for Companion Animal Professionals. Mosby, nc. St. Louis, Mo. 63146. Página 266.

El gen de la persistencia de la lactasa se extendió rápidamente (…): Check E. 2006. How Africa Learned to Love the Cow. Nature, Vol. 444, dic. 21/28. Página 994.

Mutación similar en los europeos (…): Cochran, G., and H Harpening. 2009. The 10,000 Year Explosion. How civilization accelerated human evolution. Basic Books, Philadelphia, PA 19103. Página 77.

Imagen de los fenómenos de circo(...): Gruen, S. 2006. Water for Elephants. Algonquin books of Chapel Hill. Chapel Hill, NC. 27515.

Portada de Business Week: Brady D, Palmeri C. 2007. The Pet Economy. En: Business Week, 6 de agosto, 2007.

En Notas finales: ecuaciones para estimar las necesidades energéticas (…): NRC 2006. Nutrient Requirements of Dogs and Cats. 2006. National Research Council. National Academies press. Washington, DC. 2001.

3
LA DIETA PRIMITIVA SIMPLEMENTE: ¿EN QUÉ SE HAN PERFECCIONADO LOS MAMÍFEROS PARA PODER PROSPERAR?

Ahora vamos a considerar qué tipo de alimentos ofrecía el mundo a los animales. ¿Cuáles eran las opciones alimentarias para los mamíferos durante su larga evolución hasta el presente? Todos estaríamos de acuerdo en que el oxígeno, el carbono y el hidrógeno son elementos muy antiguos. La estructura molecular básica nunca ha cambiado. Las moléculas fundamentales, como los aminoácidos, las enzimas y las hormonas, se encuentran prácticamente sin cambios a través de toda la biología. Los estromatolitos, pilas primitivas de células fosilizadas encontradas en lugares tan distantes como el interior de Australia y el escudo canadiense, vivieron hace más de 3.500 millones de años. El citocromo C, un grupo de enzimas que contienen cobre, es uno de los compuestos más conservados, es decir, que se encuentran en todas partes, de toda la biología. El citocromo C se encuentra en las mitocondrias de todas las células eucariotas, lo que significa que está en todas partes. Todo lo que ha evolucionado más allá de una bacteria o un alga tiene células eucariotas.

No podemos afirmar con certeza que el aminoácido lisina de hoy sea idéntico al de hace tres mil millones de años. Sin embargo, un informe comparó cebada de 3.000 años de antigüedad con cebada moderna de entre 40 y 150 años de antigüedad, y encontró que eran "extraordinariamente similares", con la cebada moderna teniendo ligeramente menos lisina y metionina. No se ha encontrado ADN que tenga más de 30.000 años de antigüedad. A medida que la tecnología analítica avanza, es posible que se descubra que el metabolismo de los mamíferos de hoy es similar al de hace millones de años. Por lo tanto, este análisis se basa en la hipótesis de que los alimentos disponibles para los animales hace millones de años siguen estando disponibles hoy en día.

La bibliografía científica no ofrece muchos datos sobre la dieta previa a la llegada de los cultivos hace 10.000 años. Sin embargo, hay una gran cantidad de conocimientos académicos e informados sobre el periodo que va desde hace 10.000 años hasta el presente y, claramente, es más fácil establecer conexiones cuanto más cercanos son los acontecimientos. Los arqueólogos son conocidos por aplicar técnicas de otras áreas científicas. Con sólo unos pocos fragmentos óseos importantes, pueden construir todo un esqueleto, conocer el sexo, la edad en el momento de la muerte y el historial médico. Es impresionante lo que un diente, o incluso un hueso de la mandíbula, puede contarle a un arqueólogo competente. Y todo esto, sólo con la ayuda de una lupa o un microscopio. Por medio del análisis de la relación isotópica (la cantidad de 12C en comparación con la de 14C), los arqueólogos pueden inferir con una alta certeza el tiempo pasado en el que vivió un animal o una planta. Para obtener más información sobre la datación por radiocarbono, *consulte la página 296 de las Notas Finales.*

En la actualidad, métodos analíticos aún más avanzados permiten conocer las proporciones de 12C y 13C, otro isótopo del carbono que es estable y no se descompone. Esta información nos permite tener una idea de la dieta de las personas o animales del pasado cuando es analizada junto con otros factores. Los coprolitos, que son heces fosilizadas, son un ejemplo de ello y pueden revelar lo que alguien o algún animal comía. La división moderna de la arqueología que estudia los coprolitos reúne minúsculos fragmentos de datos procedentes de todo el mundo y los agrupa para formar una visión útil. En la medida en que estas heces puedan ser deconstruidas y analizadas, se pueden aprender cosas que permiten inferir hechos sobre las dietas antiguas.

Ejemplos de estos otros factores serían la edad del sedimento que rodea a la muestra en cuestión o los registros de otros lugares sobre la situación del mundo y su clima en ese momento. Un ejemplo sería la extinción masiva de hace 65 millones de años, que se ha aceptado como causada por un meteorito que golpeó Yucatán, en el este de México. Los meteoritos son una fuente rica y única del elemento iridio, y en todo el mundo existe una capa fina de sedimento que tiene un contenido muy elevado de iridio en las rocas de hace 65 millones de años. Debajo de esta capa existen muchas especies fósiles que dejan de encontrarse cuando se observan las capas que se encuentran por encima de ésta. Esto hace posible la hipótesis de que hace 65 millones de años un meteorito golpeó la tierra y muchas especies se extinguieron en ese momento.

Mediante un análisis de datos similar, los arqueólogos pueden hacer especulaciones fundamentadas sobre cómo era el mundo en el pasado, y nosotros podemos utilizar sus enseñanzas para ayudarnos a entender muchas cosas sobre la dieta primitiva del mundo antiguo. En este sentido, suele haber una simetría considerable entre lo que el mundo ofrece como alimento y lo que sus criaturas requieren como tal. Numerosas realidades del mundo primitivo tendían a mantener a un organismo en constante evolución hacia el camino de la nutrición adecuada.

QUIÉN SE COMIÓ QUÉ Y A QUIÉN

Todo el mundo conoce la llamada cadena alimentaria, en la que muchas especies y vastos rebaños de herbívoros se alimentan de plantas y algunos carnívoros de herbívoros. Los carnívoros necesitan vitamina E, pero la obtienen de sus presas, siempre herbívoras, que han pasado varios días consumiendo plantas llenas de vitamina E. Cuando el carnívoro se come a la gacela, disfruta de la obtención de vitamina E (de la forma biológicamente más potente) preparada de forma conveniente y de todos los demás nutrientes vegetales, como fitoles, pigmentos y antioxidantes. La víctima invitada a la cena del carnívoro es comida en su totalidad. Esto incluye el contenido de su sistema gastrointestinal, rico en material vegetal. La imagen de un carnívoro que subsiste únicamente a base de carne y sangre es tan incorrecta como cualquier mito (Figuras 5 y 6).

Figura 5. *Los herbívoros se alimentan de grandes cantidades de*

plantas 

Figura 6. *Los carnívoros se alimentan de pequeñas cantidades de herbívoros*

En el océano, la base de la cadena alimentaria es el plancton unicelular, el fitoplancton, que desempeña el papel de las plantas en la tierra, tomando dióxido de carbono y fabricando material celular en un proceso llamado fijación de carbono. El fitoplancton vive en la delgada capa superior del mar, donde puede penetrar la luz del sol. El zooplancton se alimenta del plancton y éste, a su vez, es devorado por el krill, unos pequeños seres de unos dos centímetros de largo en su estado adulto. El krill es la cena de los peces pequeños, que a su vez son comidos por peces más grandes. Las focas se comen a los peces más grandes y las orcas a las focas. O bien, la ballena barbada simplemente se salta todos los intermediarios y se alimenta de krill. La ballena barbada, o ballena azul, es el mamífero más grande de la tierra y, con su boca y dientes especializados, vive toda su vida dándose un banquete exclusivamente de las criaturas más pequeñas del mar, el krill. La mayor parte de la vida en el mar se basa en última instancia en el plancton. Las capas más profundas subsisten con los detritos de las capas superiores. Así que no importa si sacas la cena de la parte superior, el medio o el fondo, el beneficio es el mismo. En la tierra o en el mar, ninguna especie ha evolucionado para necesitar ningún nutriente exótico o extraño. A las especies que tomaron ese camino, nunca más se les volvió a ver.

Un tema que guarda relación directa con la nutrición de los animales a través de los tiempos es el hecho de que la alimentación diaria se seleccionaba a partir de lo que se tenía a mano en el momento, que podía variar, y esta selección influía en la composición de lo que se comía. La selección y su influencia en la dieta puede ilustrarse de la siguiente manera. Si se analizara el forraje fresco de un campo, con muestras tomadas al azar cada aproximadamente 10 metros, el conjunto representaría una aproximación muy cercana a la verdadera composición media de las plantas de ese campo. Si se analizara el contenido estomacal de un caballo que pastaba en ese mismo campo, se encontraría que la proteína y la digestibilidad del contenido estomacal estaban por encima de la media del campo, y el valor de la fibra por debajo de la media del campo. Los caballos salvajes no hacen mucho más en su día que comer y tener crías. Son expertos en ambas cosas. Cuando pastan, como cualquier herbívoro, responden instintivamente a las premoniciones de lo que es más delicioso y lo que es menos delicioso, lo que da como resultado que los alimentos que ingieren son de mejor calidad.

Hace tiempo que las personas perdieron toda conciencia de lo que es bueno para ellas y de lo que hay que buscar y seleccionar como alimento en el entorno, pero los animales siguen teniendo esta capacidad, en distintos grados. La rata es una experta en ello. Si se le da a elegir entre una dieta con un contenido adecuado de lisina o una con sólo 100 partes por millón por debajo del adecuado, la rata siempre elige la dieta adecuada.

Hay otro punto que está relacionado con este tema de la dieta primitiva, y el quién comía qué. Los vertebrados pueden esconderse o huir de sus depredadores, o bien emplear diferentes métodos de defensa. Las plantas no tienen movilidad, por lo que han perfeccionado un sistema diferente, con toxinas y sustancias químicas nocivas. Pensemos en la marihuana, la cocaína, la cafeína y la nicotina, por nombrar sólo algunas de las sustancias químicas procedentes de las plantas más conocidas.

Una vez junté a un par de mis caballos de Nuevo México con un grupo de caballos locales en Two Ocean Pass en Wyoming. La primera noche todos estaban pastando juntos en el mismo prado. Uno de mis caballos empezó a revolcarse, algo que los caballos disfrutan hacer de vez en cuando, sobre todo cuando uno se baja de su lomo. Pero éste no se detuvo. Al revisarlo, vi que estaba sudando y temblando. Lo metimos en el arroyo y pronto se calmaron los síntomas. Poco después, mi otro caballo pasó por la misma situación. Pasamos la semana siguiente en ese campo, y el incidente no volvió a ocurrir. La flora de las tierras altas de Wyoming era algo nuevo para mis caballos, por lo que habían comido una planta que contenía algún tipo de sustancia química nociva. Pero después de una rápida lección, fueron tan sabios como los caballos locales, ninguno de los cuales enfermó, a pesar de pastar a pocos metros de mis caballos. Es de suponer que todos los mamíferos conservan cierto grado de esta aptitud de análisis rápido, ya que sin ella, la cena, y por lo tanto la vida, estarían plagadas de terribles complicaciones.

EN LA CIENCIA DE LA NUTRICIÓN, SUFICIENTE ES MÁS QUE SUFICIENTE

Si usted tiene una deficiencia de agua, es de gran ayuda beberla. Pero una vez conseguida la hidratación adecuada, ingerir más agua no ayuda. Si un animal tiene carencia de selenio, es útil añadir selenio a la dieta. Una vez que se ha cubierto la necesidad de selenio, es inútil añadir selenio por encima de los requerimientos diarios. Añadir más selenio es entrar en el terreno de la sobredosis. De hecho, el exceso de selenio puede ser perjudicial. En relación con este punto encontramos la idea antigua de que el veneno está en el tamaño de la dosis. Para la mayoría de los mamíferos, el selenio es necesario en la dieta en aproximadamente 0,3 ppm (partes por millón). Es esencial, y una cantidad mucho menor que la mencionada, a su debido tiempo, hace que aparezcan problemas. Pero esta dosis también es muy pequeña. Tan pequeña que, si usted tuviera unos 450 gramos de selenio, tendría suficiente selenio para alimentarse durante más de 2.000 años. El níquel es otro oligoelemento necesario en cantidades minúsculas, y venenoso en exceso. El arsénico, la legendaria toxina de muchas novelas de misterio, ha demostrado ser un nutriente esencial para varias especies, y se sospecha que los humanos lo necesitan en una cantidad de unos 12 microgramos al día. Si 12 microgramos cubren los requerimientos diarios del ser humano, 450 gramos de arsénico le durarían a una persona 100.000 años. El arsénico es necesario, pero en cantidades muy pequeñas. De nuevo, el veneno está en el tamaño de la dosis. Demasiado de cualquier cosa no es bueno para usted. Incluso de helado.

La cuestión es la siguiente. Los mamíferos necesitan unas 0,3 ppm de selenio porque eso es lo que contiene la corteza terrestre. Es cierto que algunas geografías del suelo son deficientes, y las plantas que crecen en ellas no acumulan suficiente selenio para los mamíferos que se alimentan exclusivamente de estas plantas durante meses o años. (La mercadotecnia moderna prácticamente se asegura de que todos los animales estén expuestos a piensos y cereales procedentes de numerosos lugares diferentes). Pero para todas las criaturas del mundo, con muy raras excepciones, su entorno les proporciona todo lo que necesitan. Siempre lo ha hecho. Era sencillamente imposible que una especie evolucionara si requiriera algo que su entorno no le podía aportar. Si una especie hubiera sufrido una mutación genética que hubiera hecho que sus requerimientos de vitamina E aumentaran a 2.000 UI por día, y lo mejor que le podía ofrecer el entorno era 500 UI por día, esa especie se hubiera extinguido rápidamente.

Tras décadas alimentando a diferentes animales en todo el

mundo, pensando mucho en lo que necesitaban y en cómo hacérselo llegar, empecé a darme cuenta de que en realidad sólo había unas pocas variaciones sobre el tema. Si se reducen los requerimientos de un ciervo de cola blanca y de un elefante a una base de materia seca, la composición de la dieta que nutre a uno nutriría al otro, hasta la última molécula. La dieta correcta para un gato doméstico y un tigre de Bengala es idéntica en su composición. De hecho, una dieta diseñada para un carnívoro será una nutrición adecuada para todos los carnívoros, desde el águila de Alaska hasta el león africano.

Todos los animales necesitan todos los nutrientes conocidos: vitaminas, minerales, oligoelementos, cofactores o micronutrientes, e invariablemente, en el mismo orden de magnitud relativo en la dieta. Hay algunas excepciones, que se comentan a continuación, pero lo más común, con diferencia, es la homogeneidad de los requerimientos de nutrientes de todas las criaturas. Por lo general, incluso las excepciones no son realmente excepcionales.

Hace millones de años, antes de que África y Sudamérica se separaran, había primates de ascendencia común en esta geografía. Con el paso de los eones, apareció una pequeña diferencia entre los primates del Viejo Mundo y los del Nuevo Mundo. La vitamina D está disponible en el mercado como D2 o D3. Los primates del nuevo mundo necesitan recibir D3 mientras que los del viejo mundo pueden utilizar D3 o consumir D2 y convertirla en D3. Se cree que los gatos, y hasta cierto punto todos los carnívoros, necesitan un aminoácido llamado taurina, mientras que los perros pueden fabricar suficiente a partir de otros precursores. La idea de que las ovejas y las llamas necesitan menos cobre que otros animales es aceptada, hasta el punto de que es posible que sufran toxicidad por cobre con alimentos adecuados para otros animales.

La mayoría de las criaturas son capaces de sintetizar su propia vitamina C. Los seres humanos, los grandes simios y los conejillos de indias parecen ser una excepción, ya que necesitan vitamina C preformada en la dieta. Sin embargo, con el esclarecimiento del genoma humano, recientemente se ha sabido que los humanos y los grandes simios tienen todos los genes necesarios para fabricar vitamina C, pero el paso final ha sido desactivado. Lo que a primera vista parece una debilidad, en la lógica de la evolución se ve como algo completamente sensato cuando se analiza cuidadosamente. La naturaleza no malgasta recursos para crear en el organismo lo que ya es abundante en la dieta. Esto se analiza nuevamente en el Capítulo 10 sobre las vitaminas. Otro ejemplo del mismo principio lo encontramos en los gatos y su "necesidad" de taurina. Su dieta primitiva, consumida durante millones de años, proporciona la taurina adecuada. En las dietas secas expandidas y basadas en plantas se tiene que suplementar la taurina. Esto lo hemos hecho nosotros con la domesticación del gato, no es un error del gato ni de la evolución.

ANÁLISIS QUÍMICO DE LOS ALIMENTOS CONSUMIDOS

Permítame que le muestre hacia dónde se dirige esta discusión. La figura 7 ilustra el rango posible de un determinado componente nutricional de un alimento seleccionado al azar del mundo primitivo. La grasa puede ser tan baja como el 2% o tan alta como el 60%. Las proteínas oscilan entre el 4% en el heno maduro y más del 60% en algunos huevos y semillas. Lo que llama la atención cuando los alimentos se analizan de esta manera es la ausencia casi total de carbohidratos. Simplemente en la naturaleza hay muy poco almidón o azúcar. La fruta tiene un alto contenido si está deshidratada, pero los cazadores recolectores no encontraban fruta deshidratada. La Tabla 6 presenta la misma idea de una manera diferente.

Figura 7. *El análisis de cualquier alimento primitivo mostraría una composición muy variada, excepto por los carbohidratos, que rara vez se encuentran por encima del 7%*

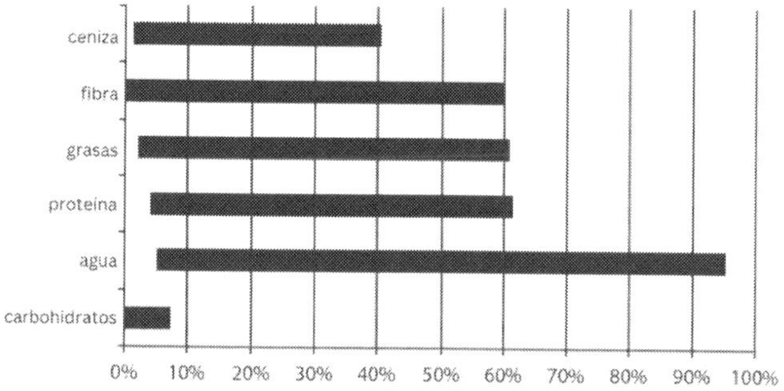

Tabla 6. *Cantidad (%) de carbohidrato soluble (almidón + azúcar) en diferentes alimentos*

Alimento	**Carbohidrato soluble (almidón + azúcar), %**
Carne y pescado	1
Nueces	1-2
Insectos	1
Frutas	6-8
Miel	40
Leche	3
Verduras	4
PROMEDIO	3% (sin incluir la miel, 7%

Alimento	Carbohidrato soluble (almidón + azúcar), %
	con la miel)

Veámoslo más de cerca. ¿Cuál ha sido el análisis de los alimentos que comían los mamíferos para nutrirse? La mayoría de la gente ha oído hablar del esqueleto conocido como Lucy, una hembra adolescente que vivió hace unos 3,1 millones de años. Los antropólogos la clasifican como miembro del *Australopithecus afarensis*, que suele aparecer, por suerte, como *A. Afarensis*. Lucy fue encontrada en 1974 en Etiopía por Donald Johanson y Tom Gray, y creó un gran revuelo debido a su candidatura, al menos a los ojos de la prensa popular, como el eslabón perdido. Hace mucho tiempo, cuando Lucy y sus compañeros homínidos se despertaron para comenzar su jornada en las llanuras de África, probablemente se enfrentaron a un día dedicado a buscar comida. Las opciones vegetales que conocemos eran las hojas, los brotes tiernos de hierba y la médula de los tallos de las plantas, los frutos secos y las semillas, las bayas, las frutas, las raíces y los tubérculos, los hongos y las setas, y las calabazas o cucurbitáceas. Básicamente, muy parecido al pasillo de frutas y verduras del supermercado. Las opciones animales eran pájaros, huevos (de aves y reptiles), insectos (en todas sus fases), peces y mariscos, además de pequeños animales y anfibios, y quizá algún gran mamífero de forma ocasional. Posiblemente también encontraban el consabido maná de los israelitas errantes. Los beduinos del Sinaí siguen cosechando hoy en día esta fuente de alimento dulce. Se trataba de las secreciones que un pequeño insecto dejaba en las hojas del árbol de tamarisco, y que se podían recoger por la mañana.

El azúcar de remolacha, fuente de al menos la mitad del azúcar de mesa de los Estados Unidos modernos, se descubrió en 1747. El azúcar de caña ya se conocía en la India, donde se originó, al menos en el año 1000 a.C., pero se consideraba un medicamento. Los árabes introdujeron la caña de azúcar en España durante su ocupación de la Península Ibérica en el siglo VIII, pero el azúcar de caña no fue muy conocido hasta que el café y el té se hicieron populares en Europa tras el descubrimiento del Nuevo Mundo.

La única fuente concentrada de carbohidrato soluble que se conocía en gran parte del mundo templado, contemporáneamente a la evolución de los mamíferos, era la miel. Las referencias bíblicas a ella son numerosas, y el arte egipcio es inequívoco al mostrar que las abejas fueron domesticadas y utilizadas para la cosecha de miel. Tanto los griegos como los romanos conocían bien la miel y escribían a menudo sobre ella. Hoy en día, los pueblos primitivos de todo el mundo cosechan miel siempre que pueden. Curiosamente, todos parecen apreciar que el humo es una ayuda eficaz y esencial para robar a las colmenas. Estos ejemplos de miel en la dieta del ser humano son todos de los últimos 10.000 años, o desde los albores de la historia documentada, y como tal no son prueba de que el hombre de la prehistoria usara la miel. Pero es difícil imaginar que no lo hiciera. Los osos disfrutan de la miel. Cuando un oso negro roba una colmena, cumple con un imperativo muy ancestral. Se puede suponer con seguridad que muchos mamíferos del Plioceno comían miel *in situ* siempre que la encontraban, con la condición de que pudieran contrarrestar o tolerar la defensa agresiva de las abejas. Un reportaje de la prensa popular sobre un descubrimiento realizado por investigadores de la Universidad Estatal de Oregón indica que las abejas pueden tener 100 millones de años.

Tenemos una lista de lo que se comía y suponemos que servía para la alimentación de los antiguos mamíferos. Esta presunción se basa en el hecho observable de que las especies prosperaron, se reprodujeron y siguen existiendo a día de hoy. Entonces, lo que falta por considerar es el análisis de estos alimentos, tanto por lo que aportaban como por lo que no aportaban. Este conocimiento, cuando se contrasta con las dietas modernas, debería ser informativo.

La Tabla 7 (que se muestra a continuación en formato abreviado, con un formato más ampliado en el Apéndice, en la página 321) enumera el análisis de algunos de los tipos de alimentos que comemos hoy en día y algunos alimentos actuales que se supone que estaban a disposición de los mamíferos prehistóricos. Rara vez es posible conocer el análisis exacto de lo que comían los mamíferos prehistóricos. Sabemos que la planta de maíz de hoy en día ha evolucionado mucho con respecto a la que se encontró en las antiguas cuevas de América, y los análisis del trigo, la avena, la cebada y el centeno no son necesariamente aplicables a las dietas prehistóricas. Estos cereales son el resultado de la llegada de la agricultura y se enumeran en otra tabla. No existían en su forma actual cuando la evolución perfeccionaba a los mamíferos del mundo, por lo que no forman parte del debate en este momento. Se examinarán más adelante.

No se puede suponer con certeza que una raíz hinchada de hace dos millones de años sea idéntica a una zanahoria de hoy en día. Sin embargo, establecer una conexión de este tipo es lo único con lo que contamos, y no es tan ilógico, como veremos. Aunque es posible que ninguno de los alimentos enumerados en la Tabla sea una representación ideal del análisis de dicho alimento en la prehistoria, lo más probable es que la Tabla en su conjunto sea adecuada para las conclusiones que se extraen de ella. La categoría de brotes tiernos contiene el análisis actual del apio y los espárragos, aunque es posible que ninguno de los dos existiese hace dos millones de años. Bueno, el espárrago debe haber existido, sólo con verlo parece prehistórico. No obstante, es justo suponer que los brotes tiernos de la prehistoria tenían un alto contenido de agua, al igual que estas plantas, y muy probablemente un contenido de fibra y carbohidratos similar.

Tabla 7 (abreviada). *Composición, g/100 g (%) de los alimentos según se encontraban y consumían en la naturaleza*

Véase la Tabla completa en la página 321 del Apéndice.

Alimento	**Agua**	**Proteína**	**Grasa**	**Fibra**	**Ceniza**	**Almidón + Azúcar (sin fibra)**
Espinaca	91,4	2,9	0,4	2,2	1,72	0,4
Espárrago	93,2	2,2	0,6	2,1	0,58	1,9
Almendras	4,7	21,2	49,4	12,2	2,99	4,6
Pecanas	3,5	9,1	72,0	9,6	1,49	4,4
Lino	6,7	18,3	42,2	27,3	3,72	1,5
Sésamo	4,7	17,7	49,7	11,8	4,45	0,3
Mora	81,5	1,4	0,5	5,3	0,37	4,9
Cacahuete	6,5	25,8	49,2	8,5	2,33	4,0
Zanahoria	88,3	0,9	0,2	3,0	0,97	6,2
Patata	78,6	2,1	0,1	1,3	1,13	16,5
Manzana	85,6	0,3	0,2	2,4	0,19	10,4
Mandarina	85,7	0,8	0,3	1,8	0,38	10,4
Calabaza	86,4	1,0	0,1	2,0	0,8	2,2
Higo	79,1	0,7	0,3	2,9	0,7	16,3

Alimento	Agua	Proteína	Grasa	Fibra	Ceniza	Almi-dón + Azúcar (sin fibra)
Ciervo	71,2	21,8	7,1	0	0,9	1,0
Pollo	75,8	19,6	3,9	0	1,0	0,5
Bagre	80,4	16,4	2,8	0	1,0	0,4
Caracol	79,2	16,1	1,4	0	1,3	0,1

El contenido de grasa del pescado, el marisco, los insectos y los mamíferos, grandes y pequeños, puede abarcar una amplia gama. Esto no debería sorprendernos, ya que podemos mirar a nuestro alrededor y ver personas con grados muy diferentes de gordura y delgadez. La intención de la naturaleza era que las reservas de grasa fueran ajustables, de forma que, dependiendo de la época del año y de la suerte en la búsqueda de comida, el contenido de grasa de una determinada criatura podía ser alto o bajo. Sin embargo, observará que el contenido de carbohidratos en estos alimentos vivos es muy bajo, y de forma constante. De hecho, cuando se revisa la lista completa de alimentos de la Tabla 7, muy pocos tienen un contenido de carbohidratos totales alto, y aún menos tienen un contenido de carbohidrato soluble (carbohidratos totales menos fibra) alto. El azúcar es muy bajo en la mayoría de los alimentos, con las excepciones llamativas y poco frecuentes de los dátiles (66%), las manzanas (10%) y las uvas (16%).

Este es uno de los puntos principales de este libro. Si un mamífero comiera 100 gramos de cualquiera de los alimentos de esta lista, comería muy poco carbohidrato soluble, con sólo una o dos excepciones, que se comentan a continuación. El carbohidrato soluble no es lo mismo que los carbohidratos totales. Con respecto al aumento del azúcar en sangre, el almidón es tan malo como el azúcar. Así que el carbohidrato soluble es el término que nos preocupa. El carbohidrato soluble es el carbohidrato total menos la fibra, básicamente el almidón más el azúcar. Esta distinción es esencial porque lo que nos interesa conocer son los alimentos que encajan bien con la maquinaria enzimática de los mamíferos, los que no encajan, y saber distinguir la diferencia. Si los alimentos con alto contenido de carbohidrato soluble constituyen un alto porcentaje de la dieta, con el tiempo serán perjudiciales para el equipo de supervivencia de los mamíferos. Simplemente, los mamíferos durante su evolución nunca encontraron una gran cantidad de azúcar o carbohidrato soluble. El hombre moderno cambió eso.

El carbohidrato soluble tiende a elevar el nivel de azúcar en sangre y a provocar la liberación de insulina. La fibra se digiere con demasiada lentitud, si es que lo hace, como para provocar un aumento rápido de la glucosa en sangre. Por lo tanto, es justo que al revisar la Tabla 7 (en el formato del Apéndice), se reste el valor de la fibra del valor total de los carbohidratos, antes de proceder a clasificar un alimento por su efecto sobre el nivel de azúcar en sangre.

Por ejemplo, las semillas de lino tienen un 28,9% de carbohidratos totales (fibra más almidón y azúcar). Pero también tienen un 27,3% de fibra, que es un carbohidrato que no es de rápida disponibilidad. Cuando se resta la fibra del lino del total de carbohidratos, queda muy poco. Se dice que las bellotas tienen un alto contenido de carbohidratos totales, pero los pueblos primitivos conocidos que basaban su dieta en las bellotas son de épocas más recientes, y tenían acceso a métodos de cocción para las bellotas. Las bellotas son bastante amargas al gusto, debido al ácido tánico, y la cocción soluciona este problema. Los mamíferos ancestrales no cocinaban, como sabemos, por lo que sólo nos queda especular cuántas bellotas se comían en tiempos pasados. Es innegable que el hambre tiende a favorecer la adaptación, y sin duda se comían alimentos amargos y no venenosos.

En ocasiones he encontrado heces de coyote a finales del otoño que estaban compuestas casi exclusivamente por bayas de enebro digeridas (cáscaras de semillas, piel, tallos). Las bayas de enebro, utilizadas para hacer ginebra, tienen un fuerte olor a trementina o resina de pino, y es difícil imaginar el nivel de hambre que puede llevar a cualquier ser a hacer de ellas una comida. Un día tuve que satisfacer mi curiosidad y comí unas cuantas bayas de enebro. Ciertamente tenían un sabor a trementina, pero para mi sorpresa, el sabor aún más fuerte era dulce, lo que indicaba con gran probabilidad que la nutrición que aportan proviene de los carbohidratos. Y, por supuesto, al analizarlo tenía sentido, ya que el primer paso en la producción de cualquier bebida alcohólica es la fermentación, que requiere azúcar para las bacterias.

La principal conclusión que se desprende de la Tabla 7 es que la dieta primitiva, en el mejor de los casos, incluía pequeñas cantidades de azúcar y carbohidrato soluble, independientemente del alimento analizado. Las patatas y los boniatos son inventos modernos, por así decirlo, lo que significa que fueron identificados y seleccionados genéticamente en los últimos 10.000 años, y lo mismo podría decirse de la uva.

De acuerdo con la Tabla, las castañas, las semillas de cártamo y los anacardos son los alimentos más ricos en carbohidratos, con 45, 34 y 30 gramos, respectivamente, por cada 100 gramos de alimento ingerido. Como se señala más adelante, no son muy altos en comparación con muchos ingredientes de la dieta animal moderna. Estas pocas excepciones con contenido elevado encontradas en la diversidad ofrecida por la naturaleza seguirían teniendo cantidades inferiores a cualquier alimento seco para mascotas o cualquier cereal para caballos.

EL PROBLEMA DE LOS ALIMENTOS SECOS PARA MASCOTAS: EL EXCESO DE CARBOHIDRATO SOLUBLE

En la Tabla 8 se enumeran los cereales que han sido el pilar de la revolución agrícola, iniciada hace 10.000 años. Estos son también los cereales que constituyen el componente principal de los alimentos secos para perros y gatos, y de los cereales para caballos. "Sin cereales" es un calificativo para los alimentos para mascotas que tiene por objeto indicar que no contienen maíz, soja, trigo, cebada ni avena. Esto es el epítome de la falsa seguridad y no sé a quién criticar con más fuerza, si al consumidor que lo compra o al comerciante que lo promueve. En primer lugar, el problema no son los cereales, es el carbohidrato soluble, y la ausencia de cereales específicos no hace nada por atenuar este problema (Sé que hay quienes condenan el maíz específicamente, y, en efecto, su vasto monocultivo puede predisponer a deficiencias en la composición dc sus nutrientes. Les aseguro que esto es insignificante en comparación con el problema del exceso de almidón). El almidón necesario para el proceso de fabricación se obtiene de otras formas, como a partir de las patatas, el arroz o los guisantes.

Tabla 8. *Composición, g/100 g (en otras palabras, porcentaje) de los principales cereales tal y como se consumen. El calcio (Ca) y el fósforo (P) se expresan en mg/100 g*

Alimento	Agua	Proteína	Grasa	Ceniza	Carb. totales	Fibra	Azúcar	Almidón	Ca	P
Arroz salvaje	7,67	14,7	1,08	1,53	74,9	6,2	2,50	66,2	21	433
Arroz integral	10,37	7,94	2,92	1,53	77,2	3,5	0,85	72,9	23	333
Trigo blando	10,42	10,69	1,99	1,54	75,4	12,7	0,41	62,2	34	402
Trigo duro	13,10	12,61	1,54	1,57	71,2	12,2	0,64	58,3	29	288
Maíz amarillo	10,37	9,42	4,74	1,24	74,3	7,3	0,64	66,3	7	210
Cebada perlada	10,09	9,91	1,16	1,11	77,7	15,6	0,60	61,3	29	221
Avena	10,84	13,15	6,52	1,77	74,0	10,1	0,99	55,6	52	410
Promedio	11,21	74,0	63,3	1,47	75,0	9,6	0,94	63,0	28	328

Tabla adaptada a partir de la base de datos de alimentos del USDA en: www.nat.usda/fnic/foodcomp/search

Al analizar la columna de carbohidratos totales de la Tabla 8, se observa fácilmente que cualquiera de estos cereales es una fuente de carbohidratos mucho mayor que incluso el alimento con el nivel más alto de la lista de la Tabla 7. Para completar la historia de este concepto central, analice los alimentos secos para mascotas que aparecen en la Tabla 1. Allí verá que el nivel de carbohidratos es alto. Ciertamente, más alto que lo que jamás comió ningún ancestro primitivo (persona o animal). El promedio de carbohidrato soluble de los alimentos para perros que aparecen en la Tabla 1 es del 41%. El promedio de carbohidrato soluble de todos los alimentos de la Tabla 7 es del 7,81%. Esto incluye los dátiles, con un 66%, pero no incluye la miel, con un 82%. El alimento seco típico para perros tiene un nivel de carbohidrato soluble cinco veces superior al nivel de carbohidrato soluble que se encuentra en la dieta primitiva que los mamíferos han consumido desde el principio de su evolución. El laboratorio analítico Dairyone Labs de Ithaca, Nueva York, pone sus resultados (sin los nombres de los fabricantes) a disposición del público. En cientos de muestras de alimento seco para perros, el promedio de carbohidrato soluble era del 39%. Esta disparidad es aún más grave en el caso de los gatos, como veremos más adelante.

Así que aquí llegamos al punto fundamental: no sólo la dieta seca moderna es más alta en carbohidrato soluble que cualquier otra cosa que hayan comido los animales a lo largo de la evolución, sino que también la maquinaria biológica del animal se perfeccionó para sobrevivir en un mundo con una ausencia casi constante de carbohidrato soluble. Esta exquisita maquinaria biológica de diseño perfecto no es capaz de hacer frente de forma eficaz a un exceso constante de carbohidrato soluble. El problema central es que un sistema diseñado y perfeccionado para controlar los raros picos de azúcar en la sangre, se enfrenta ahora a picos constantes de azúcar en la sangre debido al exceso de carbohidrato soluble.

Como analogía, imaginemos que a la vista, perfeccionada

durante cuatro mil millones de años de evolución para funcionar en un mundo de luz estelar y crepuscular, de repente se le pide que funcione a plena luz del sol. La evolución tendría que luchar para encontrar una solución, y lo haría, pero no antes de que muchos se quedaran ciegos. Y la evolución seguirá perfeccionando la adaptación de los mamíferos a la nueva marea de almidón y azúcar, pero el progreso será lento, porque la obesidad y la diabetes matan, pero no lo suficientemente rápido como para impedir la reproducción y que los mismos genes lleguen a la descendencia.

Que el exceso de carbohidratos es un componente de la obesidad ya es una noticia antigua. Algunos profesionales de pensamiento diáfano lo vienen diciendo desde hace años. El difunto Dr. Atkins, con su dieta que proponía proteínas y grasas sin restricciones, es uno de los partidarios más conocidos. El Dr. Barry Sears, con su Dieta de la Zona, es quizás el gurú de las dietas mejor informado técnicamente, y también defiende la importancia de un equilibrio adecuado en cuanto a la fuente de calorías. Pero el público consumidor sigue insistiendo en comprar productos que se anuncian como bajos en grasa. O, si lo prefiere, se puede decir que los vendedores de productos siguen promoviendo los productos bajos en grasa como el camino hacia el país de la delgadez y la belleza. Pero la razón por la que lo hacen es porque la gente compra los productos que se anuncian con esta promesa.

La grasa no es el problema. El consumo de grasas en EE.UU. ha disminuido en las últimas décadas, junto con el consumo de carne de vacuno, pero el problema de la obesidad está empeorando. ¿Por qué iba a funcionar la dieta Atkins (es decir, en este caso, conducir a la pérdida de peso) si permite consumir toda la grasa que se quiera y aún así usted pierde peso? La dieta Atkins en su forma extrema es un programa de pérdida de peso, no una dieta para siempre. De hecho reconoce que, por ejemplo, un atleta en entrenamiento necesita algo de carbohidratos (haciéndose eco de las enseñanzas del Dr. Sears), y que, si estamos en nuestro peso ideal, todos lo necesitamos.

Hay que admitir que la calamidad de la obesidad en la que estamos inmersos, tanto los animales de compañía como las personas, es una combinación de varios factores, entre ellos la falta de control de las raciones y la falta de ejercicio. Pero el público consumidor del mundo occidental está mal informado. Hace poco me di cuenta de este punto cuando estuve en Oriente Medio, en Abu Dabi. Vi un camión de reparto con un anuncio (en inglés) que promocionaba una barrita dietética baja en carbohidratos, no en grasas. De esto se desprende que en Oriente Medio lo entienden.

En Estados Unidos, cualquier supermercado ofrece docenas incontables de productos que presumen de ser bajos en grasa en la etiqueta. "50% menos de grasa", proclama la etiqueta en negrita. La letra pequeña, si es que existe, revela que la grasa se ha reducido del 2% del contenido total del producto al 1%. Sí, eso es correctamente una reducción del 50%.

Tanto si la reducción de grasa es grande como si es pequeña, cuando se reduce el porcentaje de grasa en un producto, algo tiene que sustituirlo, y las proteínas son muy caras. El bajo contenido en grasa suele significar que tiene una mayor cantidad de carbohidrato soluble, y esto no es una solución a la obesidad. Hace poco me quedé profundamente perplejo cuando me encontré con una monoporción de crema para café etiquetada como Crema de leche (*Half and Half*, en inglés) "sin grasa". Si ignoramos las leyes arcaicas de etiquetado de alimentos que permiten este oxímoron, ¿cómo es posible que la crema de leche, una fuente de grasa en la mente de cualquier consumidor, esté libre de grasa? En cualquier caso, la única forma de reducir la grasa es añadir carbohidratos (las proteínas también se podrían usar, pero son demasiado caras).

El público engañado, guiado por la política gubernamental

desde los años 50 enfocada en evitar las grasas, aumentó por defecto su consumo de azúcar. En 1800, el consumo anual per cápita de azúcar refinado en los Estados Unidos era prácticamente nulo. En 1980, era de 56 kg al año y en 1994 era de 68 kg al año (véase la Figura 10). Hoy en día, se acerca a 220 g de azúcar al día.

Si la grasa es la culpable, ¿por qué cuando la ingesta de grasa disminuye, y la de azúcar aumenta, engordamos más? ¿Es posible que el carbohidrato soluble sea el problema principal?

Examine detenidamente esta evidencia adicional. Desde hace mucho tiempo los arqueólogos saben que la salud de las personas se deterioró con la llegada de la agricultura, es decir, con la domesticación de los cultivos de cereales. En la década de 1930, Weston Price realizó un informe sobre la salud dental y general de 11 sociedades diferentes de todo el mundo. Estudió estos 11 grupos étnicos porque encontró que algunos de ellos vivían en grupos primitivos y aislados, y otros en grupos modernizados u occidentalizados. Por lo tanto, la ascendencia y la genética eran las mismas, mientras que el entorno era diferente. En todos los casos, la modernización de un pueblo implicaba una mala salud dental y un deterioro general del estado físico.

Gary Taubes, en su libro "Good Calories, Bad Calories" ("Calorías buenas, Calorías malas"), hizo un reconocimiento especial al trabajo de Price. Kathleen Gordon, del Departamento de Antropología del Museo Nacional de Historia Natural de Washington, escribió en 1987: "Las deficiencias nutricionales, que parecen haber sido raras en las poblaciones paleolíticas, han sido comunes desde la adopción de la agricultura. Algunas han estado particularmente asociadas con la adopción de dietas basadas en el maíz en el Nuevo Mundo".

Arthur Keen, del Departamento de Antropología de la Universidad de Massachusetts, escribió en 1985: "La suposición de que los cazadores y recolectores son capaces de satisfacer sus necesidades nutricionales básicas está respaldada por pruebas empíricas que demuestran que los cazadores y recolectores que subsisten con una dieta tradicional rara vez sufren alguna forma de malnutrición o de enfermedades relacionadas con la nutrición. Cuando aparecen problemas, *se deben más a un aporte insuficiente de alimentos* que a una formulación inadecuada de la dieta" (la cursiva es mía). Keen cita ocho artículos académicos que utiliza para apoyar su argumento. Los restos óseos masculinos de cazadores-recolectores encontrados en Grecia y Turquía que datan del final de la edad de hielo medían una media de 1,75 metros. Después de algunos siglos de revolución agrícola, en el año 3000 a.C., se habían reducido a una media de 1,60 m.

¿Cuál es la dieta tradicional de una sociedad de cazadores-recolectores? Al fin y al cabo, es precisamente esta dieta de los pocos grupos de este tipo que existen en la actualidad, la que todos señalan como el modelo representativo de las dietas humanas de antaño. Hay que admitir que los !Kung San del Kalahari o los Inuit del Ártico no cultivan cereales, no frecuentan restaurantes ni compran en tiendas de alimentación y, al menos en este sentido, están mucho más cerca de una dieta primitiva que el resto de nosotros.

Utilizando datos adaptados de otras personas, Molnar dividió a los recolectores de alimentos de subsistencia en recolectores o pastores. Los pastores crían al menos algunos herbívoros domesticados, mientras que los recolectores subsisten sin domesticar ningún animal. Informaron que los recolectores obtienen el 85% de sus calorías de las plantas, el 12% de la carne, el 1% de la leche y el 2% de las harinas. Los pastores obtienen el 65% de sus calorías diarias de las plantas, el 11% de la carne, el 17% de la leche y el 7% de las harinas. La ingesta calórica diaria media de los recolectores era de 2.100, con un máximo de 3.114 en abril. Para los pastores, la ingesta diaria media era de 2.314 calorías, con un máximo en mayo de 3.573. Las 300 calorías diarias adicionales de las que disfrutaban los pastores harían que un pueblo entrara en una hambruna con mayores posibilidades de supervivencia, y podría ser un factor en la rápida propagación del gen de la persistencia de la lactasa, que permite a los adultos consumir leche.

Resulta tentador concluir, basándose en estas cifras, que es evidente por qué el mundo occidental está gordo, ya que consumimos muchas más calorías. Probablemente sea cierto, pero hay que tener en cuenta que estas cifras se refieren a personas de menor tamaño, y a todos los miembros del grupo, lo que incluye a mujeres y niños. Recuerde también que, en el hemisferio sur, en abril y mayo es otoño. De todas formas, entre el 65% y el 85% de las calorías procedentes de las plantas es una cifra útil para la comprensión de este asunto. Como se observa en la Tabla 7, una dieta basada en plantas proporciona muy poco carbohidrato soluble. Igual de evidente a partir de la Tabla 7 es que había muy pocas cosas disponibles para un recolector prehistórico que aportaran una gran cantidad de carbohidrato soluble. No importaba si eras un hombre, un perro o un gato, o si comías sólo plantas o sólo animales.

Al hablar de los cazadores-recolectores, el concepto de un "gen ahorrador", al que se hace referencia en la introducción, fue sugerido por primera vez por Neel en 1962 y revisado sucintamente por Stinson. Hoy en día se acepta la idea de que un rasgo beneficioso, en concreto la capacidad de prosperar con la comida de los cazadores-recolectores, se vuelve perjudicial debido al cambio en el entorno de los tiempos modernos. La principal prueba que corrobora esta teoría es la incidencia anormalmente alta de diabetes de aparición en la edad adulta que se observa en los cazadores-recolectores que se incorporaron a la sociedad moderna en la última mitad del siglo XX. El problema aparece, además de en los indios Pima del suroeste americano, en los polinesios occidentalizados, los aborígenes australianos y los nauru de Micronesia. Yo añadiría la tribu de todos los americanos modernos y sus animales.

Tenemos que alejar el objetivo de la cámara del mapa y obtener una visión más amplia de la escena. Se me ocurre que si la prediabetes es un indicio del gen ahorrador, entonces todos tenemos el gen ahorrador. Y, de hecho, esto es exactamente lo que sugiero: que todos hemos heredado una exquisita capacidad para prosperar con una escasa ingesta de alimentos, y una capacidad lamentable para lidiar con un exceso constante de carbohidrato soluble.

Aunque otros arqueólogos profesionales admiten que existe un problema con las dietas modernas, han implicado otros componentes de la dieta además de los carbohidratos. Por ejemplo, Eaton y Konner compararon las dietas modernas con las de los cazadores-recolectores pre-agrícolas (utilizando como modelo las sociedades de cazadores-recolectores contemporáneas) y afirmaron que las dietas modernas son más bajas en proteínas, fibra, vitamina C y calcio, y más altas en grasas y sodio. Omiten cualquier mención a los carbohidratos. Al hacerlo, se suman a la actitud que prevalece desde la década de 1950 de que la grasa es la culpable en nuestras dietas. Cuando estos investigadores omiten cualquier mención al exceso de carbohidrato soluble, pasan por alto un factor importante. ¿Debemos suponer que la disminución de proteínas y fibra de las dietas modernas fue sustituida únicamente por el aumento de grasas? Como hemos señalado, una diferencia importante y significativa entre nuestra dieta moderna y la de los cazadores-recolectores primitivos es nuestro mayor nivel de carbohidrato soluble.

Quizá a usted no le parezca una hipótesis razonable la de que los mamíferos están mal equipados para procesar el exceso de calorías procedentes de los carbohidratos. Si se utilizan palabras diferentes para decir lo mismo, hay pruebas abrumadoras de su validez. ¿Qué pasaría si cambiáramos la hipótesis de que el exceso constante de carbohidrato soluble es perjudicial por la de que la restricción calórica permite una vida más larga? En todas las investigaciones realizadas sobre la restricción calórica, independientemente de la especie, los animales vivieron más tiempo en comparación con los controles a los que se alimentaba con un nivel mayor de calorías. Esto era cierto tanto si la criatura experimental era una levadura, gusanos redondos, monos, ratones y ahora perros.

En un estudio bien diseñado, Purina (Nestlé) llevó a cabo un experimento muy necesario utilizando perros labradores durante toda su vida. El estudio duró 15 años. En este estudio, la restricción calórica condujo a una media de dos años más de vida. En un estudio posterior en el que se utilizó la orina almacenada de estos perros, se demostró que uno de los efectos de la restricción de la dieta era la disminución de la tasa metabólica.

Hay otra forma de ver el mismo concepto, que el exceso constante de calorías en la dieta es un enigma para la naturaleza. Está comprobado que cuando un animal está enfermo con fiebre, reduce la ingesta de alimentos. Los investigadores descubrieron que el nivel de mortalidad aumentaba significativamente en pollos que habían disminuido la ingesta de alimentos debido a una enfermedad y que eran obligados a volver a la ingesta calórica normal. Esto es una prueba más de que la maquinaria evolutiva nunca ha perfeccionado la capacidad de manejar el exceso de calorías.

Pocas cosas resaltan mejor el tema principal de este libro que un artículo publicado en 2007 en la revista *Nutrition Reviews* por Levenson y Rich. En este estudio sobre la restricción calórica, mencionan varios estudios que demuestran que incluso el propio cerebro responde a una ingesta menor de calorías con un menor deterioro de la neurogénesis relacionado con la edad en los animales mayores.

RESUMEN

Los mamíferos tienen un sistema altamente perfeccionado para captar todos y cada uno de los picos de azúcar en sangre y guardar esta energía en forma de grasa almacenada. Esta capacidad es el resultado de miles de millones de años de adaptación darwiniana a un mundo que no proporcionaba un exceso continuo de calorías provenientes de los carbohidratos. En los últimos momentos del día geológico, a través de la domesticación de las plantas, los homínidos creativos han logrado disponer de un exceso constante de calorías procedentes de los carbohidratos solubles. El uso excesivo de calorías provenientes de los carbohidratos por parte del hombre se ha extendido a los alimentos para animales que, a menudo y especialmente en su forma seca, tienen un contenido de carbohidrato soluble demasiado alto. Una bolsa de patatas fritas y una Coca-Cola te darán lo suficiente para que llegues al día siguiente sin problemas, gracias al diseño de la naturaleza y su exquisita adaptabilidad. Pero todos sabemos que esto no es una dieta adecuada. Una vida entera comiendo un exceso de carbohidrato soluble es una vida más corta de lo necesario.

Los perros de razas grandes son los más costosos de alimentar y, por lo tanto, es más probable que reciban dietas secas, que son las más baratas. Por lo tanto, las razas grandes son las más perjudicadas por el exceso de calorías procedentes del carbohidrato soluble y, posiblemente, este es uno de los factores que influye en su menor esperanza de vida en comparación con las razas más pequeñas. Los gran daneses mueren esencialmente de viejos a la edad de ocho años, y nos encogemos de hombros y decimos que es algo propio de la raza. Tal vez una vida corta sea parte del trato cuando se lleva a casa un cachorro de gran danés, pero ¿ocho años? Tal vez una vida sometida a menos abuso endocrino sería más larga.

El Dr. Ian Billinghurst, autor del aclamado libro *Give Your Dog a Bone* (Dale un hueso a tu perro), escrito en Australia, ha dado conferencias por todo el mundo, incluido el salón de mi casa, en las que afirma que las dietas más naturales son mejores para la salud y la longevidad. Su punto de vista se basa en los pacientes que ha tenido durante décadas, los urbanos que consumían dietas comerciales y experimentaban mala salud, y los rurales o de granja, que comían dietas naturales y disfrutaban de vidas más largas y saludables.

Un interesante informe sobre los primeros exploradores del Ártico daría más credibilidad a los partidarios de una dieta cruda o natural. Históricamente, los europeos que pasaban mucho tiempo en el mar o en el Ártico sufrían de escorbuto, una deficiencia de vitamina C, mientras que los nativos que vivían en la zona no. Comer la dieta nativa, cocinada al estilo europeo, no evitaba la enfermedad, hasta que se observó que los inuit sólo comían carne fresca o ligeramente cocida. La carne cruda contiene suficiente vitamina C para mantener la salud, pero la cocción fuerte la destruye. Aunque el Dr. Billinghurst tiene buenos argumentos, no todas las dietas comerciales son malas, y no todas las dietas naturales son buenas.

A continuación examinaremos la flexibilidad que la evolución ha incorporado en el metabolismo de los mamíferos para permitir la supervivencia ante una alimentación intermitente o incierta.

REFERENCIAS

Estromatolitos, células primordiales (…) Fortey R. 1997. Life. A Natural history of the first four billion years of life on earth. Vintage Books Ed. Random House, Inc. Nueva York.

Cebada de 3000 años (…) Shewry PR, Kirkman MA, Burgess SR, et al. 1982. Comparison of the amino acid composition of old and recent barley grain. New Phytologist. 90:455-466.

La rata siempre selecciona (…) Hrupka, BJ, M Lin, DW Gertzen, QR Rogers. 1997. Small changes in the essential amino acid content alter diet selection in amino acid-deficient rats. J. Nutr. 127:777-784.

El arsénico que necesita el ser humano (…) Nielsen FH. 2001. Boron, manganese, molybdenum and other trace elements. En: Present Knowledge in Nutrition, 8ª ed. ILIS Press. Wash. DC.Pág. 392.

Paso terminal de la vitamina C desactivado (…) Lucock M. 2007. Molecular Nutrition and Genomics. Nutrition and the Ascent of Humankind. John Wiley and Sons, Inc. Hoboken, NJ. pág. 60.

El azúcar considerado un medicamento (…) Brothwell D, Brothwell M. 1998. Food in Antiquity. A survey of the diet of early peoples. Edición de bolsillo Johns Hopkins. Johns Hopkins University press. Baltimore. Pág. 80.

Abejas de 100 millones de años (…) Salem-News.com. 2006. http://www.salemnews.com/articles/october262006/old_bee_102606.php

El laboratorio analítico de Nueva York (…) Dairyone Lab. Itaca, Nueva York. http://www.dairyone.com/Forage/FeedComp/Main_GatResults.asp.

Dietas de la zona del Dr. Barry Sears (…) Sears B. 2002. The Omega Rx Zone. The miracle of the new high-dose fish oil. Reagan Books, Harper Collier Publishers Inc. Nueva York. 10022.

El problema de la obesidad está empeorando (…) Doyle R. 2006.

Sizing Up: Roots of obesity epidemic lie in the mid-20th century. Scientific American (Feb.) Pág. 32.

Consumo anual per cápita de azúcar (...) Steward HL, Bethea MC, Andews SS, Balart LA. 1998. Sugarbuster!™ Cut sugar to trim fat. Ballantine Publishing Group. Nueva York. Pág. 19.

Disminución general del estado físico (…) Price, Weston. 1945. Nutrition and physical degeneration. A comparison of primitive and modern diets and their effects. Price-Pottenger Foundation. Santa Mónica, Ca 90403

Libro Good Calories Bad Calories(…) Taubes, Gary. 2007. Good calories, bad calories. Challenging the conventional wisdom on diet, weight control and disease. Knopf. Nueva York. Price, pág. 575: Vit C, pág. 456.

Deficiencias nutricionales raras (…) Gordon KD. 1987. Evolutionary Perspectives on Human Diet. En: Nutritional Anthropology. Francis E. Johnson, Ed. Alan R. Liss, Inc. Nueva York. Pág. 29.

Dietas basadas en el maíz en el nuevo mundo (…) Gordon KD. 1987. Evolutionary Perspective on Human Diet. En: Nutritional Anthropology. F. E. Johnson, Ed. Alan R Liss, Inc. Nueva York. Pág. 29.

Debido más bien a un suministro insuficiente de alimentos (…) Keen AS. 1985. Nutrition and Economy: Models for the Study of Prehistoric Diet. En: The analysis of Prehistoric Diets. Robert Gilbert y James Mielke, Ed. Academic Press, Inc. Nueva York. Pág. 158.

Tras unos siglos de revolución agrícola (…) Diamond, J. 1987. The worst mistake in the history of the human race. Discover 8 (Nº 5): 64-66.

El 85% de sus calorías provienen de las plantas (…) Molnar S, Molnar IM. 2000. Environmental Change and Human Survival. Some Dimensions of Human Ecology. Prentice Hall. Upper Saddle River, NJ. Pág. 178.

Gen de la persistencia de la lactasa (…) Check E. 2006. How Africa Learned to Love the Cow. Nature, Vol. 444, Dic 21/28. Pág. 994.

El gen ahorrador fue mencionado por primera vez (…) Neel JV. 1962. Diabetes Mellitus: A "thrifty" genotype rendered detrimental by "progress." Am. J. Hum. Genet. 14:353-362.

Revisión del gen ahorrador (…) Stinson S. 1992. Nutritional adaptation. Annu. Rev. Anthropol. 21:143-170.

Comparación de las dietas modernas (…) Eaton SB, Konner M. 1985. Paleolithic Nutrition. A consideration of its natural and current implications. New England Journal of Med. 312:283-289. Citado por KD Gordon (ref #30), Pág. 30.

Restricción calórica (…) Levenson CW, Rich NJ. 2007. Eat less, live longer? New insights into the role of caloric restriction in the brain. Nutr. Rev. 65:412-415.

Un experimento muy necesario (…) Kealy R., D.F. Lawler, J. M. Ballam, S.L. Mantz, D.N. Biery, E.H. Greeley, G. Lust, M. Segre, G.K. Smith, H. D. Stowe. 2002. Effect of diet restriction on life span and age-related changes in dogs. J. Am. Vet. Med. Assoc. 220:1315-1320.

Orina de perros almacenada (…) Wang Y, Lawler D, Larson B, et al. 2007. Metabolic investigation of aging and caloric restriction in life-long dog study. J. Proteome Res., 6 (5):1846-1854. dio: 10.1021/pr060685n.

La mortalidad aumentó (…) Murray MJ, Murray AB. 1979. Anorexia of infection as a mechanism of host defence. Am. J. Clin. Nutr. 32:593-596.

Billinghurst (…) Billinghurst I. 1993. Give your dog a bone. The practical commonsense way to feed dogs for a long healthy life. Billinghurst Publ. P.O. Box WO64 Bathurst, N.S.W. Australia.

La vitamina C adecuada en la carne cruda (…) Taubes, Gary. 2007. Good calories, bad calories. Challenging the conventional wisdom on diet, weight control and disease. Knopf. Nueva York. Precio, pág. 575: Vit C, pág. 456.

4
ADAPTABILIDAD PERFECCIONADA POR LA CARENCIA (MILES DE MILLONES DE AÑOS LIDIANDO CON LA CARENCIA, HAN HECHO A LOS MAMÍFEROS BUENOS EN ELLO)

Como entidad biológica, los mamíferos poseen un conjunto exacto y preciso de enzimas, hormonas y toda la maquinaria molecular asociada, que evolucionó mediante la selección darwiniana. En los albores del hombre erguido, hace unos cuatro millones de años, esta bioquímica se encontraba dentro del 2% de la precisión actual. Se podría decir que los mamíferos son el producto de diseño definitivo, ya que su acervo genético ha sido hábilmente elaborado y diseñado para interactuar con su entorno con la máxima eficacia. Los dos pilares irreductibles de la existencia de cualquier especie son, en primer lugar, la supervivencia y, en segundo lugar, la reproducción. El único propósito de uno es permitir el otro. La propulsión de los genes hacia adelante, en combinación con los trucos de supervivencia frente a la escasez, ha demostrado ser inmensamente exitoso. Sólo un meteorito del espacio exterior ha desafiado al sistema de supervivencia de las especies que funciona hoy en día.

HACIA LA SIGUIENTE GENERACIÓN

Un imperativo omnipotente de una especie es hacer llegar sus genes a la siguiente generación. El Plan A que resuena estacionalmente, si no diariamente, en la actividad de cualquier criatura es encontrar una pareja y procrear. Parece que el único plan B es "véase el plan A". El enfoque de la naturaleza es directo y se reduce a: no importa si la expresión genética completa no se lleva a cabo en cada espécimen, siempre que la especie reproduzca con éxito otra generación con igual adaptabilidad y potencial. La actitud de la naturaleza es indiferente y no se ve afectada por ninguna preocupación relacionada con los problemas modernos sobre la ética o la calidad de vida. Si se puede garantizar que siempre habrá semillas, se puede ignorar la calidad del suelo. Por supuesto, esto pone un énfasis tremendo en el "si" del plan de la naturaleza. La premisa de este capítulo, y que es crucial para la historia completa, es que la naturaleza dispone de muchas maniobras para permitir la supervivencia de las especies frente a todo tipo de problemas, o tipos de suelo si se quiere, pero éstas existen finalmente con el único fin de permitir la estrategia principal, que es la de llevar los genes a la siguiente generación.

Considere el poderoso e irresistible impulso de reproducirse. Para empezar, imaginemos la rutinaria existencia diaria del hombre primitivo. A veces se pasaba en una búsqueda constante de alimento, en caso de que tuviera suficiente agua. Y esta búsqueda no era necesariamente en un paraíso tropical. A menudo suponía el esfuerzo de todo un día, pasando de un arbusto de bayas a otro, a unos pocos brotes tiernos de hierba o a un insecto o dos. En ocasiones, podía incluir un esfuerzo de equipo para atrapar un pequeño mamífero o un pez. A menudo también implicaba escapar de un mamífero más grande que intentaba procurarse su propia comida. La vigilancia de uno mismo y de los compañeros de la tribu, con el consiguiente coste energético, era un precio constante que todos pagaban y que, si se descuidaba, iba seguido de graves consecuencias. Al final del día, el pequeño grupo probablemente se subía a los árboles para estar más seguro y descansar, a veces con un hambre atroz después de un día de búsqueda infructuosa.

Desde el principio, la naturaleza se dio cuenta de que tenía que existir un fuerte impulso para reproducirse. Tenía que ser un impulso que subyugara rutinariamente a todos los demás sentimientos y condiciones, como el dolor, la fatiga, el hambre, las quemaduras de sol, los mosquitos, el calor, el frío y, casi seguramente, el dolor de cabeza. La moral moderna es una pulga frente a una avalancha. La razón por la que los chicos piensan en el sexo cada 20 minutos es porque todos los que pensaban en ello cada 25 minutos se extinguieron. Este es un ejemplo clásico de la evolución en su máxima expresión, nos guste o no. Este es el efecto de la testosterona. Hace muy bien el trabajo para el que fue inventada. La única pega es que el mundo para el que se inventó ya no existe para la humanidad, ni para sus animales de compañía.

Culpar de todos nuestros impulsos a la testosterona es, por supuesto, demasiado simplista y reduce bruscamente la belleza inspiradora de la bioquímica de la reproducción. El estrógeno y docenas de otras hormonas masculinas y femeninas, feromonas, factores de liberación, receptores y mensajeros químicos también desempeñan un papel importante en la sincronía reproductiva de los humanos y los animales. En cualquier caso, el imperativo de reproducirse es poderoso por naturaleza. Un diseño que fue una solución absolutamente esencial y exitosa, en un tiempo lejano.

Los expertos creen que desde que la madre tierra es madre, se han producido cinco extinciones masivas. La última, un meteorito que cayó en Yucatán hace 65 millones de años, aniquiló no sólo a todos los dinosaurios, sino también el 95% de toda la vida conocida. Imagina la importancia del impulso sexual en el 5% de las criaturas supervivientes. Durante eones la humanidad ha crecido, se ha perfeccionado y se ha multiplicado, llenando la tierra hasta el punto de, muchos dirían, contaminar su propio nido. Uno podría pensar que la naturaleza nos daría un respiro y suavizaría la parte del impulso sexual de nuestra existencia.

Hay que tener en cuenta que las circunstancias actuales, es decir, siete mil millones de personas, se han producido en los últimos segundos de un día geológico. En sentido figurado, la naturaleza no se ve influenciada en lo más mínimo por la cantidad de kilómetros que la humanidad ha recorrido sin accidentes. Desde la perspectiva de la naturaleza, la reciente proliferación del hombre es irrelevante en el esquema global, y no habrá ninguna alteración del imperativo reproductivo. Este cinturón de seguridad de la supervivencia de los mamíferos sigue siendo estándar, instalado de fábrica, en cada unidad.

QUÉ HACER FRENTE A LA CARENCIA

En lo que respecta a los mamíferos y su supervivencia diaria, una de las principales tareas de todos los miles de sistemas enzimáticos fielmente transferidos por los genes es hacer frente a la carencia o insuficiencia: en primer lugar, la carencia de un nutriente básico, como las proteínas o el cobre y, en segundo lugar, la carencia de productos posteriores o secundarios, como los aminoácidos o las enzimas dependientes del cobre. Podemos soportar la carencia de ciertos nutrientes durante meses y, en algunos casos, años. Todo el mundo se ha saltado una comida de vez en cuando, muchos ayunan durante días de forma voluntaria, y los anales de la historia están llenos de relatos de supervivencia durante semanas o meses con las raciones más escasas. Y lo que es aún más fascinante, la emaciación provocada por meses de inanición en adultos suele recuperarse sin dejar rastro, en un tiempo relativamente corto. La figura 9 muestra a un dóberman adulto rescatado por los servicios de control de animales cuando estaba al borde de la muerte por inanición, con un peso de 16 kg. Con los cuidados adecuados, pasó a tener una vida larga y normal.

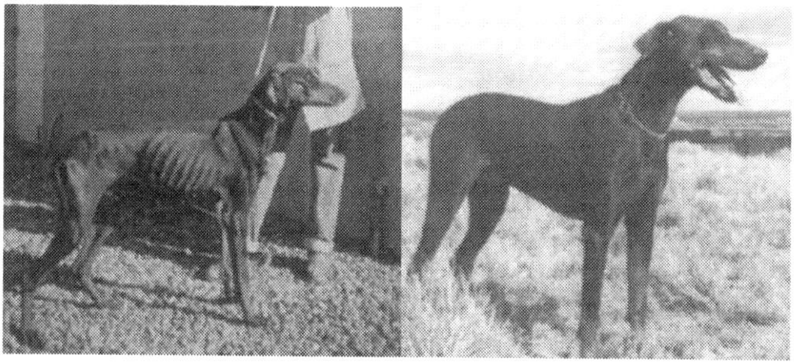

Figura 9. *Dóberman adulto que pesaba 16 kg en el momento de ser rescatado y llegó a vivir 10 años más.*

Es cierto que la malnutrición de los subadultos puede causar daños irreparables, pero incluso en los jóvenes, la capacidad de hipertrofia compensatoria (crecimiento adicional para compensar el crecimiento anterior escaso) puede en muchos casos revertir esencialmente los efectos nocivos del retraso en el crecimiento. Para más información sobre este dóberman, *véase la página 297 de las Notas Finales.*

El hombre promedio en Londres en 1833 medía 1,60 m y los pupitres escolares de los niños japoneses de antes de la guerra eran demasiado pequeños para las generaciones posteriores de la misma edad. Los nichos de pared utilizados para las camas hace 400 años en Fort Augustine, Florida, son demasiado pequeños para el hombre contemporáneo. Las casas de la Edad de Bronce del norte de Europa, conservadas para nuestra edificación moderna, son sorprendentemente pequeñas. Estas observaciones apuntan al hecho de que la nutrición y el entorno subóptimos del pasado no impidieron que estos pueblos se propagaran. Se enfrentaron a la carencia de nutrientes al mismo tiempo que transmitían a sus descendientes un paquete genético totalmente capaz de permitir un mayor tamaño cuando estuviera disponible una mejor nutrición. Los mamíferos pueden adaptarse a una deficiencia temporal de cualquier cosa.

Para garantizar la supervivencia de los mamíferos superiores, existen numerosas tácticas que permiten que la especie funcione lo suficiente como para permitir la reproducción. Para empezar, todos los mamíferos tienen dos juegos de casi todo: orejas, fosas nasales, ojos, pulmones, riñones y hemisferios cerebrales, por nombrar algunos. Las arterias y venas cortadas se coagulan, los huesos rotos se vuelven a unir; si se pierde la conciencia, la respiración continúa. Cuanto menos se come, más se digiere. Las reservas de grasa del organismo se movilizan en los momentos de baja ingesta de energía.

Uno de los ejemplos más elocuentes de la táctica de supervivencia de una especie se observa en la preñez. Durante un período de inanición leve, los tejidos periféricos de la madre embarazada se vuelven menos sensibles a la insulina. La insulina promueve la entrada de glucosa en las células. La lógica en este caso es proteger a la siguiente generación dirigiendo el limitado suministro de glucosa de la madre al feto, a expensas de los tejidos periféricos y no críticos de la madre. La apuesta es que se trata de un precio que merece la pena pagar de forma temporal, ya que mejora las posibilidades de la descendencia en un grupo que, de lo contrario, sería arriesgada. Sin embargo, si la inanición se torna severa, los tejidos periféricos vuelven a su sensibilidad normal a la insulina. Esto suele poner fin al embarazo, lo cual forma parte esencial del plan, ya que la madre necesita menos comida y tiene más posibilidades de sobrevivir a la hambruna, para convertirse en madre más adelante cuando vengan tiempos mejores.

Analice esta adaptación a la carencia de forma más detallada. ¿Qué ocurre si la dieta no proporciona suficiente vitamina A? No hay problema. El hígado ha almacenado suficiente para meses o incluso años en algunos casos. Los osos polares se comen una foca entera, excepto el hígado, con un contenido en vitamina A tan alto que es tóxico. La vitamina A del hígado de la foca proviene de todo el pescado que ha comido. A nivel celular, la degradación de los compuestos energéticos se produce de forma más eficaz en presencia de oxígeno (procedente del aire de los pulmones). Pero existe también una forma de que las células obtengan energía de los mismos compuestos en caso de que no haya oxígeno.

La primera, que utiliza oxígeno, se llama glucólisis aeróbica, la otra se llama glucólisis anaeróbica. La glucólisis anaeróbica es mucho menos eficaz, pero permite la actividad muscular en ausencia de oxígeno. ¿Y estos compuestos energéticos? No son sólo glucosa: los aminoácidos procedentes de la digestión de las proteínas pueden convertirse en glucosa. De hecho, algunos aminoácidos se convierten tan fácilmente en glucosa que se denominan aminoácidos glucogénicos.

La grasa almacenada en un mamífero es la primera reserva empleada para sustentar una falta de energía que persiste durante varios días. Algunas personas cargan consigo, literalmente, una reserva de calorías para medio año. 450 g de grasa tienen 9 calorías por gramo, es decir, 4.050 calorías. Si el sobrepeso es de 45 kg, eso representa 405.000 calorías. Con una necesidad diaria de 1.800 calorías, esto equivale a más de 200 días. En todas las especies existe una vía bioquímica infalible para extraer energía, el nutriente más importante, de la grasa, la proteína o el carbohidrato. Para la fibra, los comedores de plantas, los omnívoros y los carnívoros tienen un acuerdo simbiótico con las bacterias que fermentan la fibra en propionato, que el hígado luego convierte en glucosa. Como se ha mencionado en el Capítulo 2 sobre la fibra, se estima que hasta la mitad de las necesidades energéticas de mantenimiento de un cerdo pueden ser satisfechas por esta fermentación del intestino posterior.

Un ejemplo clásico de sistema de reserva es el calcio. Si falta calcio en la dieta y los niveles en sangre son bajos, el hueso se disuelve para restablecer los niveles en sangre. Si el sodio es escaso, el riñón puede desactivar prácticamente la excreción de sodio. Si el zinc es deficiente, se incrementa la captación a partir de la dieta.

¿Qué está pasando aquí? ¿Cómo es que podemos sobrevivir durante días sin absolutamente nada de comida, durante semanas sin casi nada y durante meses con sólo unos bocados? Durante cientos de millones de años los mamíferos se han beneficiado a diario del equipo de supervivencia que tenían a su disposición, y el hombre primitivo no ha sido una excepción. Los mamíferos siempre han tenido la capacidad de hacer frente a la carencia, la insuficiencia, la ausencia y la escasez, incluidos, o tal vez especialmente, nuestros animales de compañía. Es una capacidad absolutamente maravillosa, que representa probablemente la adaptación más crucial para mantener al individuo erguido y en marcha. Hay una solución o respaldo para todo lo que pueda escasear, incluida cualquier enzima del metabolismo. Todas las enzimas descubiertas y estudiadas hasta ahora catalizan más de una reacción. Una enzima puede catalizar una reacción específica mejor que cualquier otra enzima, pero también puede acelerar otras reacciones.

Las adaptaciones a la falta de agua eran esenciales. Cuando se habla de la necesidad de recibir nutrientes de forma continua, la muerte por sed es el destino más rápido e instantáneo que podemos sufrir (con la obvia excepción del oxígeno). Sin embargo, el cuerpo humano puede continuar funcionando durante un tiempo sin agua. La duración de esta privación va en función de la temperatura y la actividad. Por ejemplo, el esfuerzo bajo el sol del desierto conduce al coma en unos pocos días o incluso horas. Pero a una temperatura confortable y en estado de reposo, el coma por deshidratación puede tardar varios días en llegar. La mayoría de las especies puede afrontar una semana sin agua.

Una de las técnicas para hacer frente a la escasez de agua es lo que se denomina agua metabólica. El metabolismo de los alimentos produce agua en el organismo, que puede servir para satisfacer algunos de los requerimientos de agua del organismo. Hasta la mitad del volumen de orina puede proceder del agua metabólica, es decir, de los alimentos, no de los líquidos consumidos. En algunas especies, esta maniobra de reserva puede asumir el rol principal. El walaró de Australia, cuando vive en cuevas, puede pasar largos periodos sin agua. Además de utilizar el agua metabólica, son mayoritariamente nocturnos, de forma que pasan el calor del día en los huecos frescos de las rocas y ramonean plantas y raíces tuberosas humedecidas por el rocío de la mañana. La mayoría de los herbívoros que viven en el desierto aprovechan para realizar la búsqueda de alimentos por la mañana, adaptándose al ritmo de supervivencia de las plantas locales. Las plantas del desierto tienden a extraer agua de las hojas con el calor del sol y a devolverla a las hojas con el frescor de la noche. Este efecto se maximiza al amanecer. Los gatos, que se cree que son una especie del desierto, son expertos en confiar en el contenido de agua de su comida y beber muy poco.

AZÚCAR

El malentendido generalizado sobre el azúcar y el crescendo

de la pena generada a su paso obligan a una aparición temprana ante nuestro gran jurado. El tema del azúcar y el almidón podría encajar lógicamente en la sección anterior sobre la composición química de los alimentos (Capítulo 2), o en la discusión sobre lo que había en la dieta primitiva (Capítulo 3). Debido a que es un factor más reciente, y en su mayor parte creado por el hombre, se analiza aquí.

Los responsables de la salud pública llevan mucho tiempo reflexionando sobre el hecho de que la obesidad es más frecuente entre los pobres, que son aquellos con menor posibilidad de permitirse dietas o estilos de vida que engordan. Una comprensión completa del azúcar y el almidón explica esta paradoja. A lo largo de la evolución, se podía depender del oxígeno. El agua podía escasear, pero esta carencia se desarrollaba invariablemente con lentitud, permitiendo la migración. La energía era un asunto diferente. Aquella especie que perfeccionaba la capacidad de soportar la falta de consumo de energía era la que tenía más éxito.

Hace su aparición la insulina, la hormona. La insulina, una molécula pequeña y sencilla producida en las células beta del páncreas, está formada por 51 aminoácidos en dos cadenas. Con sólo uno o dos cambios de aminoácidos, se encuentra en casi todas las formas de vida. La insulina del humilde bacalao sólo se diferencia de la humana en que tiene un aminoácido más en la cadena B. Todas las especies de mamíferos tienen insulina, así como su propia versión de todas las otras hormonas humanas. En la mayoría de los casos, la estructura molecular de estas numerosas hormonas es casi o exactamente idéntica en todas las especies.

La función de la insulina, entre otras cosas, es llevar el azúcar de la sangre al interior de las células. De hecho, la insulina es la única hormona que reduce el azúcar en sangre. La adrenalina, los corticoides, el glucagón y la hormona del crecimiento aumentan la glucemia. Se conocen ocho hormonas que aumentan la glucemia, mientras que sólo la insulina la reduce. (Las otras cuatro son la vasopresina, la hormona estimulante de los melanocitos, la hormona estimulante del tiroides y la norepinefrina). Esto es revelador. Desde el punto de vista de la evolución de los trucos de supervivencia, elevar el azúcar en la sangre hasta el nivel adecuado y necesario parece haber sido una preocupación mucho mayor que reducir el azúcar en la sangre hasta el nivel adecuado. Y, de hecho, desde el momento en que nuestros antepasados bajaron de los árboles, y a lo largo de los millones de años que siguieron, mantener el azúcar en sangre a un nivel mínimo esencial fue fundamental.

La insulina se inventó, por así decirlo, para captar los raros y preciados picos de azúcar en sangre, como cuando se encontraba miel o una exuberante fruta madura. No hay muchas más cosas en la lista de opciones alimentarias que provoquen un pico de azúcar en la sangre. De ahí la importancia de la insulina. Las subidas de azúcar en sangre eran una bonanza poco frecuente. Sólo en raras ocasiones una criatura se permitía el lujo de tener un nivel elevado de azúcar en la sangre, y un centinela incansable como la insulina, que captaba este exceso de glucosa en la sangre, tenía un valor incalculable.

Muchos animales de compañía, tanto perros como gatos, se alimentan con una dieta de croquetas secas y expandidas, que deben ser fabricadas con al menos un tercio o más de almidón. Debido a este almidón, después de cada comida de dicha dieta de croquetas secas se produce un pico de glucosa en la sangre, lo que lleva a una oleada de insulina que se dispone a llevar a cabo su incansable labor. La cuestión es que la insulina no se inventó para ser llamada varias veces al día.

Pero espere. Hay más. La función de la insulina no se limita a trasladar el azúcar de la sangre al interior de las células. Su segunda e igualmente poderosa función es promover la conversión del azúcar de la sangre en grasa y guardarla en las reservas de grasa del organismo, a la vez que detiene la descomposición y la movilización de la grasa almacenada. (Es de vital importancia que comprenda esto. Por favor, vuelva a leer la última frase).

Por esta razón, decir que un individuo gordo lo es porque no puede perder peso no es redundar en lo obvio. Si la dieta está aumentando constantemente la insulina, la pérdida de peso será una lucha constante, incluso con una ingesta restringida.

Pero esta historia tiene una mitad complementaria. La insulina actúa en tándem con otra hormona llamada glucagón. La función del glucagón es la opuesta a la de la insulina: movilizar las reservas de energía, tanto el glucógeno hepático como las reservas de grasa corporal, y mantener el nivel de glucosa en sangre. Dado que la subida de azúcar en sangre, y por tanto la necesidad de insulina, era un hecho relativamente poco frecuente en el mundo primitivo, y una bajada de azúcar en sangre era mucho más común, el objeto era que el glucagón predominara como la principal hormona reguladora de la glucosa. Cuando el glucagón sube, la insulina baja, y viceversa. Si bien esta disposición ha estabilizado perfectamente la glucosa en sangre a lo largo de los eones de la evolución, hoy en día hay una gran disponibilidad de alimentos que aumentan el azúcar en sangre. La figura 10 muestra el espectacular aumento del consumo de azúcar per cápita en los últimos 200 años.

¡Son 150 g al día! Y esto sin tener en cuenta el almidón, que es igualmente pecaminoso. Esto hace que tengamos que vigilar constantemente el exceso de glucosa en sangre. Si, por el contrario, nos centrásemos en mantener la insulina a raya, el glucagón predominaría automáticamente, lo que supondría una gran ayuda para mantener la condición corporal a raya. Deberíamos esforzarnos, tanto con nosotros mismos como con nuestros animales de compañía, en mantener al mínimo los alimentos que disparan la insulina, que son aquellos que elevan la glucosa en sangre, es decir, el almidón y el azúcar. [Para más información sobre las hormonas, *véanse las notas finales, página 299*].

Figura 10. *Consumo promedio de azúcar por persona en los Estados Unidos*

Todos los alimentos que provocan un aumento rápido de la glucosa en sangre, lo que a su vez da lugar a la secreción de insulina (y, por lo tanto, a la aparición de la obesidad), son carbohidratos. Su potencia para elevar la glucosa varía de uno a otro, lo que es un reflejo de la velocidad con la que se disuelven en el medio intestinal, son descompuestos por las enzimas, son absorbidos por la célula intestinal y entran en la sangre. Algunos azúcares, tales como la sacarosa que tiene en la mesa de su cocina, provocan rápidamente un aumento de la glucosa en sangre.

Hay que tener en cuenta que el azúcar de mesa es un disacárido, que contiene dos moléculas de azúcar, una de glucosa y otra de fructosa, y debe escindirse en una molécula de glucosa y otra de fructosa antes de poder alterar los niveles de glucosa en sangre. Como sabemos, esto ocurre rápidamente.

Los almidones y el glucógeno son largas cadenas de glucosa y, dependiendo de la rapidez con la que se digieran, también pueden elevar rápidamente la glucosa en sangre. La velocidad de la digestión y la rapidez con la que un determinado carbohidrato provoca un aumento del azúcar en la sangre pueden verse influidas por numerosos factores. La cocción de los almidones aumenta su digestibilidad. Los demás componentes de los alimentos pueden ser un factor. Los pioneros en este campo observaron que los alimentos ricos en proteínas y grasas tendían a provocar una menor subida de la glucosa en sangre. Los alimentos que liberan su glucosa lentamente, por la razón que sea, tenderán a no provocar un pico de azúcar en sangre y, por tanto, a no provocar la liberación de insulina. El resultado, como se ha descrito anteriormente, es que la hormona glucagón, la opuesta a la insulina, se mantiene elevada, lo que hace que se movilicen los depósitos de grasa, lo que ayuda en gran medida a mantener el organismo en forma.

La capacidad de un alimento para elevar la glucosa en sangre se denomina índice glucémico. Cualquier persona puede consultar el índice glucémico de 1.000 alimentos diferentes. La clasificación de los alimentos según su índice glucémico es un gran paso adelante en nuestra comprensión de la nutrición. Aunque este concepto se presentó por primera vez hace más de 25 años, sólo recientemente se está tomando en cuenta en EE.UU. Otros países captaron rápidamente la utilidad de esta idea y la incorporaron al diálogo sobre nutrición.

Sólo una parte de los 1.000 alimentos que figuran en el índice glucémico proceden de investigación realizada en Estados Unidos. Muchos proceden de Australia, Canadá y otros países. La Tabla 9 muestra varios alimentos comunes y su índice glucémico. Para obtener más información sobre el índice glucémico, *consulte las notas finales en la página 299 y la Tabla 9 ampliada del apéndice, en la página 308.*

Tabla 9. *Índice glucémico (IG) y carga glucémica (CG) de diferentes alimentos*[1]. *(Resumida) Versión ampliada en el Apéndice como Tabla 9 ampliada*

Alimento (número de estudios)	**IG**	**CG**[2]
Glucosa (11)	99	-
Fructosa (6)	19	2
Bajo		
Humus (crema de garbanzos)		
Cacahuetes (3)	14	1
Leche, entera (5)	27	3
Anacardos	22	3
Soja (2)	18	1
Medio		
Helado (alto contenido en grasa)	37	4
Miel (11)[3]	55	10

Alimento (número de estudios)	**IG**	**CG[2]**
Spaghetti (70), foráneo	44	21
Fresas frescas	40	1
Pomelo	25	3
Uvas (2)	46	8
Maíz dulce (2), EE.UU.	60	20
Salvado de avena	55	3
Guisantes (3), cocidos	48	3
Zanahorias (4)	47	3
Pan integral	51	7
Coca Cola (2)	58	16
Alto		
Arroz (13)	64	23
Patata (4)	85	26

Alimento (número de estudios)	**IG**	**CG[2]**
Batata	61	17
Patatas fritas	75	22
Palomitas de maíz	72	8
Gominolas	78	22
Rice Krispies (cereales para el desayuno)	82	22
Shredded Wheat (cereales para el desayuno)	83	17
Pan blanco (EE.UU.)	70	10
Donut	76	17

[1]*Fuente: Tabla Internacional de Valores de Índice Glucémico y Carga Glucémica, 2002. Foster Powell, K., S. Holt y J. C. Brand-Miller. Am. J. Clin. Nutr. 2002; 765-756.*

[2]*La carga glucémica puede estar influenciada por varios factores, como el tamaño de la ración de la muestra o la fibra. Por ejemplo, el salvado de avena y el maíz dulce tienen un IG casi idéntico, pero difieren bastante en cuanto a la CG. Esto se debe probablemente al contenido de fibra del salvado de avena.*

[3]*La miel se muestra con un amplio rango de IG, de 35 a 87. La miel pura se muestra con 58. El alto nivel de fructosa (IG=19) de la miel puede*

ser parte de la razón por la que su IG sea bajo para un alimento con alto contenido de azúcar. La Coca-Cola tiene un alto contenido de fructosa, por lo que su IG es engañosamente bajo.

Al observar la Tabla se puede ver que la distribución de los valores no es tan amplia como cabría esperar, ya que muchos alimentos se agrupan en torno a 50. Hay extremos, como los cacahuetes, con 14, el helado, sorprendentemente bajo, con 37, los cereales de desayuno, con 82, y las gominolas, con 78. En el mundo actual de la comida rápida y los alimentos procesados es bastante fácil seleccionar inadvertidamente una dieta de alimentos de alto índice glucémico. Por un lado, el azúcar está incluido en innumerables alimentos procesados. Por otro lado, una hipotética lista de alimentos consumidos por un partidario de la comida sana presentaría una media mucho más baja.

En realidad, la perspectiva más fiel se obtiene con un análisis un poco más profundo. Los nutricionistas hacen referencia a un concepto llamado carga glucémica, que es el índice glucémico multiplicado por la cantidad de azúcar en una ración. Un alimento puede contener algo de sacarosa que eleva rápidamente la glucosa en sangre, pero si la cantidad de este azúcar es poca, puede no ser tan ofensivo como un alimento con un nivel de carbohidratos mucho mayor. La Tabla 9 también muestra la carga glucémica. Este valor suele oscilar entre 0 y 30, y ofrece una perspectiva más realista del efecto de la dieta en la liberación de insulina. Aunque las frutas pueden tener un índice glucémico alto, su carga glucémica es baja debido a la escasa cantidad de azúcar por ración: son todo agua.

Un pequeño flujo constante de una cantidad modesta de azúcar hacia la sangre no sólo es menos perjudicial, sino que es esencial por naturaleza. Un alimento puede proporcionar un azúcar de rápida digestión, pero si sólo contiene una pequeña cantidad de este azúcar, y el alimento se ingiere en cantidades modestas, el nivel de azúcar en la sangre no supera necesariamente el nivel umbral de activación para la liberación de insulina, y la insulina se mantiene al margen.

Para poder comprender claramente la obesidad y el control del peso es importante conocer esta interacción entre los carbohidratos de la dieta y la respuesta hormonal. Debemos empezar con una reflexión perturbadora: es posible que décadas de consejos dietéticos gubernamentales requieran un replanteamiento. Una dieta baja en grasas sólo conducirá a una pérdida de peso a regañadientes si es alta en carbohidrato soluble. Una forma de ayudar a organizar toda la retórica sobre la dieta y la pérdida de peso es imaginar un taburete de tres patas (Figura 11) en el que cada pata representa uno de los tres factores básicos de la pérdida de peso. La primera pata es el ejercicio. Todo el mundo sabe que el ejercicio consume calorías. La segunda pata es el control de la ración. También, en este caso, todo el mundo lo comprende. Cuanto menos coma, menos calorías consumirá. La tercera pata es la composición de la dieta. Nadie lo entiende, ni siquiera las recomendaciones dietéticas emitidas por el gobierno.

Figura 11. *Los tres pilares básicos del debate sobre la pérdida de peso son el ejercicio, el control de la ración y la composición de la dieta. Todo el mundo comprende los dos primeros. Nadie parece entender el tercero.*

Desde hace más de un siglo se sabe que el almidón y el azúcar engordan. En 1995 se publicó el *best seller* del New York Times "*Sugarbusters!*", sin mucho éxito. Pero al menos nos encontramos más cerca del punto de inflexión. Un artículo científico reciente publicado en la revista *Journal of the American Medical Association* (JAMA) señala claramente que el azúcar añadido en la dieta estadounidense está relacionado con las enfermedades cardiovasculares y la mortalidad. Por fin, parece que los profesionales de la medicina están llegando a la fiesta. Robert Lustig y sus colegas de la Universidad de California, San Francisco, publicaron en 2012 un artículo en la revista científica *Nature* titulado: *"Public Health: The toxic truth about sugar"* (Salud Pública: La verdad tóxica sobre el azúcar). Su conferencia en YouTube ha sido visualizada 2,5 millones de veces. Parece que este tema ha pasado por fin a ser centro de atención en los medios de comunicación populares, apareciendo artículos en varios periódicos (por ejemplo, *Wall Street Journal*, 3 y 4 de mayo de 2014: *"Fat Reconsidered"*, (Reconsiderando la grasa)) y con el lanzamiento de la película *"Fed Up"* (Fed Up. El lado amargo del azúcar) producida por Katie Couric y Laurie David, productor de *"Inconvenient Truth"*. El 6 de agosto de 2014 el *HuffPost Healthy Living* publicó un artículo de Elizabeth Svoboda para *Men's Journal* titulado "¿Es el azúcar el nuevo tabaco?". Ojalá todos aquellos que han estado quejándose en vano durante años sobre esta confusión en el diálogo nacional sobre nutrición (el Dr. Atkins, el Dr. Sears, Gary Taubes) puedan ahora recibir su reivindicación.

Ahora se puede explicar la paradoja de los pobres obesos. Si se hace la compra con escasos recursos para alimentar a una familia, lo que te da más comida por cada dólar son los carbohidratos (gracias a la gigante agroindustria estadounidense), que como se ha explicado, son los que más engordan. Durante décadas los funcionarios públicos nos han dicho, erróneamente, que la grasa era el problema. No lo es. El almidón y el azúcar son el problema.

Si hace una búsqueda en la red, encontrará una lista modesta pero creciente de estudios que analizan el índice glucémico en los animales de compañía. La profesión veterinaria parece estar mostrando un interés adecuado en examinar el nivel de carbohidratos de los alimentos para gatos, ya que es más intuitivo que un carnívoro como el gato no necesite una ingesta elevada y constante de carbohidratos. Este interés por el perro va a la zaga. Un estudio francés utilizó condiciones cuidadosamente controladas para evaluar 20 dietas comerciales húmedas y secas diferentes suministradas a perros y descubrió que la cantidad de almidón consumido es el principal determinante de la respuesta de glucosa de los perros sanos; cuanto mayor es el contenido de almidón de la dieta, mayor es el aumento de la glucosa en sangre. También informaron que cuanto mayor es el contenido de grasa de la dieta, menor es el aumento de la glucosa en sangre. ¿Sería posible entonces que la grasa no sea el villano, sino que el problema sea el alto contenido de carbohidratos?

El índice glucémico no tiene la última palabra en cuanto a la digestibilidad de la energía. Es sólo una ayuda más para entender la ciencia de la nutrición. Como ya se ha mencionado, Jenkins y sus colaboradores señalaron en los primeros artículos sobre este tema que los alimentos ricos en grasas y proteínas tienden a tener un índice glucémico más bajo. La leche entera, que es un tercio de proteína y un tercio de grasa, tiene un índice glucémico bajo (27), y lo mismo ocurre con los cacahuetes (13), que tienen un 40% de proteína y un 25% de grasa.

Otro punto importante: En la lista no aparecen carne de vacuno, aves de corral, huevos, pescado, aguacate, verduras para ensaladas ni queso. Estos alimentos contienen tan pocos carbohidratos que sería muy difícil que algún voluntario participante del estudio comiera una cantidad suficiente de los mismos para consumir los gramos de carbohidratos exigidos por el protocolo internacional de ensayos. Por ejemplo, para obtener 50 gramos de azúcar a partir del queso, habría que comer dos kilos de queso. Esto nos dice mucho sobre estos alimentos. No intervienen en la elevación del azúcar en sangre, por lo que promoverán la elevación del glucagón en sangre y, por tanto, la movilización de la grasa del depósito corporal, lo que provocará pérdida de peso.

En resumen, los animales están muy bien adaptados para hacer frente a las deficiencias temporales de nutrientes. El mundo en el que evolucionaron los enfrentó a una constante escasez intermitente de uno u otro nutriente. En cualquier momento dado, invariablemente había una carencia de algo. La disciplina inmutable de la selección darwiniana perfeccionó un conjunto de tácticas de supervivencia con planes de contingencia, redundancia y soluciones para prácticamente cualquier carencia. Esta carencia constante dio lugar a una elocuente adaptabilidad a la carencia. Sin embargo, como consecuencia directa, nuestros animales de compañía están mal adaptados para lidiar con el exceso. Nunca existió ningún tipo de presión selectiva que promoviera un genotipo para prosperar en la abundancia constante de alimentos, porque nunca hubo abundancia constante de alimentos. Recuerde: la insulina guarda el azúcar en sangre como grasa corporal, y el exceso constante de carbohidrato soluble activa la insulina y puede causar obesidad. A lo largo de una vida, esto conduce a una mala salud y, por tanto, a una vida más corta.

Como se ha mencionado en el Capítulo 3, se ha demostrado en numerosas especies diferentes, incluyendo el perro, que la restricción calórica en general, y no sólo del azúcar, prolonga la vida de forma significativa. Una vez más, esto apoya la hipótesis de que el metabolismo de los mamíferos fue moldeado por la evolución para adaptarse a la deficiencia, y se ve afectado por el exceso constante.

REFERENCIAS

Eliminando no sólo a todos los dinosaurios (...) Fortey R. Fossils: The key to the past. 2002. Smithsonian Institution Press, Washington DC, en asociación con el Museo de Historia Natural de Londres. Página 181.

El hombre promedio en Londres (...) Solomons, NW, M Mazarieogo, KH Brown y K Klasing. 1993. The underprivileged, developing country child: Environment contamination and growth failure revisited. Nutr. Rev. 51:327-332.

Los tejidos periféricos recuperan su sensibilidad (...) Bell AW. 1995. Regulation of organic nutrient metabolism during transition from late pregnancy to early lactation. J. Anim. Sci. 73:2804-2819.

Pueden pasar largos períodos sin agua (...) Walker EP. 1975. Mammals of the World, Vol I. Third ed. John Hopkins University Press. Baltimore. Página 89.

Dependiendo del contenido de agua de sus alimentos (...)Kane, E., QR Rogers, JG Morris, PMB Leung. 1981. Feeding behavior of the cat fed laboratory and commercial diets. Nutr. Res. 1:499- 507.

Provocando un aumento de insulina… Nguyen P., H. Dumon, V. Biorge, E. Pouteau. 1998. Glycemic and insulinemic response after ingestion of commercial foods in healthy dogs: Influence of food composition. J. Nutr. 128:2654S-2658S.

Muchos investigadores estudian esta cuestión (...) Friedman MI. 1998. Food partitioning and food intake. Am. J. Clin. Nutr. 67:513S-518S (...).y, Langhans W. 1995. Role of the liver in the metabolic control of eating: What we know and what we do not know. Neuroscience and Biobehavioral Rev. 20:145-153 (...)y, Konturek PC, Konturek JW, Czensnikiewicz-Gruzik M, et. al. 2005. Neuro-hormonal control of food intake: Basic mechanisms and clinical implications. J. Phys. Pharm. 56(Suppl 6):5-25 (...)y, Morton GJ, Cummings DE, Baskin DG, et al. 2006. Central nervous system control of food intake and body weight. Nature. 443: 289-295. doi:10.1038/nature05026.

Pioneros en este campo (...) Jenkins DJA, Wolever TMS, Taylor RH, et al. 1981. Glycemic index of foods: a physiological basis for carbohydrate exchange. Am. J. Clin. Nutr. 34:362- 366.

Índice glucémico de 1000 alimentos (...) Foster-Powell K, Holt SHA, Brand-Miller JC. International table of glycemic index and glycemic load values: 2002. Am. J. Clin. Nutr. 76:5-56.

Implica claramente al azúcar añadido (...) Yang, Q., Z. Zhang, E.W. Gregg, D. Flanders, R. Merritt, F.B. Hu. 2014. Added sugar intake and cardiovascular disease mortality among US adults. JAMA Inter. Med. 174(4):516-524. Doi 10.1001/jamainternmed.2013.13563

La verdad tóxica sobre el azúcar (...) Lustig, RH, LA Schmidt, CD Brindis. 2012.Public Health: The toxic traits of sugar. Nature, 882:27-29. (02 Feb 2014). doi: 10.1038/482027a.

Ensayo francés para evaluar 20 alimentos diferentes para mascotas (...) Nguyen P., H. Dumon, V. Biorge, E. Pouteau. 1998. Glycemic and insulinemic response after ingestion of commercial foods in healthy dogs: Influence of food composition. J. Nutr. 128:2654S-2658S.

Demostrado en numerosas especies diversas (...) Levenson, CW, y NJ Rich. 2007. Eat less, live longer? New insights into the role of caloric restriction in the brain. Nutr. Rev. 65:412- 415.

Restricción calórica en general (...) Kealy, R.D., DF Dennis, JM Ballum, SL Mantz, DN Biery, EH Greeley, G Lust, M Segre, GK Smith, HD Stowe. 2002. Effect of diet restriction on life span and age-related changes in dogs. J. Am. Vet. Med. Assoc. 220:1315-1320.

5
ANATOMÍA Y FISIOLOGÍA DIGESTIVA (INMUNIDAD Y BACTERIAS AMISTOSAS Y NO AMISTOSAS)

Mi hermano gemelo fue pionero en la ciencia de la administración de fármacos a través de la pared pulmonar, lo cual, tras muchos años, culminó con la aprobación por parte de la FDA y la UE de la insulina en aerosol. Todas las conferencias que dio durante los 15 años que duró el viaje las empezaba con una imagen gráfica particular. Se trataba de una imagen de una pista de tenis, que utilizaba para ilustrar la superficie de nuestros pulmones, la única puerta de administración de fármacos que la naturaleza había dejado abierta, como él decía. Nuestra historia podría comenzar con la misma imagen visual, una pista de tenis. Pero no representa sólo la superficie de nuestros pulmones, sino también la superficie de nuestro tracto gastrointestinal, una puerta aún más abierta. Cualquier debate sobre la fisiología digestiva debe depender de la gran superficie celular implicada.

Un fallo frecuente de un escritor es aspirar a contar todo lo que sabe de un tema, cuando en realidad lo que se necesita es que diga lo menos posible, y aún así logre transmitir el concepto. Es bien sabido que la fisiología no es un tema que apasione a todo el mundo, así que seré lo más breve posible.

Es necesario examinar varias observaciones generales sobre el tracto gastrointestinal. Una gran parte de toda la capacidad inmune se encuentra en el intestino. Esta afirmación se torna evidentemente coherente cuando se contempla por un instante, ya que cuando comemos, ingerimos incontables millones de bacterias. Es cierto que nuestra dieta moderna es bastante limpia en comparación con la de nuestros antepasados, pero el músculo defensivo sigue resonando hoy en día. Desde luego, no estoy recomendando que se ignore el sentido común cuando se trata de microbiología, pero piense en todos los monogástricos del mundo (animales de un solo estómago, como usted) que comen comidas aparentemente abominables sin ningún efecto negativo. El leopardo sube su presa a un árbol y la roe durante dos días bajo el sol africano; el perro callejero se da un festín con la presa que lleva tres días en la carretera; el oso pardo entierra el cadáver de una oveja para recuperarlo más tarde porque, en su opinión, eso lo hace más atractivo. Ni siquiera mencionaremos a los buitres. Este tipo de comportamiento alimentario, que aporta una enorme carga bacteriana, no difiere mucho de lo que el hombre primitivo hacía a diario. Para permitir este tipo de hábitos alimenticios indiscriminados, la inmunidad en el intestino tenía que ser fuerte, y lo sigue siendo hoy en día.

Y usted se pregunta: ¿por qué, entonces, sufrió un episodio tan persistente de disentería cuando estaba de vacaciones en México? La razón principal es que se encontró con un desafío bacteriano al que no había estado expuesto con anterioridad. Los nativos no padecen la misma afección con tanta frecuencia. En mi propia experiencia de trabajo en repetidas ocasiones en el norte de África, acabé sucumbiendo a una dolencia intestinal que persistió durante nueve meses y desafió todas las soluciones de las que disponía en los Estados Unidos. Si pasas suficiente tiempo como visitante en una economía emergente, acabarás sucumbiendo. Pregúntele a cualquiera que lo haya hecho.

Otra razón es que, a menudo, el personal local que manipula los alimentos en las economías emergentes es ingenuo en cuanto a las normas (lavarse las manos, mantener la mayonesa refrigerada, etc.) y, además, si lo piensa bien, probablemente usted se haya dado un gran festín, lo que ha proporcionado a las nuevas bacterias una inmensa cantidad de sustrato para crecer. Por último, este tipo de problemas son más probables en los climas más cálidos, donde las bacterias proliferan y mutan todo el año y nunca se encuentran con temperaturas invernales que frenen su avance.

En las sociedades modernas se producen brotes de intoxicación alimentaria. Estos pueden ser muy traumáticos y a veces letales. Las autoridades invariablemente los contienen e identifican el origen de la ofensa con rapidez. Con frecuencia, los casos virulentos de intoxicación alimentaria son en realidad el resultado de toxinas bacterianas, o productos de desecho de las bacterias, más que de las propias bacterias. Estas toxinas, tales como la del botulismo, son casi indestructibles y permanecen activas mucho después de que las bacterias hayan muerto y desaparecido. Esto lleva a una situación en la que cuando un alimento se examina visualmente o al olfato puede parecer libre de contaminación bacteriana, pero en realidad es tóxico. De este modo, los alimentos pueden haber sido mal manipulados y, sin embargo, parecer bastante inocuos al llegar a la cocina final. Un ejemplo de ello serían los alimentos congelados que se descongelaron en algún punto de la cadena de suministro y luego se volvieron a congelar. La educación de los manipuladores de alimentos, incluidos los conductores de camiones, es la base de un sistema alimentario seguro.

Hay más de 300 millones de estadounidenses que hacen tres comidas al día y, si sumamos los tentempiés, esto supone mil millones de comidas al día, o 365 mil millones al año. Sin embargo, los grandes casos de intoxicación alimentaria no suelen aparecer en las noticias. Los Centros para el Control y la Prevención de Enfermedades (CDC) registraron en 2007 5.000 muertes al año en EE.UU. por intoxicación alimentaria. Muchas de estas muertes se producen en personas muy jóvenes o muy ancianas o aquellas con la capacidad inmune comprometida. Basándose en esta frecuencia de incidencia, esto significa que en Estados Unidos las probabilidades de morir por intoxicación alimentaria en cualquier comida son de una entre 73 millones. Sin duda, existen numerosos comensales no declarados que pasan una noche de gran sufrimiento debido a una manipulación inadecuada de los alimentos, pero en un día vuelven a su rutina normal. Sin embargo, creo que usted comprende el punto. En los Estados Unidos se comen muchas comidas sin ninguna calamidad digestiva. Es un suministro de alimentos increíblemente seguro. Pero también, parte de la razón es que los mamíferos tienen un tracto gastrointestinal duro y resistente. Por naturaleza, incorpora una defensa inmune muy resistente que se ha perfeccionado durante miles de millones de años de evolución.

El tracto gastrointestinal es en sí mismo una organización de tejidos específicos, y al igual que otros tejidos, como los músculos, los huesos o la piel, cuando se ve sometido a un desafío regular sufre hipertrofia o se hace más grande. Las manos pueden adquirir callosidades; los músculos se agrandan o los huesos se engrosan cuando están bajo un esfuerzo constante. El luchador de sumo o el jugador de fútbol profesional no son hombres con un tracto gastrointestinal normal y una masa corporal aumentada. Su tracto gastrointestinal también está agrandado. Lo mismo ocurre con el tracto gastrointestinal de cualquier persona que coma mucho, esté o no gorda. Sabemos que el tracto gastrointestinal de una vaca lechera que produce grandes cantidades de leche puede aumentar un 30% o más de su tamaño normal.

Menciono esto porque es un aspecto de la pérdida de peso y las dietas que pocos toman en cuenta. Una dieta exitosa no sólo incluye la eliminación del exceso de grasa corporal, sino que también requiere la reducción del tamaño del tracto gastrointestinal. Como cualquiera que empiece una dieta sabe, y quién de nosotros no lo ha hecho, el tracto gastrointestinal protesta enérgicamente este proceso. En el caso de los animales obesos a nuestro cargo y que elegimos poner a dieta, solemos hacer un mejor trabajo para superar sus retortijones de hambre que con nosotros mismos. Cuando un perro gordo está a dieta y pide comida, es exactamente igual a nuestra débil fuerza de voluntad que sabotea a tantos de nosotros cuando intentamos hacer dieta. Al igual que se requiere mucho trabajo en el gimnasio para construir unos bíceps potentes, la reducción del tracto gastrointestinal no se consigue sin dedicación.

Hemos hablado de los tractos gastrointestinales y de que todos ellos contienen una población perpetua de bacterias amistosas, que normalmente actúan como compañeros útiles en el proceso de digestión. Estas bacterias amistosas no parecen causar ninguna alarma a nivel celular, y la prodigiosa defensa inmune las deja en paz. En los herbívoros, el papel de las bacterias (y de algunos mohos y hongos) es ampliamente reconocido por su función esencial en la digestión. Las bacterias de estos animales obtienen un lugar cálido para vivir, al abrigo de todas las tormentas, y reciben una comida todos los días. A cambio, digieren parcialmente esta comida, enviando sus sobras al huésped, así como los subproductos metabólicos de su propio metabolismo. Todos los tractos gastrointestinales de los mamíferos albergan bacterias. A partir de ahí, los sistemas digestivos de los animales se dividen en aquellos en los que estas bacterias amistosas y útiles predominan en el extremo más alejado, como el nuestro o el de los perros, y todos los demás en los que las bacterias amistosas y esenciales predominan en el extremo anterior, como los herbívoros.

Como indicio de la eficacia de esta estrategia, consideremos la cucaracha, una de las criaturas más antiguas conocidas en el mundo, que ha permanecido básicamente sin cambios durante más de 300 millones de años. La Lucy primitiva y sus congéneres, el proverbial eslabón perdido de nuestra propia ascendencia, no tienen ni cuatro millones de años. Las cucarachas tienen una relación simbiótica con las bacterias de su intestino. La cucaracha madre inocula su caja de huevos para que las cucarachas bebés nazcan con la capacidad de uso inmediato de estas bacterias. Si esta caja de huevos se esteriliza de forma que se maten las bacterias, las cucarachas bebés nacen igualmente, pero mueren pronto de inanición.

Existen pruebas recientes de que las bacterias intestinales pueden estar implicadas en nuestro bienestar de formas que aún no sospechamos. Un artículo publicado en *Nature* en 2006 informaba acerca de una fracción de microbiota intestinal en ratones delgados que no se encontraba en sus hermanos obesos y que, al introducirse en los hermanos gordos, condujo a la pérdida de peso. Esto apunta a la posibilidad de que las personas delgadas tienen microbios intestinales que les ayudan a mantenerse delgadas, y las personas gordas tienen microbios intestinales que les ayudan a mantenerse gordas. De hecho, parece que cada vez se aprecia más el papel de los microbios intestinales en nuestro bienestar diario. Ahora se reconoce que hay más de 10 veces más células bacterianas en nuestro tracto gastrointestinal que en todo nuestro cuerpo y el material genético combinado de nuestras bacterias intestinales es más de 100 veces el de nuestro propio cuerpo. De todas estas bacterias, el 70% son completamente desconocidas en cuanto a sus requerimientos físicos o nutricionales. Parece que existe un núcleo de bacterias comunes en casi todo el mundo, pero también hay especies individuales particulares, de manera que la microbiota intestinal de cada persona es única para ella, tal como una huella dactilar.

La clasificación de los diferentes sistemas digestivos de los animales tiende a ser paralela a la relación que un animal tiene con las bacterias. A continuación, hacemos un resumen de la clasificación digestiva del Capítulo 2. A grandes rasgos, el mundo se divide en monogástricos y herbívoros. Los monogástricos, como lo indica la palabra, tienen un solo estómago. Las personas, los perros y los gatos son monogástricos. Los herbívoros suelen tener la adaptación de una gran zona de retención en algún punto de la primera mitad del tracto digestivo que sirve como un tanque de fermentación en el que las bacterias descomponen las fibras vegetales. Los herbívoros forman un grupo muy diverso e incluyen al ganado vacuno, las ovejas, las cabras, los ciervos, los caballos y los conejos, por mencionar algunos de los más obvios. Este grupo también incluye a los elefantes, a ciertos primates (los llamados comedores de hojas), a los canguros, a los ñus y a las gacelas, por mencionar algunos que quizá no se le ocurran. La principal razón por la que la clasificación es tan amplia es porque la masa terrestre del mundo está cubierta de plantas que capturan perpetuamente la energía del sol y son una comida infalible si se puede sobrevivir con ella. La sequía, por supuesto, puede ser un problema, pero hay adaptaciones para ello, como la migración. Como las plantas son tan fiables, la evolución favoreció el ascenso de los animales que podían sobrevivir utilizando las plantas como alimento. Como las plantas son tan ubicuas y abundantes, hay muchos animales que se alimentan de ellas. Como las plantas no son particularmente densas en concentraciones de proteínas o energía, los herbívoros tienen adaptaciones de gran tamaño en el tracto gastrointestinal para permitir el consumo de grandes cantidades de plantas. Un herbívoro de 550 kg de peso de las llanuras del Serengeti puede consumir hasta 68 kg de forraje en un día. En Australia, un laboratorio verdaderamente fascinante de la evolución darwiniana, no había herbívoros tradicionales, por lo que este vacío fue llenado por el canguro y sus parientes. (Véase la discusión acerca de la fibra en el Capítulo 2 sobre los conejos en Australia).

Los herbívoros del mundo son el banquete privado del carnívoro, que cosecha intermitentemente pequeñas cantidades de herbívoros que cosechan perpetuamente grandes cantidades de plantas. A nivel celular, los carnívoros y los herbívoros no tienen necesidades nutricionales muy diferentes. Tal y como se ha organizado el mundo, básicamente el carnívoro deja que el herbívoro se encargue del pastoreo. Cuando una manada de leones ha matado un ñu y se ha dado un festín, no deja nada. Esto no significa que se coman toda la carne y dejen los huesos y las vísceras para las hienas y los buitres, aunque estos picapleitos de las llanuras son unos ladrones infames en cualquier matanza. Los leones se lo comen todo, si tienen la oportunidad, y al hacerlo, obtienen todo el beneficio de lo que ha comido el herbívoro. Esto permite al carnívoro obtener nutrientes esenciales que no se encuentran en el tejido cárnico puro, y que incluirían nutrientes como la vitamina E que abunda en las plantas y, por tanto, en el contenido intestinal de los herbívoros. El tejido de la carne es lamentablemente escaso en calcio, por lo que comer huesos satisface esta necesidad. El contenido intestinal también proporciona una rica fuente de vitaminas B, producidas por las bacterias del tracto gastrointestinal de los herbívoros. Aquí vemos al menos parte de la atracción que siente su perro por las heces de los caballos, un comportamiento que horroriza a muchas personas, pero que no sólo es inofensivo, sino incluso beneficioso. En el Capítulo 10 se habla más sobre las vitaminas.

ANATOMÍA DE UN ANIMAL CON UN SOLO ESTÓMAGO

La Figura 12 representa la anatomía de un monogástrico como el hombre, y la Figura 13 muestra la anatomía digestiva del perro. El alimento se lleva a la boca, donde se mastica hasta producir trozos más pequeños y se mezcla con la saliva, que añade enzimas y facilita la deglución. La comida pasa al estómago, que tiene un pH ácido de 2 a 3 debido a la secreción de ácido clorhídrico, letal para muchas bacterias. El estómago mezcla los alimentos y los pasa al intestino delgado, donde tiene lugar la mayor parte de la degradación y absorción de los nutrientes. A lo largo del tracto gastrointestinal, el moco protege al intestino de la abrasión por las partículas de los alimentos y también de la autodigestión debido a todas las potentes secreciones enzimáticas, diseñadas con precisión para atacar los tejidos. Todo el proceso de la digestión se ve favorecido por las enzimas y, de hecho, sólo es posible gracias a ellas.

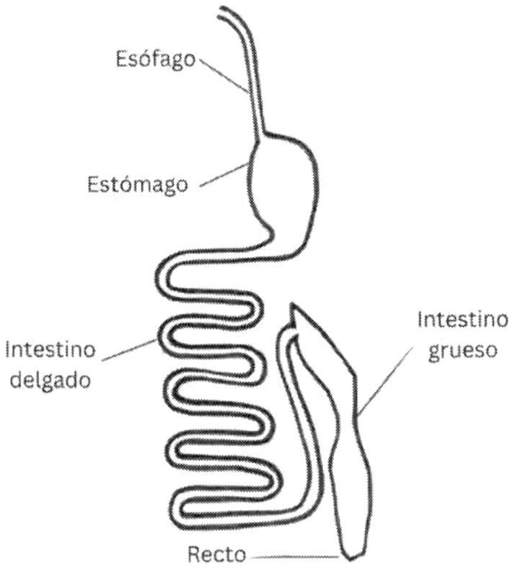

Figura 12. *Anatomía del tracto digestivo del ser humano (monogástrico)*

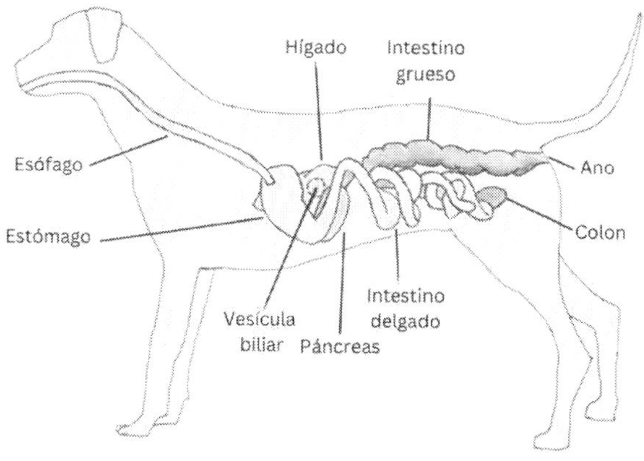

Figura 13. *Anatomía digestiva de un perro*

El intestino delgado y las glándulas accesorias secretan muchas enzimas que hacen todo el trabajo pesado de la digestión. Estas enzimas son bastante específicas en su trabajo, algunas descomponen las grasas, otras las proteínas, algunas las cadenas largas de unidades de carbohidratos, otras las cadenas cortas de unidades de carbohidratos. Algunas atacan el final de las cadenas de aminoácidos de las proteínas, mientras que otras atacan las proteínas en aminoácidos específicos. En resumen, es una demostración maravillosa y gráfica de la complejidad y la belleza del proceso de la vida, y este pequeño párrafo abarca lo que sólo se puede abarcar adecuadamente en varios volúmenes. La digestión consta en realidad de numerosos pasos. Cada uno de estos pasos recluta diferentes enzimas y proteínas transportadoras. Esto implica a su vez la activación de sitios receptores, la activación de genes que pueden, a su vez, activar otros genes, la transcripción del ARN mensajero y la síntesis de proteínas (enzimas).

Es posible que el ejemplo de una enzima les resulte familiar a algunas personas. La lactasa, mencionada en el apartado sobre los carbohidratos, es una enzima que ayuda a digerir el azúcar de la leche, la lactosa. A veces se argumenta que los mamíferos no están destinados, y por lo tanto no están diseñados, para consumir leche después del destete, y por lo tanto es lógico, dice el argumento, que la enzima esté programada para desaparecer después del destete. Hay algunas personas y animales domésticos que tienen intolerancia a la lactosa, pero la mayoría de los individuos disfrutan de los productos lácteos durante toda su vida. Ciertas enzimas, denominadas inducibles, surgen o se fabrican en el momento en que la sustancia que digieren aparece en el intestino. Posiblemente esto es cierto para la lactasa, en cuyo caso estaría indicado un poco de leche todo el tiempo. En la medida en que la leche es un alimento de buena calidad, puede que esto no sea una mala idea. La leche es lo único que recogemos de la naturaleza que ha sido diseñado expresamente para ser un alimento, y es el alimento más perfecto de la naturaleza. Se reconoce que existe un grupo pequeño pero ferviente anti-leche, independiente incluso de los veganos y vegetarianos. En su vehemencia, estas personas tienden a sufrir de una selección de datos chovinista y estrecha de miras. El tema de la leche podría ser un volumen entero en sí mismo. De hecho, en este caso, tal libro fue escrito por mi padre, Stuart Patton, en 2004.

El páncreas secreta un fuerte tampón hacia el intestino para contrarrestar la acidez del contenido del estómago que entra en el intestino delgado, aumentando el pH. En el intestino grueso, es normal un pH cercano a 7,0 (neutro). El páncreas proporciona enzimas para la digestión de cada uno de los tres componentes principales de los alimentos: proteínas, grasas y carbohidratos. El otro componente principal de los alimentos, la fibra, no es digerido por ninguna enzima de los mamíferos. Las bacterias del intestino secretan enzimas que digieren la fibra y son responsables de la fibra que digieren los monogástricos.

La batería de enzimas producida por el páncreas se mantiene

inactiva e ineficaz mientras está en el páncreas gracias a un compuesto denominado inhibidor de la tripsina. Una vez en el intestino, el inhibidor de la tripsina se desactiva, permitiendo que las enzimas se activen. El inhibidor de la tripsina desempeña un papel fundamental, ya que, de lo contrario, estas enzimas digerirían al propio páncreas. En algunos casos de lesiones graves en el páncreas (un accidente de coche, la patada de un caballo), esto es exactamente lo que ocurre. Se trata de una enfermedad llamada pancreatitis aguda, que puede ser mortal.

Otro ejemplo de la eficacia de las enzimas del tracto gastrointestinal es el de los digeridos enzimáticos utilizados en la industria alimentaria para perros y gatos. En un proceso denominado autólisis, los intestinos y su contenido se colocan en una gran olla con otros residuos de la industria alimentaria, como trozos de carne y recortes de carcasas. El pH se ajusta a medida que la temperatura aumenta hasta el rango óptimo de las enzimas, esencialmente la temperatura corporal, y de repente, en aproximadamente un minuto, toda la olla se convierte en líquido. No queda ningún tejido, ya que ha sido digerido por las enzimas optimizadas. Este líquido se seca y se vende a un alto precio para su uso como ingrediente en los alimentos para mascotas. Se espolvorea en pequeñas cantidades sobre el exterior de una croqueta recubierta de grasa, y tiene un precio elevado porque tiene un alto contenido de proteína y grasas, y a los perros y gatos les encanta su sabor. El ablandador de carne, un condimento de cocina habitual, es una enzima.

A diferencia de las enzimas del páncreas, que se secretan hacia el contenido del tracto gastrointestinal, la mayoría de las enzimas del intestino delgado se encuentran en las células epiteliales que recubren la pared intestinal y actúan sobre los sustratos alimentarios a medida que son absorbidos por estas células. Estas células epiteliales se desprenden y se sustituyen rápidamente para permitir la rápida reparación de cualquier daño intestinal, lo que convierte al tracto gastrointestinal en un órgano de mantenimiento complejo.

En el intestino grueso, la siguiente y última parada de nuestro recorrido, no se encuentran muchas enzimas. Una de las principales funciones del intestino grueso es la regulación del agua. Los anfibios pasan más tiempo en el agua, por lo que tienen un intestino grueso relativamente poco desarrollado, ya que la retención de agua es menos crítica para ellos. Sin embargo, a medida que la evolución avanzó y los anfibios se arrastraron hacia la tierra y se convirtieron en reptiles, el intestino grueso aumentó de tamaño para adaptarse a la nueva necesidad de conservar el agua. Normalmente, el material que entra en el intestino grueso es bastante fluido, y el agua es absorbida de vuelta hacia el organismo por el intestino grueso, proporcionando un medio de conservación de este nutriente tan esencial, y haciendo heces más secas. El intestino grueso también es experto en la reabsorción de sodio, hasta el punto de que las heces están esencialmente desprovistas de sodio, incluso con una dieta alta en sal. El intestino grueso también puede secretar cantidades significativas de agua hacia el intestino, como ocurre en los casos de infección bacteriana o intoxicación alimentaria. La diarrea resultante es angustiosa, pero acelera la curación, con el consiguiente lavado de los irritantes y agentes agresores. Las numerosas bacterias del intestino grueso son también una fuente importante de vitamina K y vitaminas B, que pueden ser absorbidas por su huésped. Las heces normales de los monogástricos tienen un 30% de bacterias en base a peso seco.

ANATOMÍA DE LOS COMEDORES DE PLANTAS

La Figura 14 muestra la disposición anatómica básica del tracto gastrointestinal de los rumiantes. Es diferente al del caballo, del que se habla en la última sección de este capítulo y más adelante en un capítulo específico. Los rumiantes ocupan un nicho específico en el mundo, puesto que al comer plantas viven de una fuente de alimento que los monogástricos no pueden digerir. Por supuesto, las personas comen maíz y verduras, y los cerdos pueden comer alfalfa, pero sólo los herbívoros pueden comer sólo hierba y prosperar. Esto es importante por varias razones.

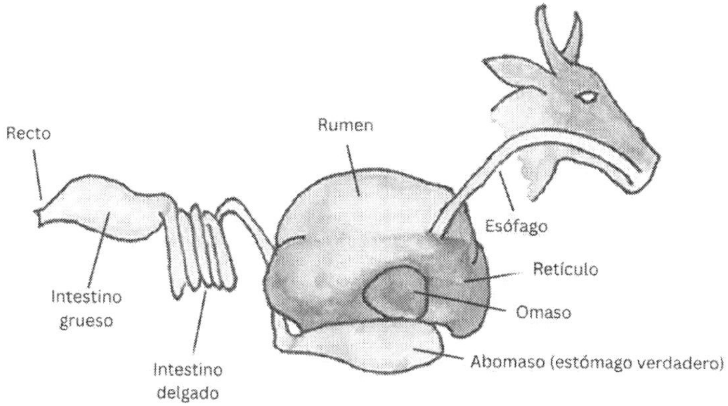

Figura 14. *Diagrama de la anatomía de un herbívoro como la vaca*

Al subsistir a base de plantas, el rumiante ha eliminado a todos los monogástricos de sus competidores, pero aún más importante es que el rumiante no necesita competir con el hombre por ningún alimento. Esto no es cierto para el cerdo y el pollo, que son monogástricos y no tienen mayor capacidad de digerir la paja de trigo que el ser humano. A medida que la población continúa creciendo y, lo que es más importante, a medida que los gustos y los medios de la gente permitan la inclusión de más proteínas animales, la presión sobre la tierra fértil para cultivar alimentos para pollos y cerdos no hará más que aumentar. Cada vez será menos factible cultivar el forraje de los rumiantes en un suelo rico en el que también se puedan cultivar los alimentos para humanos o los que necesitan los pollos (una fuente tanto de carne como de huevos) y los cerdos.

Los rumiantes se verán relegados a las estepas y llanuras del mundo, donde el clima y la altitud son demasiado extremos para cultivar verduras o alimentos para pollos, pero lo suficientemente adecuados para cultivar forraje para herbívoros.

En la actualidad, sobre todo en Norteamérica, se dedica una gran cantidad de superficie al cultivo de forraje y cereales para los rumiantes. Estos cultivos incluyen la alfalfa, el maíz, el trigo, la avena, la cebada y el maíz para ensilaje, y se cultivan en suelos que también pueden utilizarse para cultivar tomates, brócoli, zanahorias o ajo, todos ellos alimentos que en el futuro darán mucho más rendimiento por unidad de tierra que los alimentos para animales. Si todas las vacas fueran relegadas a las tierras altas de las regiones montañosas, más áridas y menos fértiles, la eficacia y la producción individual de los animales sin duda disminuiría, pero el rendimiento por unidad de producción para el propietario del animal aumentaría proporcionalmente, de acuerdo con las leyes de la oferta y la demanda, y la inelasticidad de la demanda de carne y leche. La fuerza innata del rumiante, que implica la capacidad para subsistir con pastos y ramoneo de bajo contenido en nutrientes, será la razón por la que se le destierre de las tierras bajas ricas en nutrientes, y la razón por la que sobrevivirá cuando se le destierre.

Como tutor de un animal de compañía, probablemente se pregunte ¿qué importancia tiene todo esto para mí? Tal vez usted no cultive, ni consuma mucha carne, lácteos o huevos. La importancia de la industria cárnica para el tutor de un animal de compañía promedio es económica. El 40% del peso de un cerdo o una vaca sacrificados no se convierte en alimento para las personas. Es un subproducto, la mayor parte del cual se destina a la alimentación de los animales de compañía. En este sentido, la industria de alimentos para mascotas mantiene el precio de la carne, la leche y los huevos más bajo para el consumidor. La razón es que los alimentos para mascotas ofrecen un lugar para vender subproductos que, de otro modo, serían un gasto de eliminación que tendría que ser absorbido por la parte de la empresa dedicada a la alimentación humana.

El rumiante, como todos sabemos, come hierba, o si es un explorador, más bien arbustos y pequeños matorrales. Este forraje, después de una somera masticación, se traga y pasa al primer estómago, el rumen. El rumen es una gran cuba de fermentación llena de miles de millones de bacterias. En la vaca de carne adulta, tiene una capacidad de 150 litros (40 galones). Estas bacterias prosperan con el forraje que se les envía y, en el proceso de digestión, producen metabolitos que el rumiante utiliza. Algunos ejemplos de estos metabolitos son los ácidos grasos volátiles, como el acetato (vinagre), el propionato y el butirato, que atraviesan la pared del rumen y son transportados por la sangre hasta el hígado, donde se convierten en nutrientes utilizados por el huésped. Los herbívoros producen una cantidad pequeña pero medible de metano, y algunos ecologistas lo señalan como una carga para el medio ambiente, pero en realidad, la cantidad de metano de las vacas es intrascendente en comparación con la emitida por las ciénagas.

Además de masticar su comida, el rumiante también lleva a cabo una remasticación exhaustiva. El alimento, cuando es ingerido y tragado por primera vez, suele ser masticado sólo en parte. Esto permite comer más alimento en un periodo de tiempo determinado, lo que es una ventaja para una especie de presa, pero requiere un procesamiento posterior. Esto es lo que hace el rumiante más tarde, cuando se tumba tranquilamente en la sombra. La técnica se denomina rumia, y consiste en eructar un bolo de forraje y masticarlo, esta vez completamente, para luego volver a tragarlo. Las partículas de alimento más grandes, las que necesitan una masticación adicional, flotan en la parte superior del lecho de forraje en el rumen y son las partículas que se eructan (nombre dado a cuando un rumiante lleva un bolo de alimento desde su rumen a la boca). En un momento dado, en un grupo de rumiantes en reposo se puede ver a aproximadamente un tercio de ellos masticando el denominado bolo alimenticio, o rumiando.

Se dice que el rumiante típico tiene cuatro estómagos. Después del rumen, una parte del cual se denomina retículo y se considera el segundo estómago, el alimento pasa al omaso y luego al abomaso, el verdadero estómago. La función básica del rumen es actuar como un empleado de admisiones, dejando pasar el alimento hacia una mayor digestión o reteniendo cualquier alimento que necesite una descomposición adicional. En la mayoría de los casos, esto se hace en función del tamaño físico de las partículas, ya que las más pequeñas caen al suelo del rumen y salen por la abertura hacia el omaso. Las partículas más grandes tienden a flotar en la parte superior del contenido del rumen y son enviadas de nuevo a los dientes para su trituración adicional. En la mayoría de los herbívoros que pastan, el forraje permanece en el rumen de 24 a 48 horas. El tiempo de retención en el estómago de los perros es de un par de horas.

El alimento sale del omaso y entra en el abomaso, el órgano análogo al estómago de otros animales. De hecho, mientras se sigue amamantando, el rumiante es un verdadero y completo monogástrico, y el abomaso es el estómago donde la leche se cuaja con ácido y enzimas, igual que en todos los mamíferos. Alrededor de las seis semanas de edad, el joven rumiante comienza a mordisquear hierba y el rumen no tarda en nacer espontáneamente, siempre que se hayan consumido las bacterias adecuadas. Si un rumiante se mantiene a base de leche, alimentándose de un biberón, alcanzaría el tamaño adulto, pero nunca desarrollaría su rumen. Si de adulto se le ofrece leche de biberón, el acto de mamar del biberón provoca un cierre reflejo del paso al rumen, desviando el líquido mamado directamente al abomaso. La capacidad refleja de desvío selectivo hacia el abomaso parece conservarse en algunos herbívoros cuando son adultos. Una vez pasado el rumen, la fisiología digestiva es similar entre el rumiante y el monogástrico, con el intestino delgado y sus glándulas accesorias, y el intestino grueso, desempeñando prácticamente el mismo papel.

La figura 15 es un esquema del tracto digestivo del caballo. El equino pertenece a una clase de herbívoro denominada fermentador del intestino posterior, que hace hincapié en una ingesta de alimento alta para compensar la baja densidad de nutrientes del mismo. El elefante y el rinoceronte pertenecen a este grupo. En el caballo no hay panza o rumen antes del intestino delgado. En cambio, la digestión principal de la fibra se produce después del intestino delgado, en el ciego y el intestino grueso, o colon, donde abundan las bacterias que digieren la fibra. Al combinar una agilidad superior y, por lo tanto, buena capacidad de recolección de alimentos, con una capacidad de digestión de la fibra eficaz, el caballo es un superviviente muy hábil. El caballo se trata en detalle en el Capítulo 8.

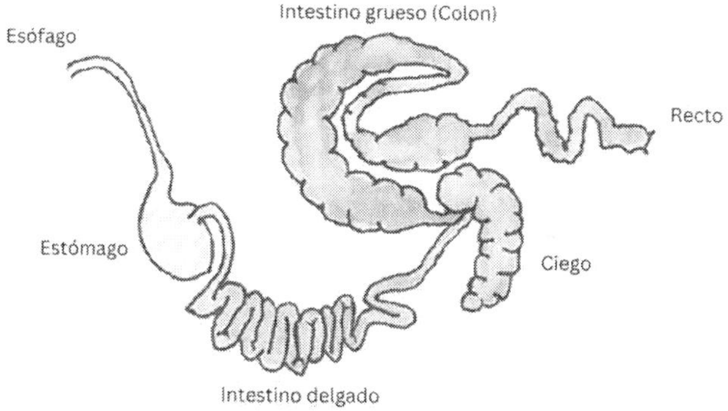

Figura 15. *Anatomía del tracto digestivo del caballo. Obsérvese la proximidad existente entre el final del intestino delgado, el comienzo del intestino grueso y el ciego*

REFERENCIAS

La superficie de nuestro tracto gastrointestinal (...) Helander, HF, y Fändriks L. 2014. Surface area of the digestive tract-revisited. Scand. J. Gastroenterol. 49:681-689.

5.000 intoxicaciones alimentarias al año (...) Centers for Disease Control. 2007. Atlanta, GA. www.cdc.gov/ncidod/eid/vol5no5/mead.htm

Fracciones de microbios intestinales en ratones flacos (...) Turnbaugh PJ, Ley RE, Mahowald MA, Magrini V, Mardis ER, Gordon JI. 2006. An obesity-associated gut microbe with increased capacity for energy harvest. Nature (21/28 de diciembre). 444:1027-1031. (véase también la página 1022, Human gut microbes associate with obesity, de los mismos autores).

El ADN en nuestro intestino es más de 100 veces mayor que el de nuestro cuerpo (...) Lenoir-Wijnkoop I, Sanders ME, Cabana MD, et al. 2007. Probiotic and Prebiotic Influence Beyond the Intestinal Tract. Nutr. Rev. 65: 469-489.

Libro escrito por mi padre (...) Patton, S. 2004. Milk. Its Remarkable Contribution to Human Health and Well-being. Transaction Publishers. New Brunswick (EE.UU.) y Londres (Reino Unido).

6
NUTRICIÓN Y COMPORTAMIENTO ANIMAL

El comportamiento de los animales puede ser muy sutil y, sin embargo, tener un efecto dramático en su bienestar. Me encontraba en la exhibición de grandes felinos en el zoológico de Woodland Park, en Seattle, con el fallecido Dr. Jim Foster, cuando me pidió que observara a una gata que estaba acobardada en un rincón, pero miré al animal equivocado. Entonces me dirigió la mirada hacia una gran gata escondida detrás de unos troncos, que estaba realmente aterrorizada, con las orejas hacia atrás y los ojos mirando con ira al veterinario. Jim me explicó que, aunque hubiera 200 personas mirando la exhibición, el gato se escondía cuando lo veía. Me dijo que el gato no tenía ningún problema y que él nunca lo había tocado. Pero luego señaló a una hembra mayor a la que a menudo anestesiaba para darle tratamiento médico. Durante estos tratamientos, cada vez que esta gata veía venir al Dr. Foster, se ponía nerviosa y procedía a dar zarpazos a la otra gata. La otra gata nunca supo por qué, pero cada vez que el Dr. Foster se acercaba, ella recibía los zarpazos de la paciente a tratar. Una vez completamente curada, la hembra mayor había superado cualquier preocupación por la proximidad del veterinario, pero la otra gata parecía haber quedado aterrorizada de por vida: un ejemplo dramático del efecto sutil del comportamiento y el condicionamiento en los animales.

Cuando tenemos en cuenta que los problemas de nutrición son muy raros en la naturaleza, resulta curioso que sean frecuentes entre los animales en cautiverio. Esto es aplicable a numerosas especies. Las aves exóticas pueden sufrir una enfermedad de almacenamiento de hierro de causa desconocida, los caballos pueden padecer debilidad en las patas, las vacas pueden sufrir de flemón coronario en las patas, los gatos pueden desarrollar urolitiasis, los perros pueden tener displasia de cadera y los peces tropicales pueden sufrir enfermedades infecciosas. Todos estos animales parecen tener problemas de obesidad y reproductivos. El denominador común entre ellos es la domesticación, o para ser más precisos, la alteración del comportamiento natural causada por la intervención humana.

Incluso en el caso de las personas, hay evidencia que sugiere que la alteración del comportamiento natural está relacionada con la pérdida de salud. Como se ha demostrado en los registros arqueológicos, antes de la revolución agrícola hace 10.000 años, había pocos casos de malnutrición entre la población. A veces se podían encontrar deficiencias en la dieta, pero los problemas debidos a una ingesta desequilibrada de nutrientes eran raros. Después de la domesticación de los cultivos, los restos óseos muestran signos frecuentes de malnutrición. Actualmente, se considera un hecho que la dieta moderna es desequilibrada, pero se ignora erróneamente la importancia del comportamiento alimentario relacionado con la dieta primitiva.

Aparte de la composición de los nutrientes, la búsqueda de alimentos realiza tres funciones fundamentales: mejora la forma física, quema calorías y proporciona sustento en pequeñas cantidades frecuentes. Ingerir la cantidad diaria de calorías de una sola vez puede provocar una respuesta endocrina perjudicial que no se produciría si se ingirieran las mismas calorías de manera lenta a lo largo del día. El comportamiento puede marcar la diferencia.

La gran mayoría de los problemas nutricionales que presentan los animales son causados por las personas, ya sea porque los aman hasta la muerte o por ignorancia, o ambas. Hay que reconocer que lo que más desean las personas es proporcionar la dieta adecuada a sus animales, pero les falta información. Todos los nutricionistas de los zoológicos tienen la ambición de ofrecer una alimentación adecuada, y se basan en lo que las especies comen en la naturaleza como una guía. Sin embargo, esto puede resultar imposible de lograr.

Tomemos como ejemplo los elefantes de un zoológico urbano. Si se los soltara en los parques de la ciudad, incluso una pequeña manada de elefantes arrasaría con todos los árboles y arbustos a la vista en un verano, y, por supuesto, no tendrían forraje fresco en invierno. Por lo tanto, se llega a un compromiso. Alimentar a los elefantes con heno de hierba los mantendrá con vida, pero es un triste sustituto del forraje fresco diario. Gracias a la exquisita capacidad de adaptación presente en todas las especies, los elefantes sobreviven, pero ¿prosperan? Si se pretende que los elefantes vivan 50 años en cautiverio, como en la naturaleza, una dieta de heno de hierba es contraproducente. Los informes citados por Crawford indican que los elefantes relegados a la hierba de las llanuras en África sufren de endurecimiento de las arterias, una aflicción inexistente en los elefantes de la selva.

Se tiende a pensar en el comportamiento como una decisión consciente que implica aspectos como la gratificación retardada, el estímulo-recompensa o la priorización de los deseos. La palabra comportamiento se asocia fácilmente con palabras como agresivo, amistoso o sumiso, cada una de ellas vista como una elección consciente. Pero la palabra comportamiento se invoca con la misma facilidad para el apareamiento. Un perro macho que se acerca a una hembra en celo tiene muy pocas opciones en cuanto al comportamiento que la hembra le provoca. No hay una distinción clara entre comportamiento y fisiología. Un perro macho al que se le impide olfatear obsesivamente tras una hembra en celo mediante meras órdenes de voz, se denomina indistintamente "bien adiestrado" o "bien educado". Gran parte de lo que se denomina comportamiento es el entrenamiento para suprimir lo que es impulsado por la fisiología normal, a menudo denominado comportamiento innato. En más de una ocasión he observado cómo un puma devora una caja torácica entera, aplastando fácilmente los huesos planos, para luego retirarse a otro lugar y regurgitar toda la comida, que luego vuelve a consumir a placer. Relacionado con esto está el hábito que muchos han observado, tanto en perros como en gatos, de comer hierba. Nunca he encontrado una explicación creíble para esto, pero lo acepto como un comportamiento normal, a veces asociado a la inducción de la regurgitación.

¿Cómo se comportan los perros y los gatos cuando son libres de ser ellos mismos? Los caninos en libertad no esperan durante 10 horas en su guarida a que sus tutores vuelvan a casa y les den su única comida del día. Los perros salvajes no hacen ejercicio durante sólo 20 minutos al día y orinan y defecan sólo una vez al día durante estos 20 minutos. Los sabuesos cazadores de zorro corren habitualmente 40 kilómetros en tres horas. Los perros de trineo queman 11.000 calorías al día. No sugiero que su perro necesite necesariamente esa cantidad de ejercicio, pero sí le pido que tenga en cuenta que los 20 minutos de juego activo de su perro mientras usted pasea por el parque no representan ni de lejos el potencial de un perro para hacer ejercicio.

En ausencia de intervención humana, los perros cazan en jauría y los gatos cazan solos (aunque los leones y a veces los guepardos son excepciones). Los gatos comen de 10 a 20 veces al día, tanto de día como de noche, mientras que los perros comen de cuatro a ocho veces, principalmente durante el día. Los gatos beben menos agua que los perros, aunque ambos reducen significativamente su ingesta si comen alimentos húmedos (con un 75% de humedad). Un informe sugiere que los gatos pueden mantener una hidratación normal con agua de mar. Esto podría estar relacionado de alguna manera con el metabolismo del gato, que no muestra antojos de sal, incluso cuando carece de sodio. Esto convierte al gato en una excepción dentro de la mayoría de las especies. Ni los perros ni los gatos tienen un ritmo circadiano claro. No duermen exclusivamente por la noche y se mueven durante el día, o al revés, como los murciélagos. Los gatos pueden ser activos por la noche, cazando roedores, y salir a cazar pájaros al día siguiente. Uno se pregunta si los coyotes alguna vez duermen, ya que se les oye aullar toda la noche y se les ve escabulléndose por todas partes al día siguiente.

Parece que la preferencia gustativa tanto en perros como en gatos no es una cuestión de aprender qué comer, sino todo lo contrario: aprender qué no comer, o la aversión al sabor (como ocurre con los caballos, que se tratan en el Capítulo 8). Este enfoque parece encajar bien con la estrategia más amplia de supervivencia de la especie, ya que es más exitoso considerar a cualquier animal o vegetal como comestibles y aprender las pocas excepciones.

Tanto los perros como los gatos alimentados con una sola dieta cuando son jóvenes crecen siendo inflexibles ante los cambios y son difíciles de convencer para que coman nuevos alimentos. Es aconsejable proporcionar diferentes marcas y tipos de alimentos (frescos, enlatados y secos) a los cachorros y gatitos, momento en el que son más oportunistas en su acercamiento a la comida. Si se les da variedad desde que son destetados, aceptan mucho mejor los distintos alimentos cuando son adultos. Por su dentición, los perros son más bien carnívoros, pero metabólicamente comparten ciertos rasgos con los omnívoros y los herbívoros, y son diferentes del gato. El perro, pero no el gato, puede convertir el β-caroteno en vitamina A, el triptófano en niacina, la cisteína en taurina y el linoleato en araquidonato (el Capítulo 9 sobre el gato tiene más información).

Tanto los perros como las ratas muestran una preferencia gustativa por las proteínas y son capaces de discernir entre alimentos bajos y altos en proteínas. Los gatos, por otro lado, no tienen esta capacidad, lo que puede parecer contradictorio a primera vista. Sin embargo, desde un punto de vista evolutivo, esto es lógico para un carnívoro que nunca ha comido nada que no sea rico en proteínas. Un carnívoro puede sufrir la falta de todos los nutrientes en tiempos difíciles, pero nunca la falta de proteínas en comparación con otros nutrientes. Tanto los perros como los gatos muestran una preferencia gustativa por las grasas, por ciertos péptidos en forma de hidrolizados enzimáticos espolvoreados sobre el exterior de los alimentos y por ciertos aminoácidos libres. A los perros les gusta el umami, un sabor relacionado con el glutamato monosódico (GMS).

El comportamiento es un componente importante de la nutrición, y quiero dar un ejemplo para ilustrarlo. Hace varios años, trabajé como consultor en un zoológico que tenía un grupo excelente de primates alojados en instalaciones que, aunque en su día eran modernas, se habían quedado anticuadas. Se construyeron en una época en la que la propagación de enfermedades entre personas y animales era una gran preocupación, por lo que los recintos de los animales estaban hechos de baldosas de cerámica y barreras de cristal u otros materiales que pudieran lavarse, limpiarse con una manguera y esterilizarse. El resultado fue un ambiente esterilizado para los animales. El grupo entero tenía un pelaje pobre, desde los pequeños capuchinos y tamarinos hasta los chimpancés. Inmediatamente sugerí aditivos alimentarios que siempre habían curado esos problemas, como zinc y cobre, tanto en forma de quelato como inorgánica, aminoácidos con azufre, gelatina, huevo deshidratado y el verdadero ganador, aceite de pescado (para los ácidos grasos omega-3). Pero no pasó nada. El manto no mejoró y siguió siendo seco, quebradizo y fino. La piel era escamosa y algunas especies con colas cubiertas de pelo largo parecían ratas. Estaba desconcertado porque mi tratamiento para el pelaje siempre había funcionado en el pasado.

Tiempo antes de esto, los cuidadores habían comenzado a poner heno por todo el suelo de concreto de las exhibiciones en un intento de suavizar la naturaleza carcelaria del espacio. Un día, un cuidador olvidó incluir los cacahuetes en la ración diaria y los arrojó tardíamente sobre el heno de cada exhibición. Los primates inmediatamente encontraron y comieron todos los cacahuetes. Pero luego los cuidadores notaron algo. Incluso después de haber encontrado y comido todos los cacahuetes, los monos siguieron buscándolos, como si estuvieran motivados por un impulso largamente reprimido de comportarse como monos. Los cuidadores, por supuesto, estaban encantados con este giro de los acontecimientos, ya que todos los profesionales del zoológico se preocupan por lograr un comportamiento normal en los individuos a su cargo. Todos los días echaban varios puñados de cacahuetes en el heno en el suelo de cada exhibición, y a cualquier hora se podía ver a los primates buscando cacahuetes en el heno. En una semana, los pelajes comenzaron a mejorar y en dos meses recuperaron todo su brillo. El nutriente esencial que faltaba era el comportamiento.

Los perros son omnívoros, es decir, pueden adoptar fácilmente una dieta omnívora. Si tiene dudas al respecto, acompáñeme a dar un paseo en cualquier dirección desde mi casa y le mostraré heces de coyote que contienen no sólo restos de ratón, sino también bayas de enebro, hierba, piñones, núcleos de manzana y envoltorios de caramelos. Es poco probable que el coyote encontrara todos estos alimentos en un solo lugar a las 6:30 de la tarde. En cambio, se movió durante toda la noche y posiblemente también durante el día, si hubiera sido necesario. Este es un comportamiento normal y primitivo para los caninos. En general, es mejor proporcionar a los perros comidas más pequeñas con mayor frecuencia.

Casi todo el mundo entrena a los animales con premios. Se recompensa el comportamiento deseado, o como los psicólogos lo llaman, se refuerza. Todos han oído hablar del perro de Pavlov y la conexión entre estímulo y respuesta. Los defensores de los derechos de los animales argumentan que nuestra incapacidad para entenderlos nos lleva a dominarlos a través de la modificación del comportamiento. Sin embargo, dentro de su mundo natural, sin ninguna intervención humana, el comportamiento es enfáticamente moldeado. La madre lobo castiga el mal comportamiento (refuerzo negativo) y fomenta el buen comportamiento (refuerzo positivo). Aprender qué comportamiento mejora la vida es la esencia misma de la supervivencia. La capacidad de discernir entre las acciones que mejoran la vida y las que la empeoran es instintiva en todas las criaturas. Incluso una ameba puede ser entrenada.

En el mundo del entrenamiento de animales, un estímulo es tan útil como el interés que tenga el animal por él. Por esta razón, los premios son una ayuda común en el entrenamiento, ya que la mayoría de los animales se interesan por la comida. Todos hemos visto a los entrenadores de animales en Sea World con su caja de premios a mano, y cómo los utilizan con frecuencia. Los cetreros también utilizan premios para entrenar a las rapaces. Sin embargo, la eficacia de este método de recompensa puede variar considerablemente.

Una vez tuve un sabueso, que aunque estuviera hambriento y tuvieras un filete crudo en la mano, no acudía cuando se le llamaba. Por otro lado, también tuvimos un pastor australiano que no atravesaba una puerta sin antes mirarte para pedirte permiso. La voluntad de complacer al tutor es un rasgo muy arraigado, un aspecto innato de la personalidad, y puede ser alto o bajo, incluso entre compañeros de camada. En consecuencia, el entrenador debe ser más o menos paciente según el comportamiento del animal.

Hay otra interfaz importante entre el comportamiento del animal y del entrenador que no es tan obvia. Las recompensas ocasionales son en realidad más eficaces que las constantes. Los profesionales dicen que "el refuerzo intermitente tarda más en extinguirse". Al principio, al moldear el comportamiento de su perro para que venga cuando se le llama, se le dan bocados con cada obediencia exitosa. Pero usted sabe que esto no puede durar toda la vida del perro. Pronto, la recompensa se reduce a una alabanza profusa, pero sin premio, y a su debido tiempo, la recompensa del perro es poco más que una palmadita en la cabeza o un roce superficial de las orejas. Si el perro recibe a veces un bocado cuando viene, y a veces no, está dispuesto a ver el proceso como una lotería, sabiendo que a veces no obtiene recompensa, pero que finalmente la recibirá si aguanta. Si una recompensa asegurada cesa repentinamente, el perro retrocede rápidamente en la formación de la conducta, ya que no ve ninguna razón para invertir en un esfuerzo sin recompensa.

El comportamiento puede ser mucho más sutil de lo que pensamos. Nuestros animales de compañía pueden saber de manera infalible, a través de la cadencia y la fuerza de nuestros pasos, si nos dirigimos al baño, al trabajo o a darles de comer. Para ellos, esto no es diferente a un anuncio por megafonía, pero para nosotros pasa desapercibido. Seabiscuit se convirtió en un caballo de carreras muy exitoso, pero no fue hasta que sus nuevos propietarios se dieron cuenta de que estaba haciendo exactamente para lo que le habían entrenado, empujar a otros favoritos en las carreras de entrenamiento, pero llegar él mismo en segundo lugar. Yo estuve a punto de rendirme en un esfuerzo fallido por entrenar a un caballo para que acudiera a mi silbato, sólo para enterarme de que el caballo de la cuadra de al lado lo había aprendido perfectamente. Las lecciones de comportamiento que aprendí de los osos polares y los primates fueron infinitamente esclarecedoras, una vez que superé la vergüenza.

Considero que ésta es una de las reglas más importantes del comportamiento animal: el mono entrena al cuidador, no el cuidador al mono. Puede ser sorprendente la rapidez con la que nuestros animales nos entrenan, incluso sin que nos demos cuenta. Una vez formulé una dieta para primates, presumiblemente equilibrada si se comía en su totalidad, que consistía en una deliciosa variedad de frutas, verduras y una galleta comercial. Los monos, por supuesto, preferían la fruta y la verdura, y dejaban sin comer la galleta, que era menos apetecible. De hecho, se dedicaron a lanzar las galletas a los cuidadores, junto con otros objetos que tenían a mano, como los excrementos. Los cuidadores no estaban dispuestos a malgastar el presupuesto del zoo, y mucho menos a tolerar semejante actividad de los monos, así que dejaron de ofrecerles la galleta. Los monos tardaron dos días en enseñar a los cuidadores a sustituir las galletas por más fruta.

Nuestros animales de compañía hacen lo mismo. Si no se comen la comida que les ofrecemos, nuestra primera inclinación es probar una comida diferente con la esperanza de que les guste más. Le prometo que si vuelve a ofrecerles la comida rechazada unas horas después, recibirá una consideración más cercana y, finalmente, se la comerán. Además, si hubiéramos aprendido lo suficiente sobre el concepto de palatabilidad para los perros, ¿por qué casi todos los perros se deleitan con las heces de caballo, cuanto más frescas mejor? Pocos de nosotros tenemos la determinación de aguantar más que nuestros animales de compañía, sobre todo cuando se dan cuenta de que si rechazan lo que les ofrece, les llevará algo diferente.

Una situación común que ejemplifica la solidaridad comunitaria es cuando los bomberos son llamados para rescatar un gato atrapado en un árbol. Recuerdo una vez haber presenciado un rescate de este tipo y haber hablado con uno de los bomberos, un veterano amable y experimentado. Me sorprendió que, en toda su carrera, nunca había encontrado un esqueleto de gato en un árbol. Los gatos encuentran la manera de bajar por sí mismos y ningún animal muere de hambre voluntariamente en presencia de algo que se parezca a la comida.

Una vez cambiamos la alimentación de un grupo entero de grandes felinos a una dieta seca, con una sola excepción. Los leones, los tigres y los leopardos se acostumbraron a las croquetas secas, aunque no les gustaban mucho, y mantuvieron su peso. Sin embargo, los gatos monteses no probaron ni un bocado de la dieta seca y empezaron a perder peso hasta que parecían sólo orejas y patas. Un día, un cuidador del zoológico me informó que había visto a los gatos monteses cazando pájaros cantores dentro de su recinto. Decidimos volver a darles a todos los felinos una dieta equilibrada de carne fresca. Habíamos demostrado nuestro punto de vista, y los gatos monteses el suyo.

Nuestros vecinos tenían una perra shih-tzu anciana y malhumorada que a menudo atacaba a los visitantes. Pero ellos la amaban. Le cocinaban pollo e hígado todos los días y estaban convencidos de que no comería nada más. Además, tenía una enfermedad debilitante y estaban seguros de que la medicación dos veces al día era esencial para su supervivencia. Un día, mientras un cuidador vigilaba la casa, la perra se escapó y desapareció. Los días de búsqueda frenética dieron paso a la triste resignación de que los coyotes la habían matado, una posibilidad muy real, y comenzó un largo periodo de duelo. Semanas después, la perra apareció en perfecto estado de salud. En nuestra comunidad de 100 casas a 50 km de cualquier lugar, nunca había sido vista. Se sospechaba que había estado viviendo sola en el alto desierto, pero, independientemente, no había comido pollo salteado dos veces al día ni tomado ningún medicamento. Rápidamente se le devolvió su régimen preciso de carne cocida y medicamentos, pero murió una semana después.

El secreto para tener una vida larga y productiva, tanto para nosotros como para nuestros animales de compañía, es ampliar aquellos comportamientos que añadan vitalidad y evitar aquellos que comprometan nuestro vigor. Este proceso requiere un razonamiento cuidadoso y una larga observación reflexiva, ya que el mundo está lleno de trampas siniestras como el azúcar, que sabe tan bien pero que conduce inexorablemente a la mala salud si se consume en exceso. Es importante evitar llegar a conclusiones precipitadas y vigilar constantemente los condicionamientos ocultos. ¿Cómo han aprovechado sus queridos perros y gatos el cariño que siente por ellos, para que los mate de tanto amor?

REFERENCIAS

Los elefantes de las llanuras sufren el endurecimiento de las arterias (...) Crawford, M., y D Marsh. 1989. The Driving Force. Food, evolution and the future. Harper and Row. Nueva York. pág. 143.

Los gatos pueden mantener una hidratación normal (...) Wolf, AV. 1959. Potability of sea water with special reference to the cat. Am. J. Physiol. 196: 663-641.

El gato no muestra deseo de sal (...) Yu, S., QR Rogers, JG Morris. 1997. Absence of a salt (NaCl) preference or appetite in sodium-replete or depleted kittens . Appetite 2: 1-10.

El perro y el gato no tienen ritmo circadiano (...) Hawkings, FM, C Lobban, K. Gamage, MJ Worms. 1971. Circadian rhythms (activity, temperature, urine and microfilariae) in dog, cat, hen, duck, Thamnomys y Gerbillus. J. Interdiscpl. Cycle Res. 2:455-473 (...)y Randall, W., RF Johnson, S Randall, TJ Cunningham. 1985. Circadian rhythms in food intake and activity in domestic cats. Behav. Neursci. 99: 1162-1175.

Difícil de incitar a comer nuevos alimentos (...) Kuo, ZY. 1967. The Dynamics of Behavior Development: An Epigenetic View. Random House. Nueva York.

Los gatos carecen de discriminación de proteínas (...) Cook, NE, QR Rogers, JG Morris. 1996. Acid-base balance affects dietary choice in cats. Appetite 26: 175-192.

Tanto los perros como los gatos muestran una preferencia por el sabor (...) Hargrove, DM, JG Morris, QR Rogers. 1994. Kittens choose a high lysine diet even when isoleucine and valine are the limiting amino acids. J. Nutr. 124: 689-693.

7
LA ALIMENTACIÓN DE MICROBIOS Y BACTERIAS

A medida que hemos perfeccionado la labranza del suelo, eliminando todas las plantas excepto una en una vasta extensión, parece que simultáneamente hemos diezmado la diversidad microbiana. Un campo de maíz tiene una sola especie de planta y alrededor de 200 especies de microbios en el suelo, mientras que la pradera autóctona de al lado tiene alrededor de 100 especies de plantas y hasta 8000 especies microbianas en el suelo. ¿Cuál podría ser la comparación entre la microbiota intestinal de una mascota casera que se alimenta de comida enlatada y la de un lobo o incluso un perro salvaje? El coyote pasa toda su vida en un suelo natural no perturbado, consumiendo bacterias por millones. La mascota casera vive toda su vida en una casa desinfectada comiendo comida esterilizada (si es enlatada).

Los microbios son de gran importancia para los programas de alimentación humana. El yogur está lleno de microbios. Los microbios nos dan la cerveza, el vino y los licores. Además de crear los pequeños discos azules que crecen en el queso del fondo de la nevera, los microbios hacen posible el pan y el chucrut. Los antiguos egipcios cambiaron completamente la agricultura y la domesticación de animales cuando inventaron el ensilaje, la conservación y el almacenamiento de cosechas húmedas mediante la fermentación de los microbios. Ya hemos mencionado el increíble número de microbios que hay en el intestino humano, que es más de 10 veces el número de células de todo nuestro cuerpo. No debería sorprendernos el añadir microbios o sus subproductos a los alimentos para animales. No sólo las tiendas de alimentos saludables y las farmacias, sino incluso las tiendas de alimentación de barrio, ofrecen innumerables oportunidades para comprar alimentos que contienen bacterias vivas. No es un gran salto para las personas que consumen probióticos ver el mérito de dar tales productos a sus perros y gatos.

La mayoría de la gente se siente cómoda con el concepto de dar microbios como alimento, o probióticos, como se les llama. Es común, por ejemplo, usar yogur para ayudar a la recuperación de un episodio de diarrea. Los lactobacilos del yogur, un producto lácteo cultivado, son considerados ampliamente como bacterias beneficiosas. A menudo, un médico receta una ronda de antibióticos orales y sugiere consumir posteriormente yogur o algún otro producto probiótico para ayudar a reparar el daño que el antibiótico ha causado a las bacterias amistosas del intestino.

Al principio de mi carrera, un joven vendedor vino a nuestros laboratorios para presentarme el producto de extracto de levadura de su empresa. Me mostró su producto con una pequeña demostración gráfica. Tomó uno de nuestros alimentos para perros y puso un poco en dos cuencos con agua. En un cuenco, agregó una cucharada del tamaño de un dedal de su extracto de levadura y, en pocos minutos, las croquetas se convirtieron en papilla. La comida en el otro cuenco que tenía sólo agua apenas cambió a lo largo de más de 30 minutos. Lo que estaba demostrando principalmente era el efecto de las enzimas.

Otra experiencia ilustrativa sobre la magia de las enzimas fue con un viejo caballo llamado, curiosamente, Marge. Marge era el caballo de escuela consumado, que tomaba al novato más tímido y le infundía confianza mientras hacía sabia y pacientemente lo que el instructor le pedía, a pesar de lo que el jinete confundido hiciera. Pero Marge había envejecido y se había debilitado tanto que nada de lo que hacíamos por él en términos de alimentación le permitía mantener su peso. Una de sus principales afecciones era que tenía muy pocos dientes. Agregamos un buen suplemento enzimático a su alimento y alargamos su vida útil y satisfactoria por más de un año. El producto contenía enzimas y bacterias que le ayudaban a digerir, o más correctamente, a pre-digerir el componente de fibra de su ración.

Durante muchos años, las etiquetas de los piensos han incluido largos y extraños nombres de probióticos mezclados en la fórmula. La mayoría de las personas han leído o al menos mirado estos términos, y han supuesto o esperado que los profesionales de la alimentación animal supieran lo que están haciendo. Ingredientes como *Lactobacillus acidophilus*, *Aspergillus oryzae* y *Bacillus subtilis* pueden sonar extraños, pero son sólo tres de los miles de microbios que existen. Aunque los funcionarios reguladores aplican estrictas directrices de seguridad en la alimentación animal en todos los lugares donde se aplica la ciencia, el problema es el vasto universo de lo desconocido sobre las bacterias. Cada bocado de alimento está cubierto de bacterias, lo que es parte del mundo en el que vivimos y sólo en raras ocasiones causa problemas. La amplia tolerancia de los animales a las bacterias ingeridas es la que permite a los vendedores de probióticos ofrecer sus productos, aunque a veces su afán empresarial supere su veracidad científica.

Imaginemos que nos enfocamos en uno de los nombres

latinos que aparecen en la etiqueta de un alimento, como *Aspergillus oryzae*, y seguimos su camino a través de la cadena de comercialización, preguntando a cada persona con la que nos encontramos: "¿Qué es este ingrediente? ¿Para qué sirve? ¿Existen pruebas de su eficacia?". Es probable que el vendedor no pueda responder a estas preguntas, y que el dueño de la tienda tampoco lo sepa. El fabricante y el director de marketing de la empresa probablemente nos remitirían al formulador o al nutricionista. El nutricionista, con suerte, tendría una idea general de por qué se incluyó este ingrediente, pero probablemente no tendría pruebas de su eficacia. Para obtener pruebas sólidas de eficacia, nuestra mejor opción sería acudir a la fuente del ingrediente, el mayorista de *Aspergillus oryzae*, quien podría buscar en sus archivos y producir artículos científicos sobre la alimentación de perros, gatos o caballos con *A. oryzae*. Sin embargo, esto no es muy probable. Probablemente nos remitirían al fabricante o al cultivador y cosechador del microbio. En este punto, nos alejamos aún más de nuestro objetivo, ya que esta última persona es un experto en el cultivo de bacterias y es poco probable que se preocupe por su efecto final en cada animal al que se dirigen sus numerosos clientes posteriores.

Los editores de *I,* una revista semanal de la agroindustria, han creado un compendio de todos los fabricantes conocidos y dispuestos a producir lo que ellos han clasificado como "microbios de alimentación directa" (MicrobialCompendium.com). Estos son suplementos de origen microbiano diseñados para alimentar a los animales, y existen empresas multinacionales que se dedican exclusivamente a producir y comercializar estos aditivos. Las categorías de estos productos incluyen bacterias, enzimas, mohos, oligosacáridos y levaduras, sumando un total de 588 productos enumerados en el compendio. Es posible que algunos de estos productos incluyan combinaciones de estas categorías y que algunas empresas no estén incluidas, lo que significa que puede haber alguna duplicación en este número. Sin embargo, el tamaño de este compendio demuestra que los aditivos microbianos son un segmento de mercado bien establecido que ha alcanzado su prominencia a través de la innovación genuina. Muchos de estos productos tienen un impacto útil y mensurable en las dietas de los animales. No obstante, los tutores de animales enfrentan el dilema de identificar los productos más beneficiosos (sorpresa, sorpresa).

PROBIÓTICOS

Actualmente, el término "probiótico" se utiliza con frecuencia, pero su significado puede variar según la fuente consultada. Existen varias definiciones oficiales del término, y los organismos reguladores competentes en Estados Unidos (FDA, CDC, USDA) no tienen un consenso total al respecto. Por lo tanto, es importante definir lo que significa realmente probiótico en este debate. Como su nombre indica, un probiótico es un microbio amistoso que se añade al alimento y que tiene un efecto beneficioso para la salud del animal. A diferencia de los antibióticos, que tienen un significado limitado, los probióticos tienen una definición más compleja. Algunas definiciones oficiales especifican que los probióticos deben ser "vivos". Sin embargo, existen productos eficaces que no contienen células vivas, sino extractos de las mismas que sirven como nutrientes o promueven el crecimiento de otros microbios. Los probióticos también pueden ser células microbianas atenuadas o latentes que se vuelven activas en el intestino. Además, la propia palabra "microbio" puede generar confusión, ya que la levadura, el moho, los hongos y las bacterias son todos microbios que pueden utilizarse como fuente de probióticos.

Por tanto, en un contexto más amplio, el término probiótico

puede referirse a muchas cosas, como nutrientes secos extraídos de la levadura, o bacterias muertas o mohos vivos. Para el propósito de esta discusión, definimos probiótico como cualquier tipo de microbio, vivo o muerto, entero o en parte, que cuando se da como alimento a un organismo vivo tiene efectos beneficiosos. Entiendo que las autoridades deben tener definiciones claras e inequívocas en el momento de la aplicación. Todos nos beneficiamos de ello. Pero, en realidad, a los tutores de animales les preocupa poco la descripción técnica de un aditivo y les interesa bastante su efecto. La toxina botulínica producida por clostridios vivos es terriblemente letal mucho después de que el microbio del que procede está muerto, un hecho que no consuela a nadie cuyo ser querido haya sido víctima de esta toxina. Entonces, ¿cómo se puede entender todo esto? No es fácil, ya que estos ingredientes, utilizados en cantidades minúsculas, pueden tener un efecto sutil.

Es importante buscar algunas medidas básicas para identificar los microbios presentes en un probiótico. La normativa específica establece que los microbios vivos o viables, como el *Lactobacillus acidophilus* o el *Enterococcus faecium*, deben aparecer en la etiqueta y su tasa de inclusión se explica mediante las unidades formadoras de colonias (UFC) que se añaden. Una UFC es una unidad reproducible de un microbio o espora que puede crecer en un medio de cultivo y formar una colonia completa de microbios idénticos y vivos. Sin embargo, en la práctica, esta medida no siempre se cumple adecuadamente. Una de las razones es que es una tarea onerosa para las autoridades y su implementación requiere de un laboratorio sofisticado y experimentado para separar las UFC de la etiqueta de las demás bacterias presentes en un alimento. Además, centrarse exclusivamente en las UFC puede aumentar la confusión, ya que existen numerosos probióticos que no están vivos ni son viables, pero que se venden en el mercado desde hace décadas. Estos productos son extractos de fermentación de microbios que contienen algunas o todas las partes del organismo, como el contenido celular o la pared celular, con o sin el contenido celular. Estos se clasifican comúnmente como prebióticos, de los que se hablará a continuación.

El tracto gastrointestinal, con su tejido linfoide asociado al intestino, como las amígdalas, las placas de Peyer y las adenoides, desempeña un papel fundamental en la defensa inmunológica del organismo. Esto no es sorprendente, ya que el intestino ha evolucionado y perfeccionado su capacidad para tolerar la ingesta de grandes cantidades de bacterias. El sistema inmune de todas las criaturas tiene una increíble y misteriosa capacidad conocida como "reconocimiento del yo", lo que evita que nuestro sistema inmune ataque a nuestras propias células. Su fracaso es un indicador fundamental de enfermedades autoinmunes de todo tipo. Sin embargo, esto nos lleva a una pregunta intrigante: ¿Cómo reconoce el poderoso sistema inmune del intestino a los millones de bacterias que residen allí como "amistosas"? ¿Y cómo distingue entre bacterias amistosas y patógenas?

El mecanismo aún no se conoce en su totalidad, pero los expertos en la materia están investigando discretamente los posibles beneficios de los probióticos en la respuesta inmune. Digo discretamente porque es importante mencionar que cualquier afirmación sobre los efectos en la salud de los probióticos debe ser demostrada de manera rigurosa y aprobada por la FDA, un proceso que puede ser largo, exigente y costoso. Sin embargo, Gloria Solano-Aguilar del ARS en Beltsville, MD, ha logrado avances significativos en esta área. Sus investigaciones han demostrado que la presencia de probióticos en el intestino de los cerdos mejora su respuesta inmune. Para obtener más información sobre los probióticos, *consulte la página 300 de las Notas Finales.*

La edad y el estado del animal pueden influir

significativamente sobre el efecto de un probiótico. Por lo tanto, el momento de la aplicación debe establecerse antes de su lanzamiento al mercado, ya que puede ser crucial. Mientras que algunos productos pueden funcionar en varias situaciones, la mayoría son bastante específicos en su uso. Algunos deben administrarse en el momento del nacimiento, y de hecho, es mejor alimentar a la madre antes del parto para que diminutas partículas de alimento y restos de heces contaminen el entorno con los microorganismos beneficiosos. De esta manera, el recién nacido consume el probiótico cuando se amamanta o cuando la madre lo lame. Otros probióticos sólo funcionan en animales en crecimiento o en animales enfermos. Además, algunos actúan en el intestino delgado, mientras que otros actúan en el colon. Asimismo, algunos sólo funcionan en animales maduros o en animales que viven en un entorno "sucio", como una tienda de animales en mal estado, o en animales sometidos a estrés, como después de una cirugía o en los que luchan por sobrevivir en un criadero de cachorros. Es importante recordar que "funcionar" significa mostrar un beneficio medible.

Como se mencionó anteriormente, existen productos en el mercado que han demostrado ser eficaces y que son objeto de la presente discusión, pero que no cumplen estrictamente con la definición de ser organismos vivos. Estos extractos de microbios, a menudo llamados productos de fermentación, podrían incluirse en la siguiente sección de la discusión, que trata sobre los prebióticos.

PREBIÓTICOS

Un prebiótico se considera generalmente un ingrediente que apoya o ayuda a un probiótico, o bacteria amistosa, que ya se encuentra en el intestino. Estas sustancias son menos estudiadas y pueden incluir compuestos vegetales o microbianos como la inulina y los oligosacáridos. Algunos extractos de microbios pueden entrar en esta categoría por defecto, simplemente porque no están vivos ni son viables y, por lo tanto, se excluyen de la definición de probiótico. Otros, en cambio, pertenecen a este grupo por definición. Un ejemplo serían los fructo-oligosacáridos, denominados FOS, que se encuentran en el ajo, los espárragos, las alcachofas y miles de otras plantas. Aunque no hay enzimas de mamíferos que descompongan esta molécula, cuando se da a los animales como alimento, incluidas las personas, este compuesto promueve el crecimiento en el intestino de bacterias especiales capaces de digerirlo. Se ha demostrado que estas bacterias o los FOS aportan beneficios, como la mejora de la salud del revestimiento epitelial del intestino. Además, se ha informado que reduce los patógenos intestinales y la flatulencia en los perros, lo cual es algo que muchos tutores de animales de compañía agradecerían.

La investigación ha demostrado que los animales alimentados con FOS presentan un aumento de las bacterias amistosas, menos patógenos, una mejor absorción de minerales y una mejora en el olor fecal. Otro prebiótico de creciente interés es el MOS (manano-oligosacárido). Se cree que los MOS participan activamente en la unión a patógenos en un proceso denominado exclusión competitiva, bien conocido por la industria farmacéutica. Se sospecha que los compuestos como el MOS, o las bacterias a las que promueven, ofrecen a las bacterias patógenas un sitio de unión y las acompañan a su perdición, o les niegan un sitio de unión, lo que hace que sean expulsadas del cuerpo.

Incluir MOS en un alimento para animales de compañía y alegar la exclusión competitiva puede llamar la atención de los organismos reguladores, ya que se considera una alegación de salud que no está permitida. Aunque es legal incluir MOS o ingredientes que los contengan en los alimentos para mascotas, no se puede hacer ninguna afirmación en la etiqueta sobre su capacidad para unirse a los patógenos. Sin embargo, las investigaciones en curso están descubriendo otros beneficios del MOS, lo que permitirá incluirlo en los alimentos para animales de compañía y destacar otros beneficios que pueden ser valiosos para los tutores de perros y gatos, como la reducción del mal olor de las heces.

Muchos están de acuerdo en que algunos prebióticos y probióticos administrados por vía oral son de alguna manera útiles, pero la comunidad científica está lejos de estar satisfecha con la cantidad de información publicada en revistas científicas de referencia sobre la mayoría de los productos. Falta conocimiento en cuanto a la ubicación del efecto en el intestino, tamaño y momento de administración de la dosis, o la edad y las circunstancias específicas del animal receptor. A pesar de ello, se puede confiar en que ningún prebiótico o probiótico perjudicial lleguará al mercado, y la mayoría son útiles en, al menos, algunas circunstancias. Los probióticos son similares a los medicamentos de prescripción, ya que los beneficios desaparecen una vez que se deja de administrarlos. Aunque hay algunos que pueden colonizar el intestino de manera permanente con una sola dosis, esto es bastante raro. Añadir un suplemento a un alimento comercial puede ser innecesario si ya se encuentra el suplemento en el alimento.

Los alimentos secos que enumeran los microbios en sus ingredientes y revelan el número de UFC añadidas, serían teóricamente mejores que los que no lo hacen. Lo mismo ocurre con los piensos que incluyen extracto de fermentación y que, correctamente, no mencionan las UFC, pero pueden ser igual de eficaces. Los productos enlatados que mencionan extractos de fermentación son sospechosos porque las temperaturas de cocción son tan altas que la mayoría de las enzimas se desnaturalizan. Sin embargo, si el criterio es sólo el recuento de UFC, el historial de cumplimiento de la etiqueta por parte de los productos que contienen probióticos no es tan maravilloso.

Comprar un suplemento independiente para añadir a la dieta tiene algunas ventajas. Puede ser agregado y retirado, lo que permite realizar observaciones casi científicas. El propietario de la mascota debe tener parámetros específicos para comparar, como la firmeza de las heces o la condición del pelaje. La falta de respuesta visible no significa necesariamente que el producto sea inútil. Cuanto más estresante o desafiante sea la circunstancia (postoperatorio, perrera abarrotada y sucia), mayor será la probabilidad de que la respuesta sea evidente. Los animales de compañía que comen dietas crudas o los que viven en libertad en granjas son menos propensos a mostrar una respuesta. Estos son los que tienen el hábito, como la mayoría de los perros, de saborear el estiércol de caballo, comer hierba y enviar miles de millones de bacterias a su sistema gastrointestinal.

REFERENCIAS

La pradera nativa justo al lado tiene 100 plantas (...) Horner-Devine et al. 2004. Proc. R. Soc. Lond. B 271:113-122. de Torsvik, et al. 2002. Prokaryotic Diversity. Science. 296:1064- 66.

Increíble número de microbios en el intestino humano (...) Lenoir-Wijnkoop, I., Sanders ME, Cabana MD, et al. 2007. Probiotic and Prebiotic influence beyond the intestinal tract. Nurtr. Rev. 65:469-489.

Explorar el beneficio de los probióticos en la respuesta inmune (...) Viera, A.T., Maura, F.S. Martins. 2013. The Role of Probiotics and Prebiotics in Gut Immunity. Front. Immunol. 4:4445. doi 10.3389/fimmu.2013.0045

Reducir los patógenos intestinales y las flatulencias (...) Terada A., H Hara, M Kataoka, T Mitsuoka. 1992. Effect of dietary lactosucrose on fecal flora and fecal metabolites of dogs. Microb. Ecol. Health Dis. 5:43-50 (...) y Terada, A., H Hara, S Kato, T Kimura, I Fujimoti, K Hara, T. Maruyama, T. Mitsuoka. 1993. Effect of lactosucrose (4-f-a-D-galactosylsucrose) on fecal flora and fecal putrefactive products of cats. J. Vet. Med. Sci. 55:291-295.

Alimentados con FOS han aumentado las bacterias amistosas (...) Wenk, C. 2006. en Recent advances in Pet Nutrition; p50-51. D.K. Laue y L.A. Tucker, eds. Nottingham University Press.

8
NUTRICIÓN DEL CABALLO: ESTOICA PERO FRÁGIL

El caballo es una auténtica maravilla de la resistencia. En un entorno tan duro como la Gran Cuenca de Nevada central, no sólo sobrevive, sino que prospera, produciendo crías a un ritmo con el que los propietarios de caballos sólo pueden soñar. Los mustang en libertad no muerden ni mastican los troncos de los árboles, no sufren rabdomiolisis, laminitis ni cólicos. A pesar de la falta de refugio, ni el frío extremo ni el calor intenso son un problema, excepto para los ancianos. Realísticamente, debemos admitir que la mayoría de los problemas que encontramos en nuestros equinos domesticados son el resultado de nuestra interferencia en su comportamiento innato. Un joven semental en un corral con una yegua y su nuevo potro será atacado ferozmente por la yegua. En las llanuras abiertas, huiría para ponerse a salvo, ya que la yegua no lo quiere muerto, sólo quiere que se vaya.

Desde el punto de vista nutricional, los caballos salvajes de todas las edades se alimentan del mismo menú y maduran sin problemas de desarrollo óseo ni de crecimiento. Nunca consumen ni un bocado de alfalfa, cereales o suplementos. Por supuesto, esto no significa que ignoremos que los caballos domesticados están a merced de sus captores humanos, quienes están obligados a replicar el entorno natural lo mejor posible. Además, a veces se le exige más al caballo moderno que a su ancestro salvaje. Pero la cuestión es que los requerimientos nutricionales del caballo no son difíciles de satisfacer. Lo único que se necesita es agua y pastos, con los aditivos críticos de espacios amplios y compañeros. En otras palabras, en un potrero pequeño y sin la compañía de otros caballos, el comportamiento normal del caballo no se puede desarrollar, y pueden surgir problemas de origen nutricional si no se proporciona una dieta equilibrada. Sin embargo, con la misma frecuencia pueden aparecer problemas nutricionales que no tienen un origen nutricional. A menudo, estos problemas son de tipo conductual y simplemente se manifiestan como un problema de la nutrición. Por ejemplo, la aerofagia con fijación es tan a menudo un problema de aburrimiento como una deficiencia mineral.

Pero imaginemos que somos afortunados y que nuestros caballos pueden correr en grupos, felices, en pastizales infinitos. En otras palabras, que podemos minimizar la intervención humana sobre su comportamiento natural. En esta situación, ningún caballo necesita el 20% de proteína que se encuentra en algunos cereales comerciales. Ni siquiera un equipo de mulas tirando de un arado durante seis horas al día, que es más trabajo del que realiza cualquier caballo moderno, requiere esa cantidad de proteína. En los siguientes párrafos, hablaré sobre los requerimientos nutricionales básicos del caballo, con algunos comentarios adicionales sobre temas específicos de interés popular.

LA ESTRATEGIA DE ALIMENTACIÓN DEL CABALLO

Como ya hemos mencionado, el mundo de los mamíferos se divide en dos estrategias básicas de recolección de alimentos: herbívoros y monogástricos. Las personas, los perros y los gatos son monogástricos, lo que significa que tienen un solo estómago y no son buenos digiriendo la fibra. Los herbívoros tienen un sistema gastrointestinal especializado que les permite obtener toda su nutrición de una gran cantidad de plantas fáciles de encontrar. La desventaja de estas plantas es que tienen una baja densidad nutricional debido a su alto contenido de fibra, lo que requiere que los herbívoros consuman grandes cantidades de las mismas para obtener la nutrición adecuada. Sin embargo, la naturaleza ha proporcionado una ventaja especial a los herbívoros. Técnicamente, los herbívoros no comen para alimentarse, sino para alimentar a las bacterias de su intestino. Cada vaca, antílope o alce envía su comida y forraje a una panza o rumen que es un gran tanque de fermentación lleno de bacterias. Las bacterias producen enzimas que descomponen la fibra vegetal en moléculas más pequeñas que luego se envían al intestino delgado para su absorción, igual que en los monogástricos como los perros o las personas. Además, las propias bacterias también pueden servir como fuente de alimento para el animal hospedador.

El caballo es un herbívoro, pero sus intestinos tienen una especialización adicional que hace del caballo una subdivisión única de los herbívoros. La hierba que come el caballo no va primero a una cámara de fermentación como en la vaca, sino al estómago y al intestino delgado, como en los monogástricos. La adaptación del caballo es lo que se llama un ciego funcional. Se trata de un órgano análogo al apéndice humano, pero en el caballo puede almacenar hasta 75 litros o más, a diferencia de nuestro apéndice que es esencialmente no funcional. Así que la respuesta del caballo a la panza delantera de la vaca es un gran ciego y un intestino grueso que utiliza la misma relación simbiótica con las bacterias. A veces, los caballos se denominan fermentadores del intestino posterior, una categoría que incluye al rinoceronte, pariente del caballo.

Esto hace del caballo una curiosa criatura intermedia: aunque el intestino delgado es el principal lugar de absorción, como en todos los mamíferos, en el caballo, el principal lugar de digestión del forraje, el ciego, se encuentra más allá del intestino delgado. Según nuestra comprensión del orden de las cosas, el caballo no debería funcionar de esta manera, pero es evidente que el caballo no se preocupa en absoluto por nuestra confusión y funciona perfectamente.

Lo más probable es que, a medida que comprendamos mejor cómo funciona la bioquímica nutricional del caballo, veamos que obtiene una parte de su energía de los ácidos grasos volátiles, al igual que los rumiantes, pero en el caso del caballo, estos ácidos grasos provienen del ciego y del intestino grueso, no del rumen. En todos los demás herbívoros, y en algunos monogástricos, los ácidos grasos volátiles de origen bacteriano son un componente importante del esquema energético del huésped. Nuestro mayor reto es, en primer lugar, comprender el papel adecuado del forraje en sus diferentes formas, y, en segundo lugar, la contribución del cereal a la dieta del caballo.

FORRAJE

Al igual que en el hombre y el perro, la maquinaria metabólica del caballo no está preparada para hacer frente a un consumo elevado y constante de carbohidrato soluble (almidón y azúcar). El mundo en el que el caballo y sus antepasados evolucionaron no ofrecía opciones para el consumo regular de esta forma de energía rápidamente disponible. Por lo tanto, la paradoja nutricional que afecta a otros animales del mundo moderno también afecta al caballo. Los caballos pueden asimilar fácilmente el almidón y el azúcar en pequeñas cantidades, e incluso en cantidades altas de forma ocasional. La hierba fresca y el heno de hierba tienen un 10% de azúcar y almidón en promedio.

La Tabla 10 presenta un estudio sobre el pasto bermuda costero que destaca aspectos importantes comunes a todos los pastos. Un dato relevante que se desprende de la Tabla 10 es que los pastos contienen una mayor cantidad de proteína (16%) que el heno (10%). Esto se debe a que el heno se cosecha al final de la vida de la planta, cuando ha terminado de crecer y su metabolismo se enfoca en almacenar energía en las semillas, para la siguiente generación, o en las raíces, para alimentarse durante el invierno. En cambio, al principio de la vida de la planta, cuando es utilizado como pasto, la planta está en modo de crecimiento y utiliza rápidamente la energía recogida para crear nuevos tejidos vegetales.

El siguiente punto que se muestra en la Tabla 10 es que el heno maduro tiene un contenido promedio de almidón más azúcar de más del 13%, mientras que los pastos más jóvenes tienen un promedio del 7% o menos. Además del hecho de que una planta madura tiene más almidón que una planta joven, hay un tercer punto importante a considerar. El contenido de almidón puede variar significativamente a lo largo del tiempo de crecimiento de la planta, incluso en el mismo corte. De hecho, el rango de contenido de almidón puede variar más de 35 veces desde el inicio hasta el final del período de crecimiento. Puede ser tan bajo como el 0,25% en el pasto fresco, o tan alto como el 9,44% en el heno maduro. (Estos valores son en base al 100% de materia seca). Incluso en el heno maduro, puede oscilar entre el 2,3% y el 9,44%, lo que supone un aumento de cuatro veces. En un entorno primitivo, similar al pasto, los caballos seleccionan plantas jóvenes con alto contenido de proteína y bajo en almidón y azúcar, y al hacerlo toman una materia seca que tiene un 7% de almidón más azúcar, probablemente la cantidad óptima para el caballo desde un punto de vista evolutivo.

Año	**Proteína**	**Fibra**	**Almidón**			**Azúcar**	**Almidón + Azúcar**
			Bajo	Pro-medio	Alto		
07 Heno	10,52	66,51	2,54	5,63	8,72	8,39	14,02
09 Heno	10,39	66,29	2,30	5,88	9,44	7,27	13,15
Pro-medio	10,45	66,40	2,42	5,75	9,08	7,83	13,58
07 Pasto	15,36	65,80	0,45	2,46	4,48	5,48	7,94
09 Pasto	17,85	77,28	0,25	1,25	2,20	4,75	6,00
Pro-medio	16,60	71,54	0,35	1,85	3,34	5,11	6,97

Tabla 10. *Comparación entre heno de pasto bermuda (100% de materia seca) y pasto, en dos años de cultivo diferentes; 950 muestras de heno y 25 muestras de pasto. Adaptado de Dairy One Forage Analysis: http://www.dairyone.com/Forage/feedComp/main*

Una revisión de la Tabla 6 del Capítulo 3 muestra que, a excepción de la miel, no existe ningún alimento para mamíferos que contenga más del 5% de carbohidrato soluble en base fresca. La Tabla 8 destaca que los cereales superan el 60% en todos los casos, por lo que se deben administrar con precaución. El heno (materia seca) puede contener hasta un 13% de almidón y azúcar, casi el doble que los pastos frescos, pero aún dentro del rango tolerado por los caballos sanos.

En efecto, los caballos evolucionaron para ser herbívoros y pueden tener una vida larga y saludable alimentándose únicamente con heno de hierba. Sin embargo, es importante destacar que la calidad del heno es crucial para la salud del animal. Si el heno es de baja calidad, el caballo tendrá que comer más cantidad para obtener los nutrientes necesarios. El término "barriga de heno" se utiliza a menudo para describir a un caballo con una gran barriga y un aspecto poco saludable. Si se le obliga a conformarse con un heno pobre, el caballo comerá una mayor cantidad para intentar satisfacer sus necesidades.

En lo que se refiere a la proteína, el contenido en el heno de hierba puede variar entre un 7% y un 13%, con un promedio del 10%. La razón de esta variabilidad depende de la edad de la planta en el momento de la cosecha, así como de la temperatura y la humedad durante su crecimiento. Una planta joven será una excelente fuente de nutrientes, con un alto contenido de energía y proteínas digeribles y un bajo contenido de fibra y almidón. Sin embargo, el inconveniente es que habrá menos materia seca en un rodal de heno inmaduro. En cambio, un rodal de heno completamente maduro tendrá significativamente más toneladas de materia seca por acre que cuando era joven, pero la desventaja es que, en porcentaje, el nivel de fibra será mucho más alto y el de proteína mucho más bajo (ver Figuras 16 y 17).

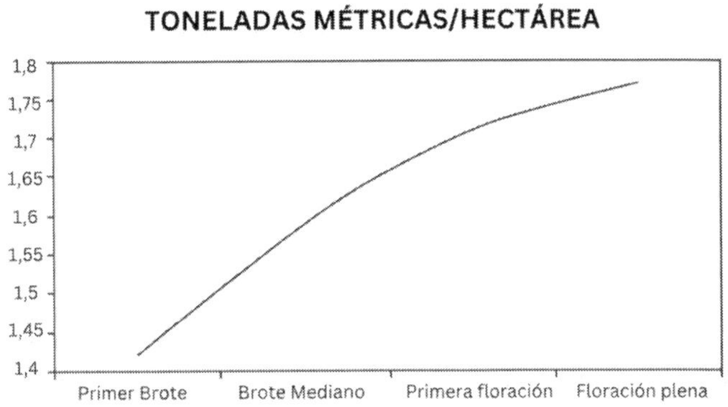

Figura 16. *Efecto de la edad de la planta sobre el rendimiento de un cultivo de heno*

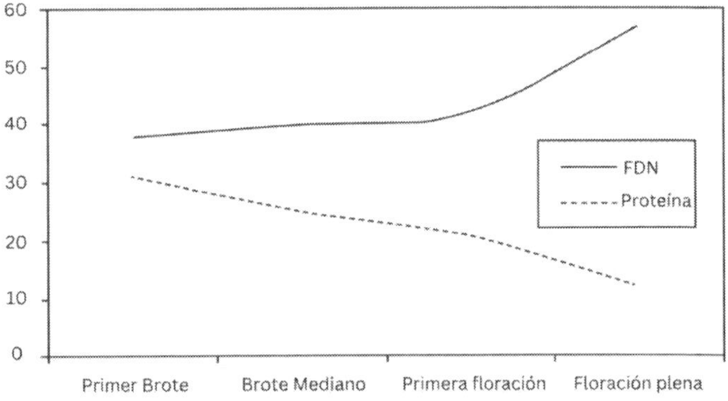

Figura 17. *Efecto de la edad de la planta sobre el porcentaje de nutrientes*

El caballo que pasta en libertad resuelve este problema seleccionando lo que prefiere de toda la oferta de pasto o pradera, y al hacerlo, influye en su ingesta nutricional mucho más que la media de todas las plantas del pasto. Si observas a un caballo pastando libremente, te darás cuenta de que no se trata de una siega indiscriminada de todo lo que se encuentra junto a su boca. En realidad, se trata de un proceso de selección muy proactivo, en el que se tienen en cuenta algunas plantas y se pasan por alto otras. El caballo es un experto innato en la selección de forraje.

En cambio, el cultivador de heno no realiza tal selección en la recolección de su cosecha. Todas las plantas son segadas en el mismo momento, y ese momento suele ser invariablemente tardío en la vida de la planta, incluso en algunos casos cuando ya han comenzado a producir semillas. Aunque rara vez se considera desde este punto de vista, el propietario del caballo y el cultivador de heno están en conflicto, ya que el cultivador gana más dinero vendiendo más toneladas, lo cual se optimiza cuando el pasto está maduro, mientras que el propietario de caballos busca comprar una nutrición de calidad, la cual es mejor cuando las plantas están jóvenes.

Un compromiso eficaz podría ser que el propietario del caballo acuerde pagar al agricultor un precio fijo por acre de su pasto de heno y que, posteriormente, el agricultor corte el heno cuando el propietario lo requiera. Sin embargo, esta solución es poco común ya que la mayoría de los jinetes no compra suficiente heno como para siquiera considerar esta solución. Algunos propietarios de caballos compran varias semanas de suministro de heno a la vez a un solo proveedor. Muchos caballos se mantienen en establos alquilados en instalaciones ecuestres donde el heno está incluido en la cuota mensual. Otros caballos están en granjas donde pastan en verano y se les alimenta con heno en invierno. En todos estos casos, el heno suele proceder de un solo corte, de un solo campo y de una sola granja, lo que significa que el propietario del caballo alimenta con heno con la misma composición analítica durante muchas semanas, independientemente de si es óptimo o no.

Para garantizar la calidad del heno es necesario tomar

medidas, la más fiable de las cuales es el análisis de laboratorio. Los laboratorios comerciales de forraje disponen de paquetes de envío pre-direccionados para este fin. Para ello se necesita una herramienta taladradora de heno especial para tomar muestras de las pacas de heno de forma adecuada. Los catálogos de suministros agrícolas la ofrecen a la venta, y el coste de un análisis de laboratorio (de 15 a 90 dólares) depende de los nutrientes que se seleccionen para el análisis. Si se tiene en cuenta que el heno es el alimento predominante de un caballo, y que los propietarios de caballos gastan mucho dinero en heno, un protocolo de análisis es una inversión que merece la pena.

Los propietarios de caballos hablan de la calidad del heno en términos de su contenido de proteína, lo que no es del todo exacto, pero suele funcionar. Es inexacto porque la digestibilidad general de un heno no se puede predecir de forma total a partir de su contenido de proteína. Es posible tener un nivel adecuado de proteína, pero una baja digestibilidad. Sin embargo, la razón por la que el contenido de proteína tiende a ser útil es porque tiene una correlación aceptable con la digestibilidad.

Los principales nutrientes de interés para el análisis del heno son la proteína, la fibra detergente neutra (FDN) o la fibra detergente ácida (FDA) y lignina. Un mayor contenido de proteína indica un heno más joven y más digerible, pero es importante tener en cuenta que la digestibilidad general de un heno no se puede predecir con exactitud a partir de su contenido de proteína. La FDN y la FDA tienen una buena correlación. Cuanto menor sean la fibra y la lignina, mayor será la digestibilidad del heno. Un heno de hierba que tenga más del 70% de FDN o más del 8% de lignina será menos digerible y los caballos lo encontrarán menos apetecible, y se lo harán saber preguntándole cuando se los dé: "¿No tienes nada mejor?" y acudiendo a él lentamente, sin entusiasmo, y haciéndolo rodar sin comerlo. La alfalfa es muy apreciada por los caballos y la mayoría la tolera muy bien. Pero algunos caballos pueden "calentarse" o volverse hiperactivos con la alfalfa y otros pueden ser alérgicos a ella. Estos individuos se identifican fácilmente y se les cambia la dieta. Algunos caballos se pueden alimentar con una dieta exclusivamente a base de alfalfa, y estarán muy felices, pero no es necesario y puede ser caro en la mayoría de los países del mundo.

La alfalfa contiene entre un 18 y un 26% de proteína, y su digestibilidad es similar a la del heno de hierba. La calidad de la alfalfa mejora cuando la fracción de fibra detergente neutra (FDN) es inferior al 50% de la materia seca. La alfalfa es una especie forrajera adaptada a climas más fríos o secos. Por lo general, un cultivo de alfalfa durará cuatro o cinco años, y cada año tiende a tener un mayor porcentaje de pasto voluntario. Estas mezclas de alfalfa/pasto, cuando se pueden encontrar, pueden ser forrajes ideales para los caballos.

A los propietarios de caballos con enfermedades como el síndrome de Cushing o la diabetes, se les suele recomendar una dieta baja en almidón. El hiperadrenocorticismo equino o síndrome de Cushing en los caballos, es una afección que se presenta con mayor frecuencia en animales de edad avanzada (mayores de 15 años), aunque también puede ocurrir en animales más jóvenes. Esta enfermedad se produce debido a un tumor en la glándula pituitaria, conocido técnicamente como adenoma de la pars intermedia (API). Los signos clínicos pueden tardar años en desarrollarse, y el pelo largo y rizado es un síntoma común. El diagnóstico definitivo requiere de análisis de sangre específicos, ya que varios síntomas del Cushing, como la laminitis y la diabetes, pueden tener diferentes causas.

Alimentar a los animales con una dieta baja en almidón implica evitar el uso de cereales, ya que estos contienen entre un 60% y un 80% de carbohidrato soluble, y optar por el heno bajo en almidón. Sin embargo, encontrar un heno bajo en almidón puede resultar más complicado de lo que se espera, ya que la fisiología de las plantas puede hacer que el heno de hierba contenga hasta un 20% de carbohidrato soluble. Dado que son muchas las condiciones ambientales que pueden afectar el contenido de almidón del heno, la única forma confiable de determinar su contenido es a través del análisis de laboratorio. Cabe destacar que el almidón es la forma de almacenamiento de energía en las plantas, cumpliendo un papel similar al de la grasa en los mamíferos. El almidón almacenado en la semilla proporciona energía para el crecimiento hasta que las hojas son capaces de captar la energía del sol mediante la fotosíntesis. Posteriormente, las hojas proporcionan energía que se almacena en forma de almidón en las semillas para alimentar a la siguiente generación.

Son diversos los factores ambientales que pueden alterar el nivel de almidón de una planta. Por ejemplo, la sequía puede acelerar la acumulación de almidón en las plantas, y su cantidad puede estar influenciada por aspectos tan sutiles como la velocidad de inicio de la sequía, la época del año, la geografía, el tipo de suelo y el nivel de nutrientes, así como la especie de hierba, ya sea de estación fría o cálida. Incluso el heno de hierba muy maduro puede tener un alto contenido de almidón. Si se requiere restringir la ingesta de carbohidrato soluble en los caballos, es fundamental evaluar cuidadosamente el heno de hierba antes de adquirirlo. Como se mencionó anteriormente, el heno maduro puede tener un nivel de almidón hasta cuatro veces superior al de la misma planta cuando está inmadura, que es el momento en que se recomienda que los caballos la consuman.

PROTEÍNA

Los caballos castrados y las yeguas maduras requieren alrededor de un 10% de proteína en su dieta, la cual se puede obtener en su totalidad a través del consumo de heno de hierba de calidad. En cambio, los sementales tienen necesidades ligeramente inferiores debido a que la testosterona que producen metaboliza los aminoácidos de manera más eficiente. El concepto del valor biológico de la proteína, discutido en el Capítulo 2, también se aplica al caballo en crecimiento. Varios estudios científicos han demostrado que el caballo en crecimiento es sensible a la calidad de las proteínas, ya que los potros destetados alimentados con proteína de leche crecen más rápido que aquellos alimentados con harina de soja, que a su vez crecen más rápido que aquellos alimentados con harina de semilla de algodón. Se ha demostrado que el aminoácido más limitante es la lisina, lo que evidencia la respuesta de los caballos jóvenes a la calidad de las proteínas.

El caballo maduro se ve menos afectado por la calidad de la proteína, ya que, como todos los adultos, su necesidad de proteína es menor que durante el crecimiento. La publicación del Consejo Nacional de Investigación (NRC por sus siglas en inglés), *Nutrient Requirements of Horses 2007*, es la publicación académica más completa y rigurosa disponible en la actualidad, y se resume en la Tabla 15 del Apéndice. En ella se informa que un nivel de proteínas en la dieta del 10,6% de la materia seca es adecuado para los caballos maduros de cualquier sexo, las yeguas en gestación de cualquier trimestre y los caballos de trabajo ligero o moderado. Se dice que los caballos de trabajo pesado necesitan un 11,6% de proteínas, y las yeguas en lactancia temprana un 13,2%. El requerimiento de proteína más alto es el del destete, con un 14,5%. Si se tiene en cuenta que el heno de hierba de calidad puede tener un 13% de proteína y los pastos un 18%, se puede observar que la dieta propiamente dicha para casi todos los caballos es poco más que alimentar con heno de hierba de calidad. Aunque esto funciona en la naturaleza, donde existe libertad para desarrollar el comportamiento innato y practicar la selección de alimento, la mayoría de los propietarios de caballos se sienten más seguros proporcionando algo de cereal. No hay ningún problema con esto, siempre y cuando la cantidad se mantenga por debajo de 1,0 kg, el nivel de proteína del cereal sea del 14 al 16% y se controlen adecuadamente la condición corporal y el peso.

CARBOHIDRATOS (CEREALES)

Existen numerosos piensos diferentes basados en cereales que se utilizan para alimentar a los caballos, pero la mayoría de los propietarios de caballos dependen de la selección que ofrecen las tiendas de piensos. Algunas tiendas pueden ofrecer ingredientes específicos, como la pulpa de remolacha o el salvado de arroz. Sin embargo, la regla principal en la alimentación de los caballos es que el exceso de cualquier cosa no es bueno. Por otra parte, en dosis adecuadas, los caballos pueden beneficiarse de casi todos los piensos y cereales comunes. Como se ha mencionado anteriormente, la mayoría de los caballos no necesitan proteína por encima del 11% en base a la materia seca del 100%. Los cereales y henos suelen tener un 10% de humedad, lo que significa que si una etiqueta de alimento declara un 12% de proteína en la bolsa, en realidad tiene un 13,3% de proteína en base a la materia seca del 100%. Los piensos dulces, es decir, cualquier suplemento de tipo cereal que venga en bolsa, se utilizan para ajustar la condición corporal o el peso, o para proporcionar micronutrientes, y rara vez se pide que un suplemento de tipo cereal para caballos tenga más del 14% de proteína en base fresca. En términos de control de peso, es importante tener en cuenta en primer lugar la condición corporal del caballo, especialmente si tiene sobrepeso, ya que es una condición corporal muy común.

Es una pena que las básculas para pesar caballos sean tan escasas, ya que se ha demostrado repetidamente que la gente es notoriamente inepta para estimar el peso de un caballo. Una alternativa es la cinta métrica, que se utiliza alrededor de la cincha, justo detrás de las patas delanteras. Estas cintas estiman con bastante precisión, pero incluso aunque no siempre sean correctas, reflejarán con bastante acierto un cambio relativo en un caballo de una semana a otra. Incluso un trozo de cuerda de embalar puede servir para tomar una medida de esta manera.

Una medición de la cincha puede ser una buena manera de determinar si se están haciendo progresos en un programa de reducción de peso. En los caballos con mucho sobrepeso, el primer signo de progreso en la reducción de peso se verá realmente alrededor del vientre, delante de las patas traseras. Es lamentable que pocas personas con caballos con sobrepeso tengan la autodisciplina necesaria para poner a sus animales a dieta. Los caballos con sobrepeso tienen dificultades para realizar todas las actividades que se esperan de ellos y son más propensos a sufrir problemas de salud. Aunque los propietarios de estos caballos suelen tener buenas intenciones, lo más amable que se puede hacer es aplicar un poco de autodisciplina y reducir la cantidad de alimento que reciben.

Los valores encontrados en los libros de nutrición equina hablan inevitablemente en promedios, ignorando la amplia variación que es una realidad en toda la ciencia de la vida. Si bien es cierto que el caballo maduro promedio que trabaja dos horas al día, tres días a la semana, puede mantener la condición corporal sólo con heno de hierba, hay numerosas excepciones. A algunos caballos les cuesta ganar peso y necesitan algún suplemento de cereal incluso con esta carga de trabajo suave. Cabe preguntarse cómo se mantienen estos animales en la naturaleza, cuando pueden seleccionar las plantas y partes de las plantas que prefieren. Lo que es más importante, cuando la hierba fresca se corta y se seca al sol, pierde cierta digestibilidad, tal vez del 5% al 10%, y disminuye aún más en el tiempo con el almacenamiento. Si llueve antes del secado y empacado, la pérdida de digestibilidad puede ser aún mayor. Otros caballos ganan peso con facilidad incluso sólo con heno de hierba, y en algunos casos a pesar de tener una carga de trabajo leve. El ojo entrenado del cuidador es el jurado final en todos estos casos, y la alimentación con cereales se reduce inevitablemente a utilizarla con prudencia y administrarla de manera eficaz.

La principal razón para alimentar a los animales con cereales es proporcionarles carbohidratos. Sin embargo, el término "carbohidrato" puede ser confuso, ya que no siempre se utiliza correctamente. A menudo, cuando la gente habla de carbohidratos, se refiere específicamente al azúcar y al almidón, que son los temas principales que se tratan en esta sección. No obstante, es importante destacar que la fibra también es un tipo de carbohidrato. La celulosa, por ejemplo, es un carbohidrato fibroso que, mediante la acción de las enzimas, puede ser descompuesto en almidón. De hecho, la clasificación de los carbohidratos se divide en dos subgrupos: los carbohidratos fibrosos y los no fibrosos, siendo estos últimos denominados también "carbohidratos solubles", mencionados a menudo en este libro.

El carbohidrato soluble puede presentarse en forma de azúcar, lo cual es conocido por ser muy apetecible para los caballos. Sin embargo, aparte de ofrecerlo como una golosina ocasional, agregar azúcar como un ingrediente regular en la alimentación de los caballos no es una buena idea. El azúcar se digiere rápidamente y eleva los niveles de azúcar en la sangre, lo que satisface sus necesidades calóricas fácilmente. Además, si se alimenta a los caballos con demasiado pienso rico en azúcar, su posterior ingesta de heno, que debería ser la base de su dieta, puede llevar a un exceso de ingesta calórica.

Los profesionales del mundo equino saben que la avena integral es el cereal preferido por los caballos. Una de las razones de esto es que la avena integral aún contiene la cáscara de avena, una cubierta exterior fibrosa de digestión lenta que funciona de manera similar al heno. La avena contiene un 42,4% de fibra detergente neutra, en comparación con el 9,5% del maíz. La cáscara de la avena ralentiza la digestión, pero también ralentiza la velocidad de paso del grano de avena. Sin embargo, la velocidad de paso más lenta tiende a aumentar la digestión total del tracto, lo que significa que la inclusión de avena en la dieta del caballo proporciona los beneficios del cereal sin los inconvenientes asociados.

Uno de los inconvenientes de alimentar con cereales a los caballos es que es fácil excederse en la cantidad suministrada. A los caballos les encanta el sabor del cereal, y si se les permite, tienden a comer más de lo que pueden digerir correctamente de una sola vez. Por lo tanto, es esencial saber la cantidad adecuada de cereal que se debe proporcionar. Si tiene dudas sobre la cantidad correcta de cereales, es mejor dar menos. Los caballos, al igual que otros animales domésticos, están más adaptados a lidiar con la falta de energía que con el exceso. Si comete un error y da muy poco pienso, es fácil corregirlo agregando un poco más mañana.

El problema de un exceso de cereales, además del peligro obvio de laminitis y cólico, es que tiende a desplazar el forraje y el heno, que son alimentos esenciales para los caballos en términos fisiológicos, nutricionales y conductuales. Al igual que ocurre en los animales monogástricos, alimentar a los caballos con grandes cantidades de cereal representa un problema para su maquinaria metabólica. Se ha observado que alimentar con más de 5 kg de cereal al día aumenta la probabilidad de cólicos en más de cuatro veces, mientras que suministrar 10 kg o más incrementa esta probabilidad en seis veces. Históricamente, el caballo y sus ancestros no estaban preparados para una ingesta elevada de carbohidrato soluble, lo que agrava aún más el problema.

Imagínese el efecto del almidón introducido en la dieta de un caballo alimentado con altas cantidades de cereales, que a menudo contienen hasta un 70% de almidón. En general, la alimentación con 0,5 a 1 kg de cereal suele ser bien tolerada y puede ser una forma ideal de garantizar la ingesta de micronutrientes y suplementos, así como de moldear el comportamiento del caballo. Sin embargo, no es necesario alimentar con más de 1 kg de cereal al día a ningún caballo que mantenga un peso adecuado mientras realiza las actividades que se le piden. Antes de suministrar más de 1 kg de cereales al día, se deben considerar otras opciones y asegurarse de que ninguna de ellas ayuda a mantener el peso y el rendimiento del caballo.

Al igual que los primates y los animales domésticos, los caballos son expertos en adiestrar a las personas. Dejarán el heno sin comer, esperando a que su cuidador les dé más cereales. Respecto al tema de la alimentación, si un caballo deja de comer heno o lo hace de manera deficiente, es recomendable ofrecerle heno de mayor calidad antes de darle más cereales. La mayoría de los caballos, una vez que han dejado de comer heno de hierba comerán fácilmente más alfalfa, y es mejor que los cereales ya que es una opción más saludable y económica.

Es posible que usted entrene a sus caballos de forma más intensa que la media y por lo tanto no esté seguro de que los cereales tengan un valor nutricional cuestionable. Para abordar este tema, los investigadores de la Universidad de Cornell realizaron un experimento elocuente utilizando caballos entrenados y alimentándolos con 0, 1, 2 o 3 kg de maíz molido junto con una dieta de heno de mantenimiento (Figura 18). Utilizando un diseño experimental estadísticamente riguroso en el que cada uno de los cuatro caballos fue evaluado con cada dieta, se midieron los niveles de glucosa en plasma, insulina, lactato, ácidos grasos libres (AGL) y glucógeno muscular y hepático. Se enseñó a los caballos a caminar, trotar y galopar en una cinta de correr que podía variar de 0 a 2% de inclinación mientras corrían. Se colocaron catéteres en la vena yugular y se tomaron muestras de sangre cada 131 m de los 4,5 km. Durante los últimos 1.600 m, los caballos galoparon a una velocidad de 38,3 Km/h en una pendiente del 2%.

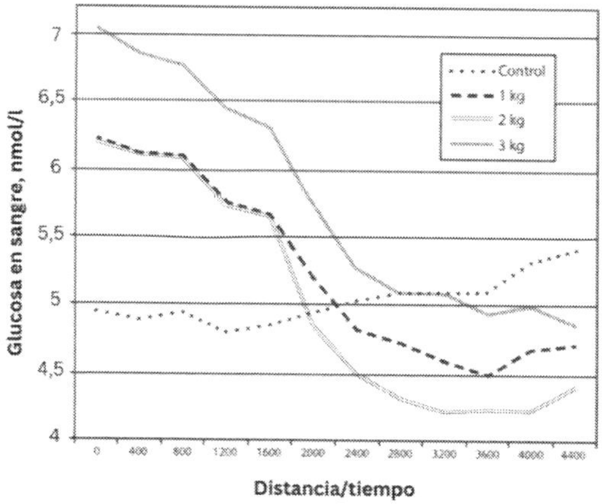

Figura 18. *Niveles de glucosa en plasma en caballos que hacen ejercicio alimentados con 0, 1, 2 o 3 kg de grano de maíz de 2,5 a 3 horas antes del ejercicio. De 0 a 1600m, calentamiento a 6 m/s; de 1600 a 2400 m, caminata a 1,9 m/s; de 2400 a 4400 m, galope a 11 m/s en una pendiente del 2%. El ejercicio no redujo la glucosa en sangre (P <0,05) en caballos que no recibieron cereales*

La frecuencia cardíaca al final del ejercicio fue de 206 latidos por minuto, intensa pero aún así submáxima para un caballo bien acondicionado. Estos caballos Standardbred (dos yeguas y dos machos castrados) tenían un peso promedio de 440 kg.

Estar de pie al lado de uno de estos caballos galopando a toda velocidad en una cinta de correr es absolutamente inspirador. El ruido cuando los cascos golpean la cinta de correr en furiosa sucesión es ensordecedor. Se siente exactamente como si estuvieras relajado a menos de un metro de un caballo de carreras en cada paso de su carrera. En todas las formas en que el hombre interactúa con los animales, nada es más impresionante. El corazón del caballo bombea un litro en cada latido, y a 206 latidos por minuto (¡más de tres latidos por segundo!) puede llenar una bañera en un minuto. Por unidad de peso corporal, ningún animal supera al caballo en potencia y atletismo sostenido.

La Figura 16 muestra algunos de los datos del ensayo de Cornell de la Dra. Lawrence y sus colaboradores. Independientemente del individuo, el sexo, la dieta o el periodo de tiempo, un caballo finalizaba el ejercicio con una glucosa en sangre estadísticamente más alta si se le alimentaba sólo con heno, sin ningún tipo de cereales. Cualquier cantidad de cereal dio como resultado una glucosa en sangre estadísticamente más baja al final del ejercicio en comparación con la dieta de sólo heno. Hay que tener en cuenta que se probó a cada caballo con cada dieta, es decir, fueron su propio control. Esta prueba no duplicó un esfuerzo de resistencia, pero recorrieron 4,425 km en 15 minutos, en una pendiente del 2% (dos metros de elevación por cada 30 m de distancia horizontal) e implicó un ejercicio riguroso que la mayoría de los propietarios de caballos rara vez logran.

Esta investigación apoya el punto de vista de que los caballos no se ven beneficiados, y tal vez incluso se ven perjudicados, por la alimentación con un exceso constante de carbohidrato soluble, al igual que otros mamíferos. En relación con este punto, las investigaciones han demostrado que el maíz, si se cocina, se digiere mucho más rápidamente en el intestino delgado. Además de proporcionar mayor energía a través del intestino delgado, esto tiene la ventaja añadida de que disminuye la cantidad de cereal que llega al ciego y al intestino grueso. Esto es bueno, porque el cereal en estos órganos no es digerido, sino fermentado por las bacterias. Los cólicos son en su mayoría un misterio, a decir verdad, pero un hecho está claro: la incidencia de los cólicos aumenta con el aumento de la alimentación con cereales. Una alimentación con menor cantidad de cereales y la cocción o extrusión de los cereales para caballos podría ser de utilidad.

GRASAS

Los caballos son capaces de adaptarse a dietas con hasta un 10% de grasa en la mayoría de las situaciones. La bibliografía científica reporta ensayos exitosos con una dieta que contiene hasta un 15% de aceite vegetal. Los caballos parecen digerir fácilmente la grasa, con valores de digestibilidad que oscilan entre el 93% y el 95%. El término "grasa" se refiere a todas las grasas y aceites vegetales, así como a otros compuestos lipídicos. El heno de hierba suele contener entre un 2% y un 3% de grasa, lo que lo convierte en un representante fiel de la ingesta media de grasa de un caballo que pastorea. Sin embargo, los caballos modernos suelen entrenar y ejercitarse intensamente, por lo que una suplementación adicional de grasa puede ayudar a mantener la condición corporal en algunos individuos.

La grasa tiene más del doble de contenido calórico que los carbohidratos o las proteínas, y una pequeña cantidad de grasa suplementaria añadida a la dieta aumenta significativamente la ingesta calórica sin provocar la liberación de insulina asociada con los carbohidratos de los cereales. El consumo de grasas vegetales es parte de la herencia evolutiva de los antepasados del caballo, y aunque las grasas animales pueden ser suficientes hasta cierto punto como fuente de energía, se recomienda que las grasas suplementadas con fines energéticos sean de origen vegetal. Hay componentes específicos de las grasas, como el ácido linoleico y el ácido linolénico, que se consideran más correctamente como micronutrientes o nutracéuticos. Los nutracéuticos son micronutrientes vegetales con efectos similares a los de los medicamentos. La cafeína, con su efecto transitorio como estimulante, es un ejemplo de este tipo de compuesto vegetal que todo el mundo conoce.

PRINCIPALES MINERALES EN LA NUTRICIÓN DEL CABALLO

Un área de la nutrición que preocupa a los jinetes es el calcio y el fósforo. Una parte de los propietarios de caballos se dedica a criar potrillos hasta la edad adulta, y estas personas a veces experimentan problemas de desarrollo que la mayoría de los propietarios de caballos evitan felizmente. Como siempre, debemos estar preparados para admitir que nuestras presiones de cría y selección, junto con las cargas de trabajo prematuras, pueden acarrear problemas. Pero esto también puede obligarnos a aprender mejores métodos. En la medida en que tenemos alguna idea sobre los problemas de desarrollo óseo, un componente común que se encuentra es el exceso de energía de la dieta durante el crecimiento.

Por ejemplo, "*wobbler*" (síndrome de wobbler) es un término que se utiliza para describir el andar tambaleante de los caballos jóvenes debido a un pinzamiento en los nervios del cuello. El término clínico para esta afección es mielopatía estenótica vertebral cervical (MEVC), lo que básicamente significa que la médula espinal o, más específicamente, una o más vértebras, no se han formado correctamente. Una intervención que ha demostrado tener éxito medible es la identificación temprana, el confinamiento y la reducción marcada de la ingesta nutricional. En otras palabras, hacer que estos individuos crezcan más lentamente. El objetivo es lograr un desarrollo esquelético adecuado o casi normal, a la vez que se retrasa el crecimiento de los tejidos y músculos al máximo posible sin causar daños irreversibles. Este tipo de problema, y su solución, se observa también en los animales de la industria alimentaria, donde la prisa por producir carne lleva a un crecimiento excesivo de los animales jóvenes, lo que provoca problemas óseos y de tejido conjuntivo.

Estas reflexiones nos recuerdan una vez más que la naturaleza está bien preparada para hacer frente a la falta de nutrición. Ninguna especie ha aprendido a lidiar con un exceso de nutrición prolongado.

La publicación del Consejo Nacional de Investigación recomienda que la dieta de mantenimiento de un caballo maduro debe aportar 20 g de calcio y 14 g de fósforo al día, y los sementales en fase de cría necesitan un poco más, 30 g y 18 g, respectivamente. Hay que tener en cuenta que el calcio siempre debe ser mayor que el fósforo. La mayoría de los henos de hierba, si no son demasiado viejos en el momento de la cosecha, satisfacen estas necesidades. El pasto de huerta de 30 días tiene un 0,32% de calcio y un 0,20% de fósforo, pero el de 40 días tiene un 0,26% de calcio, lo que empieza a ser un poco bajo, incluso para los caballos ociosos. Durante el trabajo intenso, como en el polo o el entrenamiento para carreras, por ejemplo, los requerimientos aumentan a 40 g de calcio y 29 g de fósforo. Las yeguas en fase de gestación, las madres lactantes y los potrillos recién destetados pueden necesitar más calcio que el que se encuentra disponible en el heno de hierba de mala calidad. Las yeguas en plena lactancia necesitan 60 g de calcio al día y 38 g de fósforo. Los potrillos de cuatro meses de edad necesitan unos 40 g de calcio y 21 g de fósforo, mientras que las yeguas de lactancia tardía y los de seis meses de edad necesitan una cantidad menor a estos valores.

Los henos de alfalfa y trébol pueden aportar mucho más calcio que el mencionado, ya que estas plantas tienen invariablemente más del 1% de calcio. Sin embargo, se recomienda la administración de algún suplemento de fósforo a las yeguas en gestación y lactancia, así como a los animales en crecimiento. La mayoría de los cereales tienen un alto contenido de fósforo, como la avena, que tiene un 0,38%. Por otra parte, las adiciones habituales a los piensos para caballos incluyen la piedra caliza, que contiene un 38% de calcio, y el fosfato dicálcico, que tiene un 18% de calcio y un 21% de fósforo. Estos ingredientes aumentan rápidamente el contenido mineral de una dieta, pero la digestibilidad del calcio y el fósforo de estas fuentes es menor que la del calcio y el fósforo endógenos de los henos y los cereales.

Otros macrominerales son fundamentales, siendo los principales el potasio, el sodio, el magnesio y el azufre. Para el potasio, el magnesio y el azufre, la historia es fácil de contar en términos básicos. Al igual que en el caso del calcio y el fósforo, las hierbas autóctonas satisfacen por sí solas la mayor parte de los requerimientos, y los cereales complementarios satisfacen gran parte del resto. En algunos casos, se permite que un suplemento de cereales enriquecido con minerales como el sulfato de magnesio o el cloruro de potasio satisfaga la última parte de los requerimientos.

Sin embargo, el sodio es un nutriente único para el caballo, ya que el caballo es una criatura que suda profusamente y, por lo tanto, necesita tener libre acceso a la sal, especialmente si trabaja en un clima caluroso. El sodio es un mineral del que se sabe con certeza que provoca una necesidad de sal cuando su nivel en el organismo es bajo. Si existen bloques de sal a libre disposición, es poco probable que los caballos sufran una carencia.

Los oligoelementos son nutrientes minerales que se requieren en niveles muy bajos, del orden de miligramos por kilogramo de dieta o partes por millón. Aunque no se conocen necesidades únicas del caballo para ningún oligoelemento tradicional, se tratan con más detalle en un capítulo posterior para todos los animales de compañía.

VITAMINAS

En el Capítulo 10 se abordan las vitaminas con mayor detalle. A continuación, presento algunos comentarios específicos sobre los requerimientos de los caballos. Las vitaminas se dividen en dos categorías: liposolubles e hidrosolubles. Las vitaminas liposolubles son la A, la D, la E y la K. El caroteno es liposoluble y se conoce como provitamina A. Es recomendable complementar la vitamina A, ya que aunque el forraje fresco contiene niveles elevados, pocos caballos tienen acceso a pastos durante todo el año. La vitamina A no es costosa y se encuentra disponible en los piensos comerciales. Se considera prudente un nivel de suplementación de 15.000 UI de vitamina A al día para caballos maduros y sedentarios, mientras que los caballos que realizan un ejercicio intenso requieren 22.500 UI, y las yeguas preñadas y lactantes 30.000 UI.

La vitamina D tampoco es costosa como suplemento, y no existe riesgo de efectos secundarios si se administran niveles prudentes. Se recomienda una dosis diaria de 3.300 UI de vitamina D para todos los caballos adultos y hasta 5.800 UI para los caballos de dos años que realizan un ejercicio intenso. Es poco probable que los caballos con una dieta equilibrada y expuestos a la luz solar desarrollen una deficiencia de vitamina D.

Entre otras cosas, la vitamina D es importante para el metabolismo del calcio y en la prevención de enfermedades óseas como el raquitismo en los caballos. El β-caroteno, también conocido como caroteno, se encuentra en abundancia en el forraje fresco y, en general, no es un requerimiento dietético cuando los caballos tienen acceso a pastos. Sin embargo, el β-caroteno está implicado en el proceso reproductivo, independientemente de la vitamina A. Por lo tanto, se debe suplementar con β-caroteno a las yeguas que no tienen acceso a pastos frescos y que van a ser destinadas a la cría. La ovulación en los mamíferos da lugar al cuerpo lúteo, necesario para el mantenimiento de la gestación, y el β-caroteno es responsable del color amarillo de este cuerpo (cuerpo lúteo significa cuerpo amarillo en latín). Como en el caso de la mayoría de las vitaminas, los requerimientos exactos de β-caroteno no se han determinado. Se sugiere un nivel de suplementación de 200 mg de β-caroteno por día para yeguas reproductoras.

La vitamina E, al igual que las vitaminas A y D, es abundante en el forraje fresco, pero tiende a desaparecer más rápidamente a medida que el heno se seca al sol, y más aún a medida que envejece durante el almacenamiento. La forma de vitamina E presente en el forraje es frágil, específica de la naturaleza, y no es fácil de fabricar en los sistemas convencionales de la industria de piensos. La forma comercial de vitamina E se denomina sintética, y no es tan potente como la forma natural que se encuentra en el forraje fresco. Es posible comprar vitamina E natural, pero se encuentra en una mezcla a base de aceite (recuerde que se denominan liposolubles), tiene una vida útil corta y es cara. Existen alternativas bioquímicas que aportan la mayoría de las propiedades de la vitamina E natural sin la frágil vida útil ni los inconvenientes de la administración con aceites. Son más económicas que la vitamina E natural pura, pero son más recientes en el mercado y no se encuentran ampliamente disponibles. Durante la última década la bibliografía científica ha ido en aumento con respecto a la evidencia de una mayor biodisponibilidad de la vitamina E natural en otras especies, pero sólo se sospechaba en el caso del caballo. Una publicación reciente confirma finalmente la mayor biodisponibilidad de la vitamina E natural para el caballo.

La mejor estrategia consiste en asegurarse de suministrar cantidades adecuadas de vitamina E, natural o sintética. La sugerencia de administrar 1000 UI de vitamina E en su forma sintética, o 300 UI en su forma natural al caballo adulto promedio me parece razonable y segura, ya que la vitamina E tiene muy baja toxicidad y es difícil de sobrealimentar. Además de tener una toxicidad muy baja, nadie podría permitirse hacerlo, ya que la vitamina E es mucho más cara que la vitamina A o la D.

La vitamina K es un término genérico para el factor antihemorrágico disponible en las plantas y las bacterias intestinales. En todas las circunstancias, salvo las más inusuales, los caballos reciben una cantidad adecuada de vitamina K de estas dos fuentes.

Las vitaminas hidrosolubles también son conocidas como vitaminas del complejo B. Las vitaminas hidrosolubles de importancia para el caballo incluyen la tiamina, riboflavina, niacina, ácido pantoténico, piridoxina (B6), biotina, ácido fólico y B12. Con excepción de la B12, las vitaminas hidrosolubles suelen ser suministradas en cantidades adecuadas en el forraje o por la síntesis microbiana en el ciego y el intestino grueso. La vitamina B12 no es producida por animales ni por plantas superiores, por lo tanto, no está presente en los henos y forrajes. Sin embargo, las bacterias anaeróbicas que tienen acceso al cobalto producirán B12. Por lo tanto, este problema puede ser resuelto en el caso del caballo mediante la adición de un suplemento de cobalto en la mezcla de minerales traza, normalmente en torno a 0,1 ppm de materia seca en la dieta.

Cada vez hay más pruebas de que la biotina puede ser útil para mejorar la integridad de la pared dañada del casco o para promover la salud del mismo. Aunque los detalles aún no están completamente claros en el caso de los caballos, se ha demostrado que esta vitamina es eficaz para mejorar la salud de los cascos en otras especies. Para que un suplemento de biotina sea eficaz en mejorar la salud de los cascos, debe administrarse durante varios meses, ya que la nueva pared del casco tarda seis meses en crecer desde la parte superior del casco hasta el suelo.

No hay ningún perjuicio en suplementar con vitaminas del complejo B a caballos maduros, pero la opinión predominante de los expertos en el campo es que el forraje de calidad y los programas de alimentación equilibrada no requieren un aumento en la ingesta de las vitaminas del complejo B en circunstancias normales. Para el caballo en crecimiento, la yegua reproductora o aquellos en entrenamiento intenso, puede ser que se indique la suplementación en algún momento. Por ahora, no hay ningún daño en la adición prudente de vitaminas hidrosolubles, pero tenga en cuenta que no está establecido que esté haciendo ningún bien medible para la mayoría de los caballos. La Tabla 15 del Apéndice enumera las pocas recomendaciones de vitaminas y minerales traza que los expertos han propuesto.

SUPLEMENTOS

Debido a la impresionante capacidad de adaptación que los mamíferos han perfeccionado a través de la evolución, una dieta inadecuada no causa nunca una crisis repentina. Conscientes de que puede que la nutrición no sea óptima, aunque no de forma evidente, muchos propietarios de caballos optan por usar los suplementos. El hecho de que exista un tarro con una etiqueta llamativa en la estantería de una tienda no prueba que su caballo tenga una deficiencia de los nutrientes contenidos en ese tarro. Hay una gran cantidad de suplementos que se ofrecen a los propietarios de caballos, desde opciones dudosas hasta opciones honestas y confiables.

Para analizar el programa nutricional de su caballo, es importante partir de la sólida premisa de que el caballo es un animal con capacidades de supervivencia notables. Si se le suministra un forraje de calidad y un suplemento de cereales profesional, prosperará sin problemas. Sin embargo, si a pesar de ofrecerle estos alimentos, parece tener problemas nutricionales, es necesario buscar la causa en el entorno y el comportamiento del animal. Si el caballo se encuentra confinado en un espacio de hormigón o tierra, se siente solo, aburrido o desesperado por la actividad física, no existe una cantidad de aceite de serpiente o coenzima CoQ (también conocida como CoQ10) capaz de curar su urticaria.

El Capítulo 7 de este libro trata en detalle el tema de los probióticos y lo descrito resulta aplicable también a los caballos y podría incluirse en su totalidad en esta sección. Muchos propietarios de caballos utilizan probióticos de manera impulsiva, basados en la opinión de otros o en la idea de "siempre lo he hecho así". Si bien es cierto que los beneficios de los probióticos pueden ser difíciles de demostrar, los efectos perjudiciales (más allá del costo, que puede ser importante) son raros e invariablemente transitorios. Afortunadamente, este campo de la nutrición equina está mejorando y existen buenas razones para considerar el uso de buenos probióticos. En 2008, una investigación demostró los efectos beneficiosos de los fructooligosacáridos (FOS) para los caballos, que técnicamente son prebióticos, lo cual tiene sentido porque son un componente común de las plantas que estos animales pastan.

El tema de los probióticos para los caballos es similar a muchos otros temas de nutrición equina en el sentido de que hay poca bibliografía científica que demuestre adecuadamente su eficacia. Sin embargo, la validación de los probióticos y otros suplementos para caballos está creciendo y la falta de pruebas no significa necesariamente que un producto sea ineficaz. Aunque la efectividad de los suplementos puede ser subjetiva, muchos profesionales del mundo equino confían en su acondicionador de pelaje favorito. Un pelaje saludable y brillante se diferencia fácilmente de un pelaje pobre, especialmente si se observa durante varios meses y se compara con caballos que siguen el mismo régimen y que no consumen suplementos.

Existen productos eficaces que pueden ser beneficiosos para la nutrición equina, pero puede resultar difícil para el propietario del caballo distinguir entre aquellos que tienen un valor real y los que sólo lo tienen en la etiqueta. La mejor manera de asegurarse de obtener productos de calidad es comprar a proveedores que reciban con agrado las consultas y curiosidad de sus clientes, y que consideren que las respuestas técnicas expertas son un ingrediente fundamental de sus productos de alimentación.

REFERENCIAS

La sequía puede acelerar la acumulación de almidón (...) Watts, KA. 2009. Carbohydrates in forage: What is a safe grass? En Advances in Equine Nutrition IV. Ed: JD Pagan, Nottingham University Press. RU. pág. 29.

El caballo en crecimiento es sensible a la calidad de las proteínas (...) NRC, 2007 (National Research Council). Nutrient Requirements of Horses. 6ª Edición revisada. The National Academies Press, 500 Fifth Street, NW. Washington, DC 2001.

La lisina es el aminoácido más limitante (...) Ott, EA. y J Kivipelto. 2002. Growth and development of yearling horses fed either alfalfa or Coastal Bermudagrass hay and a concentrate formulated for bermudagrass hay. J. Equine Vet. Sci. 22:311-319)

Académico y completo (...) NRC, 2007 (National Research Council). Nutrient Requirements of Horses. 6ª Edición revisada. The National Academies Press, 500 Fifth Street, NW. Washington, DC 2001.

Aumento de cuatro veces la probabilidad de cólico (...) Tinker, MK, NA White, P Lessard, CD Thatcher, KD Pelzer, DK CArmet. 1997. Prospective study of equine colic risk factors. Equine Vet. J. 29:454-458.

Investigadores de la Universidad de Cornell (...) Lawrence, L., L. Soderholm, A Roberts, J Williams, H Hintz. 1993. Feeding status affects glucose metabolism in exercising horses. J. Nutr. 123:2152-2157.

Si se cocina, el maíz se digiere mucho más rápidamente (...)Meyer, H., S Radicke, E Kienzle, S Wilks, D Kleffken. 1993. Investigations on preileal digestion of oats, corn and barley starch in relation to grain processing. En: Proceedings of the 13th Equine Nutrition and Physiology Symposium. Págs. 92-97. Florida.

Pruebas exitosas con 15% de aceite vegetal (...) Holland, JL., DS Kronfeld, GA Rich, KA Kline, JP Fontenot, TN Meacham, PA Harris. 1998. Acceptance of fat and lecithin containing diets by horses. Appl. Anim. Behavior. Sci. 56:91-96.

93-95% de digestibilidad para la grasa (...) Kronfeld, DS., JL Holland, GA Rich, SE Custalow, JP Fontenot, TN Meacham, DJ Sklan, PA Harris. 2004. Fat digestibility in Equus caballus follows first-order kinetics. 2004. J. Anim. Sci. 82:1773-1780.

Éxito medible con MEVC (...) Foreman, JH. 2005. Losing control: Nutrition-related diseases of the central nervous system. En Advances in Equine Nutrition III. JD Pagan, ed. Nottingham University press. Nottingham. REINO UNIDO.

Mayor biodisponibilidad de la vitamina E natural (...) Pusterla, N., B. Puschner, S. Steidl, J. Collier, E. Kane, RL Stuart. 2010. Vet Record. *a-tocopherol concentration in equine serum cerebrospinal fluid after vitamin E supplement. 166:12, 366-368. doi:10.1136/vr.b 4802.*

Eficaz para la salud de las pezuñas en otras especies (...) Bergsten, C., PR *Greenough, JM Gay, WM Seymour, CC Gay. 2003. Effect of biotin supplementation on performance and claw lesions on a commercial dairy farm. J. Dairy Sci. 86:3953-3962.*

Efecto beneficioso de los FOS para los caballos (...) Respondek, F., AG Goachet y V Julliand. 2008. Effect of dietary short-chain fructooligosaccharides on intestinal microflora of horses subject to a sudden change of diet. J. Anim. Sci. 86:316-323.

9
NUTRICIÓN DEL GATO: PARADOJA EN SU MÁXIMA EXPRESIÓN

El gato es un animal carnívoro, lo que significa que su dieta se basa predominantemente en el consumo de otros animales. A diferencia de los omnívoros, los gatos no suelen consumir plantas directamente, salvo en raras ocasiones. Es importante tener en cuenta que el término "carnívoro" no se limita a ser simplemente un "comedor de carne", como suele pensar el ciudadano promedio. De hecho, la carne muscular pura es una fuente de nutrición deficiente para los gatos.

Cuando un carnívoro caza a su presa, consume mucho más que la carne del músculo. Si se les deja el tiempo suficiente con la presa, una manada de leones lo consumirá todo, es decir, todos los huesos y cartílagos, los intestinos y su contenido, la piel, el pelo y las garras. Al hacerlo, se consumen muchos tejidos y nutrientes además de la carne. Los huesos aportan minerales que son muy deficientes en la carne. Los órganos internos pueden ser bastante ricos en vitaminas que no abundan en la carne muscular. Invariablemente, la presa es un herbívoro, y su contenido intestinal no es sólo material vegetal, sino una cuidadosa selección de las partes más nutritivas de las plantas, y con una alta concentración de antioxidantes y otros micronutrientes.

La Figura 19 ilustra la anatomía digestiva del gato. Al igual que el hurón, el visón y otras especies carnívoras de baja ingesta de fibra, la anatomía es simplista y carece de compartimentos de fermentación. El intestino delgado del gato doméstico tiene un metro de largo y una velocidad de paso más rápida que la de los herbívoros. La menor cantidad de fibra y la mayor facilidad de digestión de la dieta convencional de los carnívoros permiten esta mayor velocidad de paso.

La frecuencia de alimentación de un verdadero carnívoro es mucho más episódica que la del omnívoro o el herbívoro. La mayoría de los zoológicos alimentan a sus carnívoros una vez al día, pero tienen un día a la semana en el que no se les proporciona comida o se les da sólo huesos. La gestión de los grandes félidos de este modo se basa en el hecho observable de que en la naturaleza a menudo pasan uno o dos días sin recoger ninguna presa. Las personas que tienen gatos domésticos saben que puede haber días en los que su ración diaria no les interesa.

Existen diferencias en el metabolismo de las proteínas de los gatos en comparación con los perros. En comparación con el perro, el gato es mucho menos capaz de regular positiva y negativamente las enzimas que intervienen en la degradación de los aminoácidos. Esto quiere decir que si la ingesta de proteínas de un perro se resiente, éste es capaz de regular negativamente las enzimas que metabolizan los aminoácidos y se ve menos afectado por una dieta deficiente en proteínas. El perro, a su vez, tiene menor capacidad para esta regulación que la rata. La desaparición de estas enzimas que degradan las proteínas (para uso como fuente de energía, por ejemplo) toma de uno a cinco días en el perro, y una vez ocurrido este cambio, el perro es incapaz de utilizar eficientemente una dieta alta en proteínas hasta que las enzimas vuelvan a aumentar.

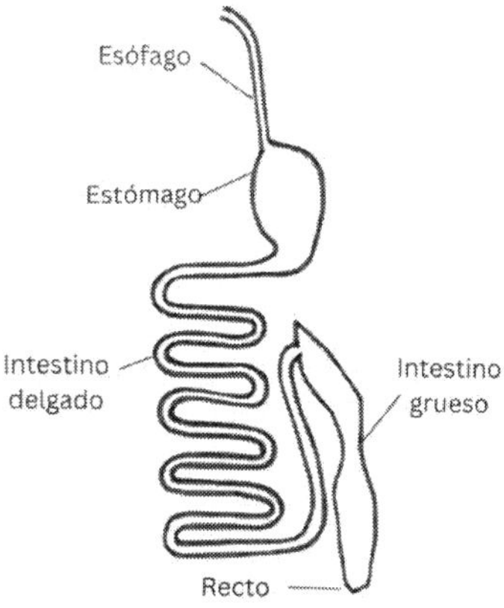

Figura 19. *Anatomía digestiva del gato doméstico*

Para el gato, estas enzimas siempre funcionan a su máxima capacidad. Por lo tanto, el gato hace un intercambio. Al confiar en que siempre podrá conseguir una comida alta en proteínas, renuncia a la opción de ser capaz de mantener el equilibrio de nitrógeno con una comida baja en proteínas. La ventaja adicional de esto para el gato es que si no ha comido durante cinco días debido a una mala suerte en la caza, sus enzimas están completamente preparadas para hacer un uso eficiente de la comida rica en proteínas cuando finalmente la consiga. Esto no sucede con el perro. Si el perro no ha comido durante cinco días y luego captura un pájaro, una ardilla o encuentra huevos de codorniz, no obtendrá el mismo sustento de la comida que el gato.

Este hecho realmente pone de manifiesto la increíble capacidad del gato como depredador. La evolución no habría permitido que el gato sobreviviera como especie utilizando su estrategia alimentaria carnívora si ésta no fuese altamente exitosa. Dicho de otro modo, la capacidad de regular negativamente las enzimas que degradan las proteínas no habría quedado latente en el gato si no fuera un cazador tan competente y letal.

El gato también es diferente en otros aspectos. La capacidad de sintetizar el aminoácido taurina está casi ausente en los carnívoros, por lo que, a diferencia del perro, el gato necesita taurina en su dieta. Pero también en este caso, parece que la evolución sabía lo que hacía. La taurina es uno de los aminoácidos libres (no utilizados en las proteínas) más abundantes en los mamíferos, siendo más frecuente en el cerebro, el corazón y el músculo esquelético. Como tal, es un componente rutinario de la dieta de un carnívoro, y la falta de capacidad para su síntesis es poco preocupante.

Sin embargo, los gatos alimentados con una dieta vegetariana, o con comida para perros, pronto mostrarán síntomas de deficiencia de taurina, los cuales, si no se tratan, conducen a la ceguera y a la insuficiencia cardíaca. Si se les alimenta con una dieta de proteínas de buena calidad y en la cantidad adecuada, no se observa jamás una deficiencia de taurina en el gato. Los vendedores que pregonan que su producto contiene taurina, dando a entender que los que no la contienen son inferiores, ocultan el hecho de que si su dieta se ajustara a la herencia genética de los carnívoros, no sería necesario añadir taurina.

La Tabla 13 (Apéndice, página 311) muestra los requerimientos nutricionales de gatos adultos para la reproducción y mantenimiento, según el Consejo Nacional de Investigación (NRC 2006). Cualquier alimento comercial de calidad para gatos cumplirá estos requisitos. Pero hay un aspecto de la nutrición felina que se ignora por completo en esta Tabla. Observará que no aparecen los carbohidratos. Este es el mismo principio que hemos tratado para el perro, el caballo y el ser humano. El gato no sólo está mal equipado para hacer frente a una ingesta constante de carbohidrato soluble, sino que es el menos preparado de todos los animales de compañía.

La Tabla 11 es un resumen de los alimentos de la Tabla 6 del Capítulo 3 y presenta una lista del contenido de carbohidrato soluble en las clases generales de tipos de alimentos en el mundo primitivo.

Tabla 11. *Carbohidrato soluble en los alimentos (%, en base fresca)*

Alimento	**Contenido de carbohidrato soluble (%)**
Carne y pescado	1
Nueces	1-2
Brotes de hierba	2-5
Insectos	1
Frutas	6-8
Leche	3
Verduras	4
Alimento seco para gatos	35-45

La presa de un carnívoro, incluyendo el contenido intestinal herbáceo, es una fuente muy baja de carbohidrato soluble. La carne tiene un 1% de carbohidratos, principalmente en forma de glucógeno. El contenido intestinal de los animales de presa puede que tenga un promedio del 4% al 5%. Un alimento seco expandido para gatos, para su correcta fabricación, debe tener al menos entre un 35% y un 45% de carbohidrato soluble. Esto significa que un gato alimentado exclusivamente con una dieta de croquetas secas está consumiendo de 10 a 20 veces el nivel de carbohidrato soluble previsto por la evolución. Aunque el gato puede digerir una dieta de este tipo, al igual que nosotros podemos comer ocasionalmente azúcar, una dieta constante con la composición de la comida seca para gatos (35% a 45% de almidón más azúcar) conducirá a una nutrición subóptima y a muchos problemas colaterales sutiles, entre los que destacan la obesidad y el síndrome metabólico (diabetes). No hay ninguna prueba de ello en la bibliografía científica sobre el gato, pero esto no debería sorprendernos. Desde hace años, científicos reputados han afirmado que el exceso de carbohidrato soluble es un problema, y pocos han hecho caso. Le recuerdo las enseñanzas del Dr. Atkins: que la reducción de peso en los seres humanos es más fácil de conseguir con una dieta alta en grasas y proteínas y baja en carbohidratos, lo cual fue demostrado una vez más en la bibliografía científica revisada por expertos en 2008.

Si esto es cierto para un omnívoro que está diseñado para encontrar carbohidrato soluble sólo en contadas ocasiones, ¿no sería aún más cierto para un carnívoro obligatorio que rara vez consume carbohidrato soluble? Puede que no haya pruebas de esto en la bibliografía científica sobre el gato, pero sí hay investigaciones en la bibliografía que apoyan esta hipótesis.

El perro, al igual que otros omnívoros, fabrica glucosa (denominada gluconeogénesis) principalmente después de una comida. El gato, en cambio, está siempre en estado de gluconeogénesis, fabricando siempre azúcar, una estrategia típica de una especie que no está acostumbrada a ingerir cargas periódicas de glucosa o de carbohidrato soluble. Los gatos tardan más que los perros en eliminar una carga dietética de glucosa y sufren galactosemia y galacotosuria si se les alimenta con dietas que contienen un 39% de galactosa.

En otras especies existe una enzima hepática llamada

glucoquinasa que responde a la dieta y a los niveles de glucosa en sangre, pero en el gato esta enzima está disminuida y probablemente conduce a tasas de utilización de la glucosa más bajas. Un investigador no encontró sacarasa ni lactasa en el tejido pancreático del gato. Otro informó de la existencia de glucosuria (descarga del azúcar de la sangre hacia la orina) en gatos alimentados con una dieta con un 25% de glucosa.

En la medida en que los expertos estén dispuestos a estimar un límite superior seguro de carbohidrato soluble para los gatos, éste es de tres a diez veces menor que para el perro. Según los autores del NRC, el grado de digestión de los carbohidratos por parte del gato es controvertido y, aunque pueden absorber bien los carbohidratos de la dieta, la tasa de utilización de la glucosa resultante es probablemente mucho menos eficiente.

DIETAS ENLATADAS

De lo anterior se desprende que las dietas de croquetas secas para gatos podrían aportar más carbohidrato soluble de lo necesario y más de lo que es conveniente para su salud. Las comidas enlatadas para gatos son más comunes que las comidas enlatadas para perros. Dado que los gatos son más pequeños que los perros, cuesta menos mantenerlos porque comen porciones más pequeñas. Por lo tanto, los tutores de gatos tienden a estar más dispuestos a pagar un precio más alto en comida enlatada. Además, las dietas enlatadas tienen una mayor palatabilidad para los gatos, famosos por lo quisquillosos que pueden ser.

La buena noticia es que es posible elaborar alimentos enlatados para gatos sin carbohidrato soluble y, en este sentido, yo recomiendo el uso de alimentos enlatados para gatos en lugar de croquetas secas. Aunque la comida enlatada para gatos no pueda considerarse una dieta completa, puede utilizarse como sustituto parcial de las croquetas secas para disminuir la ingesta de carbohidrato soluble en los gatos. Es importante tener cuidado de no dar una cantidad excesiva de comida enlatada para gatos, además de la cantidad estándar de comida seca, ya que esto puede provocar obesidad. Sin embargo, la mayoría de los gatos reducirá voluntariamente su consumo de comida seca a medida que se les proporcione más comida enlatada. Es importante tener en cuenta que la acumulación de sarro en las encías puede ser más común en los gatos alimentados con comida enlatada.

DIETAS CRUDAS

Los alimentos enlatados para gatos tienen un inconveniente similar al que se mencionó anteriormente para los alimentos enlatados para perros. Estos alimentos son estériles por diseño y por definición. Por supuesto, una comida sin bacterias ni mohos no representa un problema. Pero toda una vida alimentándose exclusivamente de alimentos estériles puede no ser beneficioso para el gato desde el punto de vista nutricional.

He hecho referencia a la imagen común que se puede encontrar en los folletos de viajes, donde se muestra a un leopardo descansando en un árbol con su presa colgando de una rama. El leopardo se retira a esta posición elevada para evitar que otros animales le roben su cena y, al hacerlo, puede haber arrastrado el cadáver a medio comer por muchos metros de tierra africana. En los climas donde los leopardos habitan, los insectos y las moscas son abundantes, y el sol puede ser muy intenso, lo que aumenta la carga bacteriana de cualquier alimento que se encuentre expuesto a estos factores.

Los carnívoros salvajes nunca comen alimentos estériles y están bien equipados para enfrentarse a las bacterias. Es común observar a un gato silvestre comiendo el cadáver de un pollo que encontró en la basura. Si bien esta no es la vida ideal que los amantes de los gatos desean para sus animales, a menudo es más saludable desde el punto de vista nutricional. Una solución ideal para alimentar a un gato es darle una dieta cruda preparada comercialmente. Sin embargo, es importante tener en cuenta que las dietas crudas requieren precaución y sentido común en cuanto a la descongelación y conservación, ya que pueden ser vectores para la entrada de patógenos en el hogar, lo cual es una gran preocupación para las autoridades sanitarias.

Las dietas crudas son cada vez más fáciles de conseguir, ya que los emprendedores buscan satisfacer la creciente demanda del mercado. En la mayoría de los casos, las dietas crudas están disponibles en forma fresca y congelada. Los alimentos crudos para gatos ya sean frescos o congelados, tienen menos carbohidrato soluble, no son estériles y no sufren la desnaturalización de las enzimas nativas causada por el calor del enlatado o la extrusión. Esto permite superar los mayores inconvenientes de los alimentos extruidos y enlatados.

Puede que no sea factible renunciar por completo a la comida seca extrusionada para sus gatos y darles todo fresco o congelado, pero si sustituye aunque sea parcialmente las croquetas secas, mejorará la nutrición de su gato. Quizá pueda considerar la posibilidad de tener tres tipos de comida para sus gatos: algo de croquetas, algo de comida enlatada y algo de comida cruda.

REFERENCIAS

El gato es mucho menos capaz de regular positiva y negativamente (...) Rogers, QR., JG Morris, RA Free- land. 1997. Lack of hepatic enzymatic adaptation to low and high levels of dietary protein in the adult cat. Enzymes 22:348-356; y (...) Tews, JK., QR Rogers, JG Morris, AE Harper. 1984. Effect of dietary protein and GABA on food intake, growth and tissue metabolism of the cat. Physiol. Behavior. 23:301-308.

El perro es menos capaz que la rata (...) Morris, JG., QR Rogers, JA O'Donnell. 2004. Hepatic enzyme activity of puppies given adequate or high protein diets. Comp. Cont. Educ. Pract. Vet. 24:71 (resumen).

La deficiencia de taurina no tratada provoca ceguera (...) NRC. 2006. Consejo Nacional de Investigación. Nutrient Requirements of dogs and cats. The National Academies Press. 500 Fifth Street, N.W. Washington, D.C. 20001.

Enseñanzas de Atkins (...) Atkins, RC. 2002. Dr. Atkins' New Diet Revolution. M. Evans and Co., Inc. Nueva York, NY. 10017.

Una vez más se ha demostrado en la bibliografía científica (...) Shai, RD., D. Schwarzfuchs, Y Henkin, et al. 2008. Weight loss with a low-carbohydrate, Mediterranean, or low-fat diet. N. Eng. J. Med. 359:229-241. (Corrección posterior: N. Eng. J. Med. 2008. 359(20):2169.)

El gato está siempre en estado de gluconeogénesis (...) Kienzle, E. 1993a. Carbohydrate metabolism in the cat. 2. Digestion of starch. J. Anim. Physiol. Anim. Nutr.69:102-114; y Kienzle, E. 1993b. Carbohydrate metabolism in the cat. 3. Digestion of sugars. J. Anim. Physiol. Anim. Nutr. 69:203-210.

Los gatos tardan más que los perros en eliminar una carga de glucosa (...) Kienzle, E. 1994. Blood sugar levies and renal sugar excretion after the intake of high carbohydrate diets in cats. J. Nutr. 124:2563S-2567S.

Lleva a menores tasas de utilización de la glucosa (...) Ballard, FJ. 1965. Glucose utilization in the mammalian liver. Comp. Biochem. Physiol. 14:437-443.

No encontró sacarasa ni lactasa en el páncreas (...) Kienzle, E. 1993. Carbohydrate metabolism in the cat. 4. Activity of maltase, isomaltase, sucrase and lactase in the gastrointestinal tract in relation to age and diet. J. Anim. Physiol. Anim. Nutr. 70:89-96.

Otro informe de glucosuria (...) Drochner, W., y S Muller-Schlosser. 1980. Digestibility and tolerance of various sugars in cats. En Nutrition of the Dog and the Cat. Págs. 101-111. RS Anderson, ed., Londres: Pergamon press.

Límite de carbohidrato soluble para gatos (...) NRC. 2006. Consejo Nacional de Investigación. Nutrient Requirements of dogs and cats. The National Academies Press. 500 Fifth Street, N.W. Washington, D.C. 20001. Tablas 4-9, página 73; controversial, página 55; tasa de uso, página 52

10

VITAMINAS Y NUTRACÉUTICOS

El papel que desempeñan las vitaminas en el organismo no siempre es evidente. Si lo comparamos con una falta de energía en la dieta, ésta se siente rápidamente, a veces en cuestión de horas. En cambio, la carencia de una vitamina puede tardar mucho más en manifestarse. Incluso cuando la deficiencia de una vitamina en particular está aumentando, como en el caso de un problema de piel, puede que no sea evidente o que no tenga un impacto significativo en la vida diaria. Por supuesto, esto es parte del diseño general que permite a los mamíferos tolerar las deficiencias temporales. Algunas vitaminas se almacenan en diferentes partes del organismo, como el hígado o el tejido graso. Como he mencionado anteriormente, la vitamina A se almacena en el hígado de manera tan eficiente que el hígado de una foca es tóxico y los osos polares no lo consumen. Cuando un oso polar se alimenta de una foca ocelada, lo único que se encuentra en la gran mancha de nieve ensangrentada es el hígado de la foca. Se estima que un ser humano almacena suficiente vitamina A en el hígado para sobrevivir durante muchos meses sin ingerirla.

Las vitaminas son esenciales para la vida, lo que significa que las criaturas no pueden producirlas por sí mismas y deben obtenerlas a través de los alimentos o, en el caso de la vitamina D, producirlas a través de la exposición al sol en la piel. Sin embargo, la idea de que todas las personas y animales de compañía deberían tomar suplementos de todas las vitaminas en cantidades mínimas definidas regularmente, diariamente o semanalmente, es un pensamiento común entre aquellos que no tienen conocimientos especializados en la materia. Existen muchas tablas que enumeran las cantidades diarias recomendadas de vitaminas y oligoelementos no sólo para los seres humanos sino también para prácticamente todos los animales como aves de corral, e incluso los peces. En el Apéndice se pueden encontrar la Tabla 13 para gatos, la Tabla 14 para perros y la Tabla 15 para caballos, que detallan los requerimientos nutricionales de estos animales en términos de vitaminas y oligoelementos.

El punto de vista convencional aceptado por los nutricionistas de animales es que los rumiantes adultos no requieren suplementación de vitaminas B en su dieta. Esto se debe a que su rumen está lleno de bacterias vivas que producen las vitaminas B necesarias, las cuales son absorbidas por el huésped más adelante en el tracto digestivo. Curiosamente, esta perspectiva convencional sobre los herbívoros no se aplica a los monogástricos, ignorando algunos hechos perfectamente evidentes. ¿Cómo sobreviven todos los mamíferos monogástricos en la naturaleza sin sucumbir a la deficiencia de vitaminas? Jamás en su vida toman ninguna píldora ni suplemento vitamínico, y sin embargo se reproducen y disfrutan de vidas sanas y plenas.

Por otro lado, ¿cómo ha podido sobrevivir especie alguna durante millones de años hasta el presente sin suplementos vitamínicos? ¿Y qué pasa con los miles de millones de bacterias presentes en el intestino de todos los mamíferos, no sólo en los rumiantes? ¿Es posible que en un monogástrico sano estas bacterias produzcan vitaminas que luego son absorbidas por su huésped? Muchas personas toman vitaminas, pero muchas más no lo hacen y parecen llevar una vida saludable.

En su libro Good Calories, Bad Calories, Taubes señala que los primeros investigadores que descubrieron y demostraron los requerimientos de vitaminas encontraron que se podían inducir síntomas de deficiencia en animales de experimentación alimentándolos con una dieta alta en cereales refinados y azúcar. Esto no niega este trabajo de base ni el hecho de que las vitaminas son esenciales y necesarias, pero nos hace cuestionarnos: si se da una dieta baja en cereales refinados y azúcar, ¿sigue siendo necesaria la suplementación? ¿Es necesaria la suplementación en todas las dietas? ¿Es posible que los requerimientos vitamínicos se puedan satisfacer sin la necesidad de suplementos a través de ciertas dietas, o al reducir la cocción y el daño por calor, o al fomentar el crecimiento de bacterias saludables que prosperan en el intestino de animales alimentados adecuadamente?

Los dingos, los coyotes, los lobos, los tigres y los leones sobreviven en la naturaleza sin suplementos vitamínicos. Si nuestra comprensión de los requerimientos de vitaminas es correcta, estas criaturas salvajes están satisfaciendo sus necesidades de alguna manera distinta a los suplementos. O eso, o nuestra comprensión de los requerimientos de vitaminas de los animales no es correcta. Lo más probable es que nuestra comprensión actual de los requerimientos de vitaminas de un animal esté bien informada y sea correcta en la mayoría de los casos. Pero los profesionales de la nutrición, así como el consumidor no especializado, deben estar más abiertos a la posibilidad de que los animales puedan satisfacer sus requerimientos de vitaminas por medios distintos a la suplementación y a que las dietas que necesiten suplementación para corregir la deficiencia de vitaminas puedan ser dietas equivocadas.

Le propongo considerar lo siguiente: una dieta adecuadamente equilibrada y sin procesar proporciona vitaminas y enzimas en su forma natural, sin desnaturalización por el calentamiento, y fomenta el crecimiento de bacterias amistosas que sintetizan las vitaminas absorbidas por el huésped. Además, según esta hipótesis, las dietas ricas en carbohidrato soluble podrían disminuir la absorción de vitaminas debido a posibles alteraciones en el crecimiento microbiano, ya sea por la proliferación de bacterias inapropiadas, la inhibición de bacterias beneficiosas o ambas.

Como se ha explicado, una característica distintiva de la dieta salvaje es su bajo contenido de carbohidrato soluble. Existen pruebas concluyentes de que las dietas ricas en carbohidrato soluble aumentan la necesidad de al menos una vitamina. En una línea de razonamiento documentada por Taubes, se señala que los diabéticos y las personas con síndrome metabólico tienen niveles circulantes significativamente más bajos de vitamina C. Esto se debe a que la glucosa y la vitamina C compiten por los mismos sitios de absorción para el transporte hacia la célula, y dado que la glucosa domina en este proceso, regula efectivamente la cantidad de vitamina C que entra en la célula. Se ha demostrado que la infusión de glucosa en los sujetos de ensayo provoca una disminución de los niveles de vitamina C en la sangre.

La mentalidad de la época en que se descubrieron las vitaminas, en las décadas de 1920 y 1930, sigue arraigada en la sabiduría convencional. Los investigadores solían producir deficiencias en animales y luego suplementarlos con compuestos vitamínicos candidatos para determinar cuál de ellos revertía el síntoma. Este enfoque se basó en la conocida historia del escorbuto en los marineros y cómo se podía prevenir y curar con cítricos. Siglos después de que se reconociera que los cítricos curaban el escorbuto, se descubrió que el componente activo era el ácido ascórbico, es decir, la vitamina C. Las primeras investigaciones demostraron que el beriberi, una deficiencia vitamínica causada por una dieta rica en arroz pulido, podía prevenirse al comer arroz integral o revertirse al agregar cáscara de arroz. Posteriormente se descubrió que el ingrediente activo de la cáscara de arroz es la tiamina, es decir, la vitamina B1.

Cuando la vitamina A revirtió la ceguera nocturna en un animal, se concluyó lógicamente que la falta de vitamina A podría causar ceguera nocturna. Sin embargo, utilizar esta evidencia como prueba de que todo el mundo necesita vitamina A en todas las dietas y en todo momento, no es una conclusión respaldada por la evidencia disponible.

Además del contenido vitamínico de la dieta, la preparación y la composición de la dieta utilizada para producir la deficiencia pueden desempeñar un papel fundamental. En 2005, Liu recopiló una serie de datos provocativos utilizando el sitio web del Departamento de Agricultura de EE.UU. para la composición de los alimentos (http://www.nal.usda.fnic). La Tabla 12 muestra la pérdida de nutrientes en el trigo integral tras su refinado en harina blanca no enriquecida.

Tabla 12 *Nutrientes restantes en el trigo integral tras su refinado en harina blanca no enriquecida*

Nutriente	**Porcentaje restante**
Vitamina E	5
B6	13
Magnesio	15
Manganeso	18
Riboflavina	19
Niacina	20
Fibra	22

Nutriente	Porcentaje restante
Zinc	24
Potasio	26
Tiamina	27
Hierro	30
Fósforo	31
Cobre	38
Sodio	40
Pantotenato	43
Calcio	44
Selenio	44
Grasa	52
B12	59
Folato	59
Proteína	75
Energía	105

Dada la fragilidad de muchas vitaminas en presencia del calor o del agua hirviendo, la adicional erosión de los nutrientes de la harina blanca al hornearse para hacer el pan añade un nuevo significado al término "calorías vacías". La fruta y la verdura maduras consumidas en el momento, sin que el calor las dañe, tienen una nutrición completa. Pero no se puede esperar que el sistema moderno de adquisición de alimentos proporcione alimentos frescos y crudos a todo el mundo. Siete mil millones de personas simplemente no pueden subsistir como cazadores-recolectores en un solo planeta tierra. Al menos, no de la forma en que estamos establecidos hoy en día. Podemos hacerlo mejor, y hay un movimiento en marcha para empujarnos en esa dirección. Mientras tanto, hay pruebas convincentes de que el hombre occidental ha alterado su entorno más allá de la zona de confort de su herencia genética y la de sus animales de compañía. Se necesitan soluciones creativas.

VITAMINAS

Ya que la vitamina C es bien conocida, sería raro no abordarla en esta sección, por lo que, aunque los perros, gatos y caballos no requieren vitamina C en su dieta, se ofrece una breve reseña sobre su función. El ácido ascórbico (vitamina C) es una vitamina necesaria para los seres humanos, los grandes simios y, curiosamente, las cobayas. Algunas serpientes, pájaros y murciélagos frugívoros también necesitan vitamina C en su dieta. Los animales de los que hablamos, el perro, el gato y el caballo, pueden fabricar vitamina C por sí mismos a partir de la glucosa.

Como se ha mencionado previamente, el descubrimiento del genoma humano ha demostrado que los seres humanos poseen el ADN necesario para producir su propia vitamina C. Sin embargo, el último paso enzimático se encuentra desactivado por otro gen. Los murciélagos frugívoros pueden proporcionarnos una pista de por qué algunas especies todavía necesitan vitamina C. Se podría suponer que un murciélago que se alimenta principalmente de frutas frescas consume una buena cantidad de vitamina C. Tal vez una mutación fortuita, que desactivó la maquinaria metabólica de una vía redundante (ya que la vitamina C ya era abundante en la dieta), ahorró energía y proporcionó una ventaja de supervivencia.

La glucosa se utiliza para fabricar vitamina C, y es posible que la dieta ancestral de los seres humanos y los grandes simios proporcionara la cantidad adecuada de vitamina C. Una mutación que cerrara la vía para producir la vitamina C ahorraría energía (y glucosa) y no causaría ningún daño debido a que la vitamina C estaba presente de forma constante en la dieta. Lo que hoy se considera una desventaja, la necesidad de vitamina C en la dieta, pudo haber sido una ventaja en el entorno ancestral.

El ácido ascórbico funciona como catalizador en muchas reacciones del organismo y como cofactor en la síntesis de varias hormonas. Es necesario para producir colágeno, la principal proteína estructural de los animales. Los síntomas de deficiencia incluyen el retraso en la cicatrización de las heridas, la fragilidad capilar y las hemorragias. Una afección común de los marineros con escorbuto era el sangrado de las encías. Tal vez la función más conocida de la vitamina C sea la de eliminar los radicales libres, que son subproductos reactivos del oxígeno generados durante el metabolismo, así como los efectos dañinos del medio ambiente, como la radiación solar.

A continuación, veremos en qué se diferencian las especies que nos ocupan o qué es importante mencionar con respecto a las vitaminas y otros micronutrientes. En primer lugar, enumeraremos cada vitamina y presentaremos un breve resumen de su principal función metabólica.

Vitamina A: Esta vitamina se disuelve en la grasa pero no en el agua, lo que la hace liposoluble. Es esencial para el crecimiento, la visión, la diferenciación celular (por lo tanto, es fundamental para el feto en desarrollo) y la función inmune. Se obtiene a partir de los carotenoides de las plantas, como el β-caroteno, y el aceite de hígado de bacalao y la mantequilla son también fuentes adecuadas de la misma.

Vitamina D: Liposoluble. Es necesaria para una adecuada estructura ósea, ya que regula el calcio y el fósforo. El calcio es necesario para varias funciones críticas, como la contracción muscular, la coagulación de la sangre y las señales nerviosas. El aceite de pescado es una buena fuente de esta vitamina. Los gatos y, probablemente, los perros no obtienen beneficios de la exposición solar, por lo que necesitan obtener esta vitamina a través de su dieta. Algunos animales pueden utilizar la forma precursora de la vitamina D en su dieta, pero la forma comercial de la vitamina D funciona para todas las especies. La vitamina D está experimentando un renovado interés debido a su posible papel en otros aspectos importantes del metabolismo, como el cáncer.

Vitamina E: Liposoluble. Antioxidante y eliminador de radicales libres, previene el daño oxidativo de las membranas lipídicas. Puede actuar en sinergia con la vitamina C. Es común en los aceites vegetales y su deficiencia puede causar anemia hemolítica (rotura de glóbulos rojos). La vitamina E puede existir en ocho formas estructurales diferentes dependiendo de la disposición de sus átomos. La vitamina E natural es preferible ya que contiene una sola forma y es más eficaz, pero también es más costosa. Tanto la vitamina E natural como la sintética son moléculas frágiles y se degradan con el tiempo, por lo que siempre se protegen por un proceso llamado esterificación, mediante la unión de una molécula de acetato. Esto reduce su biodisponibilidad en cierta medida, pero aumenta su vida útil, lo que se considera una solución aceptable.

Vitamina K: Liposoluble. Común en plantas como espinacas, brócoli y tomates, y también presente en cantidades significativas en el hígado. Necesaria para la coagulación normal de la sangre. Muchas especies pueden satisfacer sus necesidades totales a través de la síntesis intestinal realizada por las bacterias.

Tiamina (vitamina B1): Se disuelve en agua, por lo que se denomina hidrosoluble, al igual que todas las vitaminas que le siguen; también se denomina vitamina B debido a las etiquetas arbitrarias que se utilizaban en los primeros días del descubrimiento de las vitaminas. La tiamina se encuentra en cantidades modestas en las plantas y los animales y se encuentra en mayores concentraciones en el germen de trigo, el hígado y el riñón, la levadura y las semillas de legumbres. Algunas plantas (por ejemplo, la soja) contienen una enzima que destruye la tiamina, pero la cocción de la planta destruye esta enzima. Las funciones críticas de la tiamina son el metabolismo energético y el de los carbohidratos. La carencia aguda afecta al corazón y al sistema nervioso, mientras que la carencia crónica afecta al miocardio y a los nervios periféricos.

Riboflavina (vitamina B2): Los productos animales, incluyendo la leche, son buenas fuentes de riboflavina, mientras que las plantas y los cereales son fuentes pobres. La riboflavina forma parte de la coenzima llamada FAD (flavina adenina dinucleótido), indispensable para el metabolismo energético. También es esencial en la regeneración de las moléculas limpiadoras que se dañan en su papel de protección contra los peróxidos lipídicos.

Piridoxina (vitamina B6): Se conocen más de cien reacciones enzimáticas que utilizan piridoxal-5'-fosfato (PLP), la forma activa de la vitamina B6. Debido a su importancia en tantas reacciones, incluyendo la síntesis de la vitamina niacina, la piridoxina afecta a la producción de glucosa, la función de los glóbulos rojos, el sistema nervioso y la respuesta inmune. Se encuentra en casi todos los alimentos, pero la vitamina B6 es más abundante en el huevo, la carne, el pescado, las espinacas, las zanahorias, las nueces y el germen de trigo. Se trata de una vitamina frágil que puede ser dañada durante la cocción y el procesamiento de los alimentos. La forma comercial utilizada y mostrada en las etiquetas de los alimentos es el clorhidrato (HCL) de piridoxina.

Niacina: Forma parte de la coenzima nicotinamida adenina dinucleótido (NAD), un cofactor en muchas reacciones críticas. Cura la pelagra en seres humanos con una dieta alta en maíz, y la lengua negra en perros. En México el maíz se trata previamente sumergiéndolo en agua de cal fría, lo que libera la niacina para que pueda ser absorbida. Es bastante común en los alimentos vegetales y animales, pero también puede ser un nutriente delicado ya que su ebullición en agua puede destruirla.

Pantotenato: Forma una parte indispensable de la coenzima A, una molécula crucial para el metabolismo. Podría decirse que ninguna molécula es más importante. Se encuentra en una gran variedad de alimentos: ternera, cerdo, leche, huevos, pescado de agua salada, trigo integral, judías y fruta fresca. El procesamiento y la cocción pueden reducir su biodisponibilidad.

Folato: Las distintas formas de folato son cofactores en el metabolismo de los aminoácidos, los nucleótidos y los compuestos de una unidad de carbono. El folato ha ganado renombre recientemente debido a su papel en la prevención de los defectos del tubo neural en los recién nacidos, de ahí que se recomiende ampliamente a las mujeres embarazadas. Se encuentra en muchos alimentos, siendo buenas fuentes el hígado animal, el trigo integral, las verduras de hoja verde y la levadura de cerveza.

Vitamina B12 (cobalamina): Esta vitamina es única porque sólo la producen los microorganismos. Todos los animales, independientemente de cómo obtengan la B12, la obtienen bien directamente de los microbios o de algo que los contenga. En el centro de esta molécula se encuentra el mineral cobalto, por lo que es posible que si se proporciona cobalto a una microbiota intestinal activa, no exista necesidad de consumir cobalamina. Las plantas y todas sus partes carecen de B12. La única fuente dietética son los alimentos de origen animal. Las fuentes ricas son el hígado y los riñones de los animales, la leche y el queso, y varios alimentos marinos. Su papel en la formación de la sangre es bien conocido; la anemia es un síntoma clásico de su deficiencia.

Biotina: Descubierta en 1927, se sabe que cuatro enzimas requieren biotina como cofactor. La absorción de la biotina proveniente de la dieta suele estar entre un 25% y un 60%, y el hígado parece almacenarla bien. La deficiencia en la dieta puede manifestarse como un manto pobre e infecciones cutáneas, al igual que ocurre con muchas vitaminas. Otro signo de deficiencia es la malformación de los recién nacidos. No existen recomendaciones firmes sobre la ingesta diaria para todas las especies, pero se recomiendan 0,03 miligramos al día para las personas adultas. La biotina se encuentra ampliamente en los alimentos naturales y es relativamente rica en la yema de huevo, el hígado y algunas verduras. Como se ha mencionado, hay pruebas de que la biotina desempeña un papel importante en la salud de las pezuñas y la integridad de la piel, pero puede tardar hasta seis meses para que su efecto se extienda desde la parte superior de la pezuña hasta el suelo.

NUTRACÉUTICOS

Existe una clase de nutrientes que entran en una categoría llamada nutracéuticos. La característica que los define es que cuando se incluyen en la dieta en cantidades minúsculas, al igual que las vitaminas o los oligoelementos, tienen efectos beneficiosos, pero no son necesariamente esenciales para la vida. En una época pasada, podrían haberse clasificado como vitaminas, pero como nuestra arrogancia es tal, la categoría de vitaminas no acepta nuevos candidatos.

Algunas personas han argumentado que esta clase de nutrientes se podría denominar nutricinas, ya que nutracéutico es un término que puede llevar a confusión al alinearse con el término farmacéutico, que se refiere a la intervención para mejorar una patología. Los nutracéuticos no arreglan un metabolismo estropeado, sino que ayudan a que uno en funcionamiento funcione mejor. Un ejemplo de nutracéutico es la coenzima Q, también conocida popularmente como CoQ o CoQ10. También conocida como ubiquinona, debido a que se encuentra en muchos sistemas biológicos, el "10" refleja un aspecto único de su estructura molecular. Una de sus funciones principales es participar en el intercambio de electrones con el citocromo C, el sistema enzimático presente en toda la biología. Aunque algunos consideran que la CoQ es un nutriente beneficioso importante para el metabolismo, no abundan las pruebas científicas contundentes. Los principios activos de las plantas de naturaleza alimentaria saludable, como el ginkgo o el ginseng, también se consideran nutracéuticos. Se puede comprender mejor esta clase de nutrientes al analizar uno en particular, los ácidos grasos omega-3.

Hace 20 años, en la literatura de nutrición humana, ya se hacía referencia a los ácidos grasos omega, y la conciencia sobre ellos se ha extendido gradualmente entre la mayoría de los técnicos en nutrición humana, aunque no se tiene un entendimiento completamente claro al respecto. Como antecedente para esta discusión, sería útil hacer una revisión sobre bioquímica básica, para luego poder encontrar utilidad en los datos sobre seres humanos.

Aunque técnicamente los ácidos grasos son ácidos, el término es un poco engañoso porque el concepto básico se entiende mejor si utilizamos el término "grasa" en lugar de ácido graso. Las moléculas de grasa son una de las formas que tiene la naturaleza de almacenar energía, y esto se logra construyendo cadenas largas de átomos de carbono. Estructuralmente, las grasas se diferencian de los carbohidratos, que son anillos de átomos de carbono, y de las proteínas, que son átomos de carbono y nitrógeno formando cadenas y ramas.

Hagamos un breve repaso sobre las grasas tratadas en el Capítulo 2: las moléculas de grasa comunes tienen hasta 22 carbonos en una fila, con cantidades variables de hidrógeno unido. Si contiene mucho hidrógeno, se llama grasa saturada, lo que significa que no tiene cabida para más moléculas de hidrógeno y se encuentra saturada de hidrógeno. Si le falta algo de hidrógeno, es una grasa insaturada, y si le falta mucho hidrógeno, se llama grasa poliinsaturada, normalmente abreviada como AGP (PUFA, en inglés). Las grasas saturadas suelen ser sólidas y proceder de animales (sebo, manteca de cerdo), mientras que las insaturadas suelen proceder de plantas y estar en forma de aceite (aceite de maíz, aceite de palma). Todos estos son términos que ha escuchado durante años, junto con las afirmaciones de lo que es saludable y bueno y lo que no es saludable y malo.

Omega-3 significa que a tres átomos de carbono del final de la cadena de carbono les falta hidrógeno. Omega-6 significa que a seis átomos de carbono del final les falta hidrógeno. Es interesante observar la diferencia que tres átomos de carbono pueden tener sobre el efecto de la ausencia de una molécula de hidrógeno. La dieta norteamericana moderna contiene una gran cantidad de ácidos grasos omega-6. Los omega-6 no son malos en sí mismos, pero cuando su nivel es alto, tienden a excluir a los omega-3. Como lo importante no es que uno tenga el nivel más alto posible y el otro el nivel más bajo, los nutricionistas humanos hablan en términos de la proporción de omega-3 y omega-6 en la dieta.

Existe una estrecha relación entre el contenido de omega-3 de la dieta de una persona y la protección contra el infarto. Un alto contenido de omega-6 junto con una baja ingesta de omega-3 en la dieta aumenta en gran medida la incidencia de infartos en una población, lo cual es un hecho demostrado en los seres humanos. Sin embargo, los perros y los gatos no son propensos a padecer endurecimiento de las arterias o enfermedades cardíacas, por lo que la preocupación por el exceso de omega-6 en su dieta no está justificada. A pesar de esto, se sabe que los omega-3 hacen muchas otras cosas buenas (en la proporción adecuada con los omega-6) tanto en los humanos como en los animales de compañía.

El aceite de pescado es la mayor fuente natural conocida de ácidos grasos omega-3 y es beneficioso para la salud. Sin embargo, también es muy inestable y se enrancia fácilmente, por lo que no se recomienda intentar suplementar con su propio aceite de pescado. Al pasar un día caluroso de verano en la estantería de su garaje, su aceite de pescado se volverá inútil y usted habrá desperdiciado su dinero. Además, no todos los aceites de pescado son iguales. El pescado de agua fría, como el salmón y la trucha, es mejor que el de agua caliente, como el bagre y la tilapia. El sexo del pescado y la estación del año también pueden influir en el contenido de omega-3 del aceite, y algunas especies pueden, lamentablemente, estar contaminadas con PCB y mercurio.

Los ácidos grasos activos omega-3 del aceite de pescado, el EPA y el DHA (ácido eicosapentaenoico y ácido docosahexaenoico), tienen 20 y 22 carbonos, respectivamente, y se requiere de un laboratorio sofisticado para cuantificarlos. No es recomendable dar a los animales de compañía cualquier aceite de pescado, por lo que es importante adquirirlo de un proveedor que conozca el proceso de destilación de estos productos, ya que así se purifican de contaminantes nocivos. Además, su escasa estabilidad requiere una mezcla precisa con antioxidantes. Las píldoras encapsuladas disponibles en las tiendas de alimentos saludables son una buena fuente de aceite de pescado para los animales de compañía.

Los ácidos grasos omega-3 son beneficiosos en cantidades muy pequeñas y promueven la síntesis de sustancias similares a las hormonas. Por ejemplo, se ha observado que en las vacas el aceite de pescado puede ayudar en el reconocimiento materno de la preñez temprana disminuyendo de esta forma la incidencia de mortalidad embrionaria temprana. Es posible que se pregunte: "Si las vacas no comen pescado, ¿cómo es que la naturaleza les permite beneficiarse de un ingrediente del pescado?". En realidad, el aceite de pescado aporta ácidos grasos que las vacas pueden fabricar por sí mismas siempre que tengan las condiciones adecuadas y reciban los precursores adecuados. El aceite de pescado es simplemente una forma eficaz de alcanzar el objetivo final.

La mayoría de los ingredientes de los piensos no son fuentes adecuadas de ácidos grasos omega-3, sino por el contrario, el aceite de maíz y el aceite de soja son buenas fuentes de omega-6. Los animales de compañía, al igual que las personas, no suelen tener deficiencia de omega-6, y por ello pueden beneficiarse de la suplementación con omega-3, al igual que las personas.

En cuanto a los caballos, no todos los pastos son buenas fuentes de ácidos grasos omega-3, e incluso aquellos que sí contienen omega-3, sufren enormemente la oxidación cuando se secan al sol y se almacenan durante meses. Teniendo en cuenta el conocimiento actual sobre el reconocimiento temprano de la preñez en las vacas, puede haber buenas razones para suplementar la dieta de las yeguas de cría con omega-3, especialmente dado el hecho absurdo de que todos los caballos de carreras son considerados un año mayores el 1 de enero.

DIFERENCIAS DE MICRONUTRIENTES PARA PERROS Y GATOS

Es ampliamente conocido que los gatos requieren más proteína que los perros. Si la calidad de la proteína es igual, los perros necesitan un 20% de proteína en su dieta, mientras que los gatos necesitan un 30%. En cuanto a las vitaminas y oligoelementos, perros y gatos comparten muchas similitudes, aunque existen diferencias significativas que vale la pena mencionar. El pigmento vegetal β-caroteno, presente en muchas frutas y verduras de color amarillo y naranja, es un precursor de la vitamina A para muchos animales. Los perros tienen la capacidad metabólica de convertir una molécula de β-caroteno en una molécula activa de vitamina A, pero los gatos carecen de esta capacidad y deben obtener toda su vitamina A a través de su dieta. Las tablas de recomendación de nutrientes, como la Tabla 13 en el Apéndice, muestran que los gatos necesitan casi el doble de vitamina A que los perros.

El metabolismo de las grasas en los gatos presenta una diferencia específica con respecto al de los perros. Los gatos tienen niveles muy bajos de la enzima delta-seis-desaturasa (Δ6-desaturasa), la cual es necesaria para el proceso de elongación de los ácidos grasos. Debido a que los perros sí tienen esta enzima, sólo necesitan el precursor, el ácido linoleico, que se metaboliza en ácido araquidónico. Los expertos en este campo recomiendan incluir el ácido araquidónico en las dietas de los gatos, pero no en la de los perros.

Los perros tienen la capacidad de utilizar aminoácidos azufrados para producir taurina, pero los carnívoros en general carecen de esta capacidad. Por lo tanto, los gatos tienen una necesidad particular del aminoácido taurina, ya que una dieta demasiado baja en taurina puede causar deficiencia (con síntomas como la ceguera). La taurina es un aminoácido libre y no utilizado en las proteínas, y se encuentra en abundancia en los tejidos animales, por lo que una dieta para gatos que incluya estos tejidos proporcionará suficiente taurina. En cambio, una dieta para gatos que obtenga su proteína de fuentes vegetales requerirá un suplemento de taurina. Una vez más, observamos la elocuencia del sistema de evolución basado en mutaciones y ventajas de supervivencia: la taurina es abundante en las presas de los carnívoros, lo que evita la necesidad de su síntesis por parte de los carnívoros. Los herbívoros y omnívoros, en cambio, no encuentran taurina en su dieta, por lo que conservan la capacidad de sintetizarla. Los fabricantes de alimentos para mascotas consiguen fácilmente este aminoácido en el mercado.

Los gatos no tienen la capacidad de sintetizar niacina a partir del aminoácido triptófano en su dieta, mientras que los perros pueden satisfacer parcialmente sus necesidades de niacina a partir de este precursor dietético. Sin embargo, los gatos que consumen tejido animal, rico en NAD y NADP (nicotinamida adenina dinucleótido y fosfato de nicotinamida adenina dinucleótido), como lo harían en su entorno natural, no requieren de suplementos de niacina.

La biotina, una vitamina del complejo B, es necesaria tanto para perros como para gatos, y los autores del NRC dejan que los ingredientes presentes en los alimentos y la producción de la microbiota intestinal satisfagan esta necesidad en ambas especies. Sin embargo, estas autoridades recomiendan la inclusión de biotina en la dieta del gato, pero no del perro. Hay un compuesto en la clara de huevo crudo, llamado avidina, que se une y desactiva la biotina de manera muy eficaz, por lo que el uso continuado de huevo crudo en la dieta puede provocar una deficiencia de biotina en perros y gatos.

A partir de lo expuesto, se puede deducir que la comida para perros, según la Asociación Americana de Oficiales de Control de Alimentos (AAFCO), no es una dieta adecuada para gatos y el mercado ofrece pocas opciones que se anuncian como apropiadas para ambas especies. ¿Qué sucede entonces si se alimenta a los perros con comida para gatos? En términos generales, una dieta para gatos proporciona más proteínas y vitaminas de las necesarias para un perro (con una excepción), pero nunca por encima del límite superior de seguridad. La única excepción entre las vitaminas es el pantotenato, que se recomienda en una cantidad de 12 mg/kg para los perros y 5 mg/kg para los gatos. Aunque las recomendaciones de macrominerales y microminerales difieren para ambas especies (compare la Tabla 13 con la Tabla 14 del Apéndice), excepto para el zinc, una dieta para gatos sería suficiente para un perro. La AAFCO recomienda una ingesta de 120 ppm de zinc para perros, que es tres o cuatro veces mayor que para la mayoría de las especies, y que difiere también de los niveles recomendados por el NRC. Las autoridades del NRC recomiendan 60 ppm para el mantenimiento de adultos, sin embargo, se permite un requerimiento mínimo de 40 ppm para cachorros. En mi opinión, una ingesta de 75 ppm de zinc presente en la dieta para gatos es suficiente para los perros.

REFERENCIAS

Taubes, G. 2007. Good Calories, Bad Calories. Challenging Conventional Wisdom on Diet, Weight Control and Disease. Alfred A. Knopf. Nueva York. pág. 321.

Las dietas altas en carbohidrato soluble aumentan la necesidad de vitaminas (...) Carpenter, KJ. 2000. Beriberi, White Rice, and Vitamin B: A Disease, a Cause and a Cure. University of California press. Berkeley, CA. págs. 213-218.

Los que sufren el síndrome metabólico tienen menos vitamina C (...) Ford, ES, AH Mokdad, WH Giles, DW Brown. 2003. The metabolic syndrome and antioxidant concentrations: Finds of the Third National Health and Nutrition Examination Survey. Diabetes. 52 (9): 2346-2352.

Compiten por el mismo sitio de transferencia (...) Will, JC, y T. Byers. 1996. Does Diabetes Mellitus increase the requirement for Vitamin C? Nutrition Reviews 54:193-202.

La infusión de glucosa hace que disminuya la vitamina C en sangre (...) Cox, BD, MJ Whichelow, JW Butterfield, P Nichols. 1974. Peripheral vitamin C metabolism in diabetics and non-diabetics: Effect of intra-arterial insulin. Clinical Science and Molecular Medicine. 47 (I):63-72.

Reunió un conjunto de datos provocativos (...) Liu, S. 2005. Dietary carbohydrates, whole grains, and the risk of Type 2 Diabetes Mellitus. in Whole-grain foods in health and disease. L. Marquart, JL Slavin, R. Gary, eds. Amer. Assoc. of Cereal Chemists. 3340 Pilot Knob, St. Paul, MN. 55121. pág. 168.

Los seres humanos poseen todo el ADN para producir vitamina C (...) Lucock, M. 2007. Molecular Nutrition and Genomics . Nutrition and the Ascent of Humankind. John Wiley and Sons, Inc. Hoboken, NJ.

Ni los gatos ni probablemente los perros obtienen ninguna ventaja del sol (...) Morris, J. 1999. Ineffective vitamin D synthesis in cats is reversed by an inhibitor of 7-dehyrdocholesterol-Δ7–reductase. J. Nutr. 129:903-909.

El aceite de pescado puede ayudar al reconocimiento materno del embarazo temprano (...) Burke, JM, CR Staples, CA Risco, RL De La Sota, WW Thatcher. 1997. Effect of ruminant grade menhaden fish meal on reproductive performance of lactating dairy cows. J. Dairy Sci. 80:3386-3398.

Los perros pueden utilizar aminoácidos que contienen azufre para producir taurina (...) Delaney, SJ., PH Kass, QR Rogers, AJ Fascetti. 2003. Plasma and whole blood taurine in normal dogs of varying size fed commercially prepared food. J. Am. Physiol. Ani. Nutr. 87:236-244.

Los carnívoros carecen de esta capacidad (de producir taurina) (...) Chesney, RW. 1985. Taurine: Its biologic role and clinical implications. Adv. Pediatr. 32:1-42.

El gato carece de la capacidad de producir niacina (...) Leklem, JE., RR Brown, LV Hankes, M Schmael- er. 1971. Tryptophan metabolism in the cat: A study with carbon-14 labeled compounds. Am.J. Vet. Res. 32:335-344.

Los gatos poseen niveles muy bajos de delta-seis desaturasa (...) Pawlowsky, RA, A Barnes, N. Nel- son. 1994. Essential fatty acid metabolism in the feline; Relationship between liver and brain production of long chain polyunsaturated fatty acids. J. Lipid Res. 35:2032-2040... y, Rivers, JP, AJ Sinclair, MA Crawford. 1975. Inability of the cat to desaturate essential fatty acids. Nature 258:171-173.

120 ppm de zinc para el perro cuatro veces más que para otras especies (...) AAFCO. 2009. Official Publication, American Association of Feed Control Officials. Oxford, IN, 47971. http://www.aafco.org (...) y, NRC. 2006. Nutrient Requirements of Dogs and Cats. Consejo Nacional de Investigación. National Academies Press, 500 Fifth Street, N.W., Washington, DC, 20001.

11
MINERALES

Este capítulo puede resultar más fácil de leer, debido a que el camino presenta menos curvas y las líneas blancas son más visibles que en otros capítulos.

Los minerales son nutrientes específicos y pequeños con funciones relativamente menos complejas en el metabolismo. Los minerales se dividen generalmente en dos categorías, macro y micro. Los macrominerales son el calcio, el fósforo, el sodio, el potasio, el magnesio, el azufre y el cloro. Cada uno de ellos se encuentra en la dieta entre el 0,5% y el 1% de la materia seca. Los microminerales (oligoelementos) se encuentran en niveles considerablemente inferiores al 1% y suelen figurar en la dieta como partes por millón, que es lo mismo que un miligramo por kilogramo.

Los minerales no suelen encontrarse en la naturaleza como elementos simples e independientes. Cada uno está unido a algún otro mineral. Por ejemplo, si se necesita calcio en una fórmula además del proporcionado por los ingredientes naturales, se añade como carbonato de calcio, que contiene un 40% de calcio. El fósforo a veces se aumenta en un alimento mediante la adición de fosfato monocálcico-dicálcico, que contiene del 18% al 21% de fósforo. Por lo tanto, la suma total de todos los minerales en un alimento, denominada ceniza, siempre es mayor que la suma de los elementos simples de interés nutricional. Se le llama ceniza porque es el residuo de un alimento quemado a una temperatura muy alta, y su contenido en un alimento para mascotas de buena calidad sobre una base de materia seca es del 8% al 10%, o menor.

Los minerales no unidos son muy infelices y a menudo dañinos. El sodio y el cloro en combinación forman sal, que consumimos todos los días. El sodio en forma pura es tan reactivo que debe almacenarse en aceite de petróleo. Un pequeño trozo de sodio colocado sobre el agua se prende en llamas, y un pedazo más grande explotará. El cloro puro es un gas incoloro, inodoro, insípido y rápidamente letal si se inhala. Pero el sodio y el cloro se encuentran en la naturaleza, se combinan y cancelan su reactividad. En concentraciones diluidas, como la sal en el agua de mar, el sodio y el cloruro pueden separarse el uno del otro y existir en forma libre e independiente, que es lo que ocurre en nuestra sangre y células.

Sin embargo, los elementos minerales en estado libre siempre están en busca de algo a lo que unirse o de cambiar a algo con una unión más fuerte, y esta reactividad a menudo es la razón de su papel en la biología, por lo general como cofactores en reacciones enzimáticas. Los elementos puros siempre se encuentran combinados con otra cosa, en un estado de reactividad menor. El cobre, por ejemplo, utilizado en alimentos para mascotas, siempre está unido a una molécula de carbonato, sulfato u oxígeno. Este es el caso de todos los suplementos minerales.

Los minerales generalmente no se absorben tan bien como otros nutrientes en la dieta. Mientras que las proteínas y las grasas se absorben en la célula intestinal entre un 80% y un 95%, los elementos minerales individuales tienden a absorberse en alrededor del 30% al 50%, pero hay excepciones, como el sodio que se absorbe en un 99%. Algunas fuentes minerales, como los óxidos, son infamemente mal absorbidos, como el óxido de hierro, que es lo mismo que el óxido, y se digiere del 1% al 4%. Aporta un color rojo (color óxido) y se utiliza a menudo en mezclas minerales para dar color. Su contribución de hierro es casi inútil nutricionalmente.

Como generalización, un mineral en forma de sulfato se digiere mejor que la forma de carbonato, que es mejor que la forma de óxido. Una cuarta forma, el cloruro, no se suele tener en cuenta. Aunque tiene una buena biodisponibilidad, es cara, y la inclusión de la barata sal, el cloruro de sodio, tiende a añadir el cloro necesario. El coste de las tres formas comunes también tiende a seguir la misma jerarquía; los sulfatos cuestan más que los carbonatos, que cuestan más que los óxidos. Para más información sobre los minerales, *véase la página 302 de las Notas Finales.*

Históricamente, los proveedores de minerales y premezclas minerales han añadido un 1% de aceite para controlar la polvorosidad de sus productos. El aceite utilizado llegó a llamarse aceite mineral, por lo habitual de su uso para este fin. El aceite mineral, también conocido como petrolato, es líquido y ciertamente aceitoso y hace un buen trabajo para minimizar el polvo en los minerales, pero en realidad es un producto a base de petróleo. A menudo se utiliza como base en los ungüentos, pero no tiene ningún valor nutritivo. Aunque no aporta ningún valor nutritivo, se puede absorber y acumular en el organismo de un animal a lo largo de su vida.

He tenido poco éxito en persuadir a los proveedores de minerales para que dejen de utilizar este producto, ya que las alternativas presentan grandes inconvenientes. Otros aceites, como el de maíz, son igual de eficaces, pero son mucho más caros y tienden a enranciarse. Además, nunca he recibido quejas de los clientes que pagan por el uso de aceite mineral. Y es así como termina esta historia con este tema. Nada va a cambiar hasta que un periódico de gran circulación publique un reportaje de investigación sobre un juicio en el que testifique un perito patólogo y presente diapositivas de tejidos llenos de manchas de petrolato pertenecientes a una especie en peligro de extinción.

Francamente, puede que no sea un problema. En su ciclo de vida de dos años, un novillo de engorde podría consumir 450 g de petrolato y absorber 13 gramos del mismo. Probablemente hay cosas más importantes de las que preocuparse.

¿Pero qué pasa con el elefante que vive en un zoológico, y es alimentado con cereales que contienen minerales con este aceite, todos los días durante 50 años? Un problema fundamental de nuestro sistema de alimentación animal basado en la agricultura es que nadie vive el tiempo suficiente como para morir. Los pollos se convierten en "nuggets" a las ocho, o incluso seis semanas de edad. La carne de vaca se encuentra en la vitrina del supermercado a los 24 meses de edad. Las chuletas de cerdo proceden de cerdos de menos de un año de edad. No se trata de criticar nuestro sistema de producción de alimentos, sino de garantizar que nuestros animales de compañía, caballos y animales de zoológico tengan una vida larga y plena; cuanto más larga, mejor.

La base de casi todos nuestros conocimientos sobre la nutrición animal ha procedido históricamente de la agricultura de producción, donde se ha hecho hincapié en todo menos en la longevidad. De hecho, el énfasis ha estado exactamente en lo contrario: conseguir que los animales alcancen el tamaño de sacrificio lo más rápido posible y acabar con sus vidas tan pronto como podamos. Corregir esto, y hay muchos que lo están intentando, requerirá paciencia. Determinar qué dieta exacta favorece una vida más larga en casi cualquier animal de compañía requeriría un experimento de al menos una docena de años.

MACROMINERALES

Calcio: El elemento mineral que se encuentra en el organismo en mayor concentración es el calcio. En un perro de 36 kg, unos 420 gramos serían de calcio, y el 99% está en el hueso. Proporcionalmente, los gatos tienen un poco más de calcio. El calcio de los huesos se combina con el fósforo en un compuesto llamado hidroxiapatita. La mayor necesidad dietética se produce cuando se están formando los huesos y los dientes. El calcio desempeña un papel importante en otros aspectos de la fisiología, como la contracción muscular, la coagulación de la sangre y los impulsos nerviosos. La vida sin estas funciones sería realmente corta.

En la sangre existen dos formas principales de calcio, el ligado y el libre. Los fisiólogos también denominan a estas dos formas diferentes reservas o compartimentos. La forma libre está fácilmente disponible para aplicarla al trabajo típico del calcio, mientras que la forma ligada sirve de reserva para reponer la forma libre. Los niveles de calcio en la sangre están cuidadosamente protegidos. Esto significa que puede haber una deficiencia de calcio en la dieta y los análisis de sangre indicarán que no hay ningún problema. Esto se debe a que las reservas óseas se movilizan para mantener los niveles en sangre. Dicho de otro modo, cuando los niveles de calcio en sangre son bajos, es porque hay un gran problema. Los niveles sanguíneos adecuados son esenciales para la vida en cada momento de las células del cuerpo, y son una de las últimas cosas que se permite que fallen en una deficiencia. Los huesos se disolverán durante semanas o incluso meses y su calcio se pondrá en circulación para mantener los niveles sanguíneos adecuados.

Uno de los mejores ejemplos del metabolismo del calcio es

el problema de la hipocalcemia (bajo nivel de calcio en la sangre) en las madres primerizas, a veces denominado fiebre puerperal. A medida que las glándulas mamarias aumentan rápidamente la producción de leche, la demanda de calcio puede superar en algunos casos el aporte inmediato de las dos reservas sanguíneas. En uno o dos días, los ajustes hormonales pondrán el calcio óseo en circulación, pero mientras tanto, si la dieta es deficiente en calcio digerible, una escasez crítica de calcio en la sangre provoca graves problemas que implican a varios sistemas. La producción de leche se reduce automáticamente como un esfuerzo por restablecer el equilibrio y, si el caso no es demasiado grave, pronto las reservas óseas movilizadas enderezan el rumbo. La intervención con calcio intravenoso puede ser una de las reparaciones más impactantes en medicina. Las madres que apenas pueden levantar la cabeza se levantan de un salto incluso antes de terminar el tratamiento y vuelven a atender a su camada. Así es el calcio. Es importante.

Pero la deficiencia de calcio es rara en los perros alimentados con dietas comerciales. La leche y los productos lácteos son una gran fuente de calcio, al igual que la alfalfa, que suele representar entre el 1,5% y el 2,0%, pero estos no son ingredientes comunes en los alimentos para mascotas. Algunos caballos son alimentados con alfalfa, mientras que muchos propietarios evitan la alfalfa, diciendo que hace que su caballo se ponga "caliente" (se explica en el Capítulo 8, específico de la nutrición de los caballos). Los alimentos para mascotas incluyen a veces harina de carne y huesos, o harina de huesos, las cuales tienen un alto contenido de calcio. Cuando la dieta se queda corta en el calcio suministrado por sus ingredientes, la diferencia se suele compensar con una fuente inorgánica, como el monocalcio dicálcico o el carbonato de calcio (piedra caliza). Las fórmulas naturales suelen incluir harina de huesos, que contiene aproximadamente un 30% de calcio y tiene la ventaja de que este calcio se encuentra enlazado al fósforo en la hidroxiapatita, tal y como lo obtendría un omnívoro de la parte animal de su dieta.

Existe una deficiencia de calcio que antes era común en los perros alimentados exclusivamente con carne cruda, y que rara vez se ve hoy en día. La carne sola, sin los huesos y cartílagos adheridos, y especialmente las vísceras, tienen un nivel de fósforo bastante bajo, con un promedio del 0,17%, y el nivel de calcio es extraordinariamente bajo, casi hasta el punto de estar completamente ausente. Las vísceras tienen 0,01% de calcio. Los niveles recomendados de calcio y fósforo en las dietas para cachorros son del 1,2% y 1,0%, respectivamente.

Los perros que son alimentados únicamente con carne durante su crecimiento pronto desarrollan lo que se llama hipoparatiroidismo secundario nutricional, que es un nivel bajo de calcio y fósforo en la sangre causado por la dieta. Los huesos son delgados y débiles, y a menudo se doblan bajo el peso del perro en crecimiento, y los cachorros pueden incluso romperse los huesos mientras juegan. Al comienzo de mi carrera, mis colegas llevaron a cabo ensayos de alimentación que pusieron de manifiesto este problema en algunos alimentos comerciales para perros. La publicación de los resultados de los ensayos fue suficiente para poner fin a la práctica de vender alimentos para mascotas con un desequilibrio de macrominerales. En estos ensayos, después de que se evidenciara la patología, los cachorros fueron alimentados con una dieta adecuada y lograron alcanzar un tamaño y una estructura ósea normales de adultos.

No creo que las malas dietas fueran un objetivo deliberado de las empresas de alimentos para mascotas. Me gustaría pensar que fue por ignorancia, ya que el remedio, añadir un poco de calcio y fósforo a la fórmula, no les costó casi nada.

Parece haber una tolerancia bastante alta al calcio en la dieta, pero hay una advertencia importante: el calcio siempre debe ser mayor que el fósforo. Si el fósforo es mayor que el calcio, puede unirse al calcio y a otros minerales, reduciendo su biodisponibilidad. Este tema se tratará más adelante, cuando hable de los minerales quelados, que pueden superar las inhibiciones de otros minerales y antimetabolitos. Mientras que se recomienda un nivel de fósforo del 1,0% de la materia seca para un animal de compañía en crecimiento, el calcio puede llegar hasta el 2,5%, o incluso un poco más, sin causar efectos perjudiciales indebidos.

Fósforo: La reserva corporal de fósforo se mantiene mediante la captación intestinal y la excreción renal. Al igual que con todos los actos de búsqueda de equilibrio del organismo, existen numerosas señales, controles y circuitos de retroalimentación por parte de las hormonas, los sitios receptores y las moléculas mensajeras.

El fósforo, al igual que el calcio, se encuentra predominantemente en el hueso. El 85% del fósforo total del organismo se encuentra en el hueso, alrededor del 14% en los tejidos blandos y el 1% en el compartimento extracelular. Además de su papel en el esqueleto, el fósforo es indispensable como componente del ADN, el ARN, las membranas celulares (en forma de fosfolípidos) y el ATP, una molécula que es la bujía energética de toda la vida. Ni que decir tiene que la vida tal y como la conocemos sería imposible sin el fósforo, y al igual que en el caso del calcio, los niveles en sangre se mantienen incluso a un alto coste. Una dieta para el crecimiento con el 1% de fósforo sobre la base de la materia seca es bastante adecuada, y un 0,5% es suficiente para la mayoría de las demás etapas de la vida.

Los alimentos utilizados para los animales suelen tener buenos niveles de fósforo. Las semillas de plantas son una fuente fiable, lo que significa que la harina de soja, el maíz, el sorgo, el trigo, etc., son fuentes fiables de fósforo.

Sin embargo, en los cereales y las verduras, una cantidad significativa de fósforo puede estar en forma de fitato (inositol con seis moléculas de fósforo unidas), lo que dificulta su digestión. Además, el fitato también puede impedir la absorción de otros minerales, haciéndolos indigeribles. Para abordar este problema, se ha desarrollado la fitasa comercial, una enzima que rompe la unión del inositol al fósforo. En el caso del pan, las levaduras utilizadas en la fermentación producen fitasa de forma natural, lo que hace que el fósforo de los cereales del de pan se absorba más fácilmente. Otras fuentes de fósforo en alimentos para mascotas incluyen la carne, la harina de huesos y la harina de pescado. En general, la deficiencia de fósforo no es común en animales, ni domésticos ni salvajes.

Magnesio: El magnesio es un nutriente esencial que se requiere en la dieta en una cantidad de aproximadamente el 0,3% de la materia seca (0,4% para el crecimiento en cachorros). La mayor parte del magnesio necesario es suministrada por los ingredientes del pienso. Las deficiencias son poco comunes, a menos que sean secundarias a otras enfermedades. En caso de que los ingredientes del pienso no cubran los requerimientos, el suplemento habitual que se utiliza es el óxido de magnesio, el cual contiene alrededor del 58% de magnesio y se absorbe bastante bien. En algunas ocasiones, se utiliza el sulfato de magnesio como fuente alternativa de magnesio, el cual contiene un 17% de magnesio.

El magnesio es un mineral esencial que participa en cientos de reacciones metabólicas diferentes y se encuentra en diversos tejidos del cuerpo. Aproximadamente la mitad del magnesio del organismo se almacena en los huesos, pero a diferencia del calcio, no está disponible como reserva para reparar niveles bajos de magnesio en la sangre. La homeostasis del magnesio se regula de la misma manera que otros minerales, a través del equilibrio entre la absorción intestinal y la excreción renal. En herbívoros, una afección común que se presenta con mayor frecuencia en la primavera se conoce como tetania de los pastos, la cual es causada por niveles bajos de magnesio en la sangre y se caracteriza por la rigidez de los músculos. En la profesión médica, esta afección se conoce como hipomagnesemia. Las plantas nuevas que crecen rápidamente al inicio de la estación cálida y con días más largos pueden presentar niveles bajos de magnesio, lo que hace que los herbívoros que se alimentan exclusivamente de estos forrajes frescos sean más propensos a la tetania de los pastos.

Sodio: El sodio es otro mineral esencial para la vida y se encuentra en niveles superiores a los necesarios desde el punto de vista nutricional en los alimentos para mascotas. La sal es un ingrediente por el que los perros suelen mostrar preferencia en las pruebas de sabor. Sin embargo, debido a su bajo costo, a menudo se incluye en cantidades excesivas en la alimentación para animales de compañía. El equilibrio de sodio en el organismo se regula a través de la absorción intestinal y la excreción renal, ya que hay sólo una pequeña reserva de sodio en el organismo. Alrededor del 40% de la sal en el organismo se encuentra en los huesos, y la mitad de ella se considera accesible. El 60% restante está distribuido en las células y en el líquido intersticial. Casi todo el sodio consumido atraviesa la pared intestinal hacia el organismo, y las heces están prácticamente desprovistas de sodio.

En las especies que no sudan, el riñón es, con diferencia, la principal vía de excreción. Una deficiencia de cualquiera de los componentes de la sal, el sodio o el cloro, puede provocar el deseo de comer sal en los animales. Cuando hay carencia de sal, las personas o animales muestran un notable aumento de su apetito por la sal o los alimentos salados. No conozco ninguna otra carencia mineral que provoque una preferencia gustativa tan específica.

Una carencia de otros minerales, si es lo suficientemente grave, conducirá a un comportamiento llamado pica: un impulso de comer muchas cosas extrañas, especialmente tierra. Es importante destacar que el comportamiento común de los perros de comer heces de otros animales no se considera pica y no es indicativo de ningún desequilibrio dietético conocido. Más allá de nuestra preocupación estética, no causa ningún daño y puede estar motivado por una necesidad instintiva de aumentar una microbiota intestinal desequilibrada. Todas las heces tienen un alto contenido de bacterias. El papel principal del sodio, en conjunción con el cloruro y el potasio, es la regulación de los fluidos corporales, también conocida como osmorregulación. El contenido de sodio en el suero, así como el de otros minerales, refleja el del agua del mar, el lugar donde comenzó la vida. A medida que las formas de vida evolucionaron y se trasladaron fuera del mar, era crucial disponer de un medio eficaz para regular el equilibrio mineral de los fluidos internos, tarea que es llevada a cabo con gran precisión por los riñones.

Hace algunos años, participé en una investigación en la que intentamos establecer una deficiencia de sodio en los pastores alemanes. Eliminar la sal de la dieta no tuvo efecto. Proporcionar sólo agua potable destilada y desionizada tampoco tuvo efecto. No fue hasta que añadimos al protocolo ingredientes de alimentación purificados, seleccionados por la ausencia total de sodio, que comenzó a aparecer la deficiencia de sodio. Aun así, se necesitaron algunos meses para que se manifestara de forma evidente. El sodio es tan crítico para la vida que el riñón puede detener prácticamente su eliminación.

Cloruro: La mayoría de los libros de nutrición sólo hablan del cloruro en conjunción con el sodio, ya que la ingesta de sal, la fuente predominante de sodio, trae consigo cloruro en el equilibrio adecuado. Ambas moléculas, junto con el potasio, trabajan de manera conjunta para mantener el equilibrio de fluidos en todo el organismo. Es posible inducir una deficiencia específica de cloruro, pero es muy poco común en los animales domésticos. En las vacas lecheras de alta producción, es común alimentarlas con bicarbonato de sodio para amortiguar la acidez del rumen, y a menos que se reduzca la sal en la dieta, el sodio puede llegar a ser demasiado elevado en la dieta. Sin embargo, si se reduce demasiado la sal, se puede producir una deficiencia de cloruro. La mayor parte del cloruro se encuentra en los fluidos extracelulares, y el resto en el colágeno, donde también es fácilmente accesible.

El azufre: El azufre es una excepción a la discusión anterior sobre la combinación de minerales y su unión con otros elementos. Aunque a menudo se encuentra unido a otros minerales, como en el caso del sulfato de magnesio, el azufre también existe felizmente en forma libre, unido sólo a otras moléculas de azufre. De forma llamativa, los textos de nutrición suelen pasar por alto el tema del azufre. Sin embargo, este mineral se encuentra ampliamente distribuido en los alimentos y piensos, especialmente en aquellos con un alto contenido de proteína de buena calidad, estando presente a una concentración del 0,1% en promedio en todos los piensos, y su presencia es crítica para la formación de los aminoácidos esenciales metionina y cisteína. El selenio y el azufre tienen estructuras moleculares similares, lo que permite que la levadura incorpore selenio en lugar del azufre en la metionina, y esto hace posible la comercialización de una fuente de selenio orgánico. Aunque la biodisponibilidad de este reemplazo de azufre por selenio puede ser mejorada, los enlaces químicos de estos suplementos no siguen la forma tradicional de quelato.

Potasio: El promedio de potasio en todos los piensos es del 1,0%, lo cual es bastante alto en comparación con los niveles mínimos recomendados. El potasio se encuentra naturalmente en los alimentos para mascotas en niveles adecuados, y es casi imposible formular una dieta deficiente en potasio utilizando alimentos convencionales debido a su amplia presencia. El potasio representa más del 1,5% del peso del animal y se encuentra principalmente dentro de las células, donde está disponible en su totalidad para su uso. El riñón regula su nivel, y una de sus principales funciones como ion catódico primario (carga positiva) es la polarización de las membranas, lo que es esencial para la contracción muscular, especialmente en el corazón.

OLIGOELEMENTOS

Los oligoelementos son nutrientes esenciales que se requieren en cantidades muy pequeñas en la dieta, pero que son vitales para el correcto funcionamiento del organismo. Su deficiencia puede provocar diversos problemas de salud. En general, los oligoelementos actúan como cofactores de las enzimas, que regulan diferentes aspectos del metabolismo. Algunos de los minerales que pertenecen a esta categoría son el cobre, el cobalto, el hierro, el manganeso, el zinc, el yodo, el selenio y el cromo. Aunque se cree que otros minerales como el boro y el arsénico también son importantes, sus niveles óptimos no están bien establecidos. Los oligoelementos se pueden encontrar en suplementos dietéticos, generalmente en forma de sulfatos, carbonatos u óxidos. Además, los oligoelementos presentes en la dieta pueden unirse a veces a compuestos llamados quelatos, lo cual se explicará con más detalle a continuación.

Hierro: Se sabe que el óxido de hierro es sólo digerible del 3% al 4%. Por esta razón, las dietas para animales a menudo se enriquecen con sulfato de hierro o carbonato de hierro. Las cantidades traza de hierro se encuentran en una amplia variedad de ingredientes de los alimentos para animales de compañía, tanto como nutriente endógeno presente en el alimento como por la presencia frecuente de hierro en los equipos de manipulación de alimentos y piensos. En algunos minerales que se utilizan para aumentar los niveles de macrominerales en la dieta, como el carbonato de calcio (piedra caliza) o el fosfato dicálcico, el contenido de hierro puede ser de 1.000 ppm (partes por millón) o incluso mayor. En el cuerpo humano, el hierro se encuentra principalmente en la hemoglobina de los glóbulos rojos (concentrando el 67% del hierro), en los macrófagos (que tienen un 27% del hierro) y en la mioglobina de los músculos (con un 4% del hierro). Además de su papel en el transporte de oxígeno en la sangre y los músculos, el hierro también forma parte del sistema enzimático del citocromo, que se encuentra en todas las formas de vida y es esencial para el metabolismo energético. Una ingesta inadecuada de hierro puede provocar anemia.

Cobre: El organismo de perros y gatos sólo contiene pequeñas cantidades de cobre, pero es esencial. El cobre se encuentra principalmente en el hígado, donde se une a la metalotioneína y luego se empaqueta para su circulación en el organismo. El cobre tiene varias funciones fisiológicas importantes, como ser un cofactor en el sistema del citocromo C (metabolismo energético), la protección contra el daño oxidativo como cofactor de la enzima superóxido dismutasa y su papel en el metabolismo del hierro. Es posible que una deficiencia de cobre provoque síntomas de anemia por deficiencia de hierro. El zinc y el molibdeno son eficaces en la reducción de la absorción del cobre en el organismo. En una dieta que se considera adecuada para el cobre, puede haber una deficiencia de cobre si hay niveles excesivos de zinc o molibdeno.

Los Bedlington Terrier pueden sufrir un defecto hereditario que causa una acumulación tóxica de cobre en su organismo. Para tratar esta afección, se puede utilizar la función antimetabolítica del zinc y el molibdeno. Además, la deficiencia de cobre puede causar que los animales de pelo negro desarrollen un color rojizo debido a su papel en la formación de pigmentos.

Cobalto: La idea actual sobre la alimentación de perros y gatos es que no es necesario suplementar su dieta con cobalto, ya que no se considera esencial y no se incluye en las tablas de necesidades del NRC. Esto se debe a que la microbiota intestinal puede convertir el cobalto en vitamina B12, y aunque esto ocurre después del lugar de absorción, se produce una absorción adecuada. Las principales funciones del cobalto están relacionadas con su papel como componente de la vitamina B12, que es esencial para la producción de glóbulos rojos. Dado que la mayoría de las dietas para animales de compañía ya incluyen suficiente vitamina B12 en los ingredientes animales del pienso, la deficiencia de cobalto es bastante poco frecuente. En general, la mayoría de los alimentos para mascotas están suplementados con B12.

Manganeso: Los niveles de manganeso en el organismo del perro y del gato son bastante bajos, de 12 mg y 2 mg, respectivamente, y se distribuyen por todo el organismo, siendo más altos en el hígado y el riñón. El manganeso actúa como cofactor o activador de sistemas enzimáticos y se sabe que es esencial para el crecimiento normal de los huesos, la formación de cartílagos y la función nerviosa. Sin embargo, el zinc y el manganeso compiten por los mismos sitios de unión, por lo que un exceso de uno puede provocar una deficiencia del otro.

Zinc: El zinc es el elemento mineral más abundante en el interior de la célula y participa en más de 200 enzimas, siendo fundamental para la integridad de las membranas celulares y esencial para la inmunidad. En algunas especies se ha observado que las crías nacidas de madres con una deficiencia de zinc presentan una capacidad inmune comprometida al nacer y que, aunque se administren suplementos de zinc posteriormente, no se logra restaurar completamente la capacidad inmune. Cada vez es más frecuente la opinión de que existe más de un requerimiento para el mantenimiento y que el nivel de ingesta adecuado en condiciones de salud puede volverse inadecuado durante una crisis inmunológica. Se sabe que el zinc juega un papel importante en la curación de heridas y es esencial para la salud de los tejidos tegumentarios que forman la piel, pelo, cuernos y cascos.

Yodo: La hormona tiroidea y su forma biológicamente activa requieren yodo. Estas hormonas controlan el ritmo del metabolismo en los adultos y el crecimiento en los jóvenes. No se conoce ninguna otra función de este elemento en el cuerpo. Los alimentos de origen animal son generalmente pobres en yodo, mientras que los derivados del mar o cercanos al mar son fuentes más ricas en yodo. La sal obtenida de la evaporación del agua de mar es una fuente rica en yodo.

Selenio: Entre todos los minerales, el selenio es uno de los pocos (junto con el cromo) que ha sido objeto de cierta regulación gubernamental, con niveles específicos de toxicidad y niveles máximos de suplementación permitidos para los animales de granja. Este oligoelemento es necesario en la dieta en cantidades muy pequeñas, del orden de dos o tres décimas de una parte por millón, es decir, de 200 a 300 partes por billón (ppb). Para tener una idea de lo pequeña que es esta cantidad, una parte por billón equivale a un minuto desde el nacimiento de Cristo. El selenio se encuentra con frecuencia en los forrajes y los cereales, aunque hay algunas regiones del mundo donde se sabe que el suelo es deficiente en selenio.

En el pasado, cuando los animales pasaban toda su vida en una pequeña área geográfica y los alimentos se obtenían todos de la misma pequeña región, era posible encontrar una deficiencia de selenio en el ganado si se trataba de una zona deficiente en selenio. Hoy en día, es poco probable que haya una deficiencia de selenio por varias razones. Los cereales se comercializan en todo el mundo, de costa a costa y de continente a continente. La probabilidad de que un animal haya sido alimentado con el mismo alimento de la misma región deficiente en selenio durante el último año o más es muy baja. Además, prácticamente todos los piensos, vitaminas y suplementos minerales fabricados incluyen selenio en su fórmula.

A menudo se señala que el selenio y la vitamina E son antioxidantes, y es cierto que cada uno interviene en el metabolismo celular de los radicales libres, pero actúan en compartimentos diferentes de la célula, con funciones diferentes, y sólo pueden prescindir parcialmente el uno del otro. Cada uno tiene un requerimiento específico en la dieta. La presencia de uno no permite la ausencia del otro.

Se recomienda que los animales consuman una dieta que contenga alrededor de 0,3 mg de selenio por kilo de alimento seco. Por ejemplo, un caballo adulto puede consumir entre 11 y 14 kg de alimento totalmente seco al día, y una suplementación de 2,5 mg de selenio elemental sería adecuada. 450 g de selenio elemental proporcionarán 2,5 mg durante 500 días, por lo que es obvio que la suplementación de selenio es mejor dejársela a los fabricantes de piensos profesionales. Debido a que el selenio es necesario en pequeñas cantidades en la dieta, generalmente se comercializa para los mezcladores de premezclas minerales en forma de sal de sodio (selenito de sodio) diluida en una concentración del 1% al 4%. Las empresas de alimentos para animales compran estas mezclas minerales preconfeccionadas y las añaden a sus fórmulas en porciones controladas.

El selenio no puede formar un quelato debido a su estructura molecular. El término "quelato" se refiere a un enlace molecular específico y preciso, lo que no es posible para el selenio sin violar las leyes del universo. Sin embargo, existe una forma orgánica de selenio obtenida a partir de cultivos de levadura que acumulan altos niveles del mineral, la cual se considera una fuente más biodisponible.

QUELATOS

La naturaleza tiene en gran estima a los quelatos, y los utiliza en papeles principales. El hierro de la hemoglobina está en forma de quelato, al igual que el magnesio de la clorofila. Estas dos moléculas, la hemoglobina, utilizada para el transporte de oxígeno en los animales, y la clorofila, necesaria para la fotosíntesis en las plantas, pueden considerarse moléculas de una importancia inigualable en toda la biología.

Hace algunos años, cuando los compuestos radiactivos estaban menos regulados, unos investigadores de Estados Unidos cultivaron maíz en un suelo que contenía Zn^{65} radiactivo y utilizaron el ensilado resultante como ingrediente de una dieta para terneros. Gracias al radiotrazador, se conocía la concentración de zinc en este ensilado, y se formuló un segundo pienso con idéntico contenido de zinc procedente del cloruro de zinc como ingrediente de control. Tras el análisis, se informó que los terneros alimentados con el ensilado de maíz radiomarcado mostraban un 40% más de zinc en sus tejidos metabólicamente activos que los alimentados con la misma dosis en forma de suplemento mineral. La explicación de por qué el zinc de una planta muestra una mayor biodisponibilidad que el de un suplemento mineral no se conoce hasta el día de hoy. En cualquier caso, este trabajo clásico demostró que el conocimiento de la naturaleza sobre los oligoelementos es superior a nuestra costumbre de suplementar con polvos orgánicos. ¿Podrían ser los quelatos la diferencia?

Un mineral quelado es aquel que ha formado un tipo de enlace químico específico (coordinado-covalente) con una o más moléculas, generalmente proteínas. Varias empresas fabrican minerales quelados que sirven como fuente de suministro para las industrias de piensos para animales y de alimentos para la salud humana. Los minerales quelados, también denominados vagamente minerales orgánicos, tienen una pureza de entre el 8% y el 15%, dependiendo del fabricante, y son más caros que los minerales inorgánicos, pero tienen importantes ventajas.

Los metales divalentes como el cobre, el manganeso y el zinc, forman los quelatos más fuertes. Se cree que los quelatos pueden superar la inhibición protegiendo un mineral de la unión con otros minerales o fitatos cuando están en exceso. Una dieta alta en un mineral, con frecuencia el hierro, puede reducir la biodisponibilidad de otros minerales, excluyéndolos presumiblemente de los sitios de unión. Otro ejemplo es cuando un nivel alto de molibdeno se une al cobre o inhibe su absorción. Esto puede ser un problema en el heno, donde el molibdeno a veces puede tener 10 o más partes por millón (ppm). Este molibdeno se combina con el cobre, y una dieta por lo demás adecuada puede producir una deficiencia de cobre. Cuando se analiza el cobre en el pienso, los resultados del laboratorio indican una cantidad adecuada para la salud, pero en realidad, el cobre de la dieta no está disponible para el animal. Este problema se resuelve fácilmente mediante la adición de sólo 5 ppm de cobre en forma quelada. La razón es que el cobre quelado puede superar o evitar la inhibición causada por el molibdeno.

Aunque el mecanismo exacto de lo anterior aún no se conoce con certeza, se cree que implica la protección de la molécula de cobre por parte de su proteína transportadora, denominada ligando, antes de ser presentada a la pared intestinal para su absorción. Este es un campo de investigación activo y existen numerosos artículos científicos que demuestran las ventajas de los suplementos minerales quelados. La precisión del mecanismo de acción de los quelatos sigue siendo un misterio en este momento, a pesar de lo que pueda presumir la literatura especializada en ventas. Se sospecha que la ruta de absorción de los quelatos difiere de la de los minerales inorgánicos.

Se ha demostrado que los minerales quelados se retienen mejor una vez absorbidos por el organismo en comparación con los minerales inorgánicos. En muchos ensayos que investigan los quelatos de zinc, también se incluyen quelatos de cobre y manganeso en el mismo tratamiento, lo que hace difícil determinar qué mineral fue el responsable del resultado. A pesar de esto, hay muchas pruebas que respaldan la eficacia de los minerales quelados, pero se debe tener precaución al aceptar todas las conclusiones impulsadas por ambiciosos programas de venta. Los investigadores del laboratorio de Clarence Ammerman en la Universidad de Florida han demostrado que los minerales quelados de diferentes fabricantes pueden variar bastante en cuanto a su biodisponibilidad.

REFERENCIAS

Con deficiencia de zinc tienen una capacidad inmune comprometida (...) Beach, RS., ME Gershwin, LS Hurley. 1982. Gestational zinc deprivation in mice: Persistence of immunodeficiency for three generations. Science. 218:469.

40% más de zinc en su tejido metabólicamente activo (...) Neathery, MW, S. Rachmat, WJ Miller, RP Gentry, DM Blackburn. 1972. Effect of chemical form on orally administered 65zinc on absorption and metabolism in cattle. Proc. Soc. Exp. Biol. 139:953-956.

Mineral quelado, una vez absorbido se retiene mejor (...) Lardy, GP, MS Kerley, JA Paterson. 1992. Retention of chelated metal proteinates by lambs. J. Anim. Sci. 70 (supl. 1) 314 (Resumen) (...) y, Nockels, CE, J. DeBonis, J. Torrent. 1993. Stress induction affects copper and zinc balance in calves fed organic and inorganic copper and zinc sources. J. Anim. Sci. 71:2539-2545 (...)y, Spears, JW. 1989. Zinc methionine in ruminants: Relative bio-availability of zinc in lambs and effect of growth and performance of growing heifers. J. Anim. Sci. 67: 835-843.

Los minerales quelados de diferentes fabricantes pueden variar en cuanto a su biodisponibilidad (...) Cao, J, PR Henry, R Guo, RA Howerda, JP Roth, RC Littell, RD Miles, CB Ammerman. 2000. Chemical characteristics and relative bioavailability of supplemental organic zinc sources for poultry and ruminants. J. Anim. Sci. 78:2039- 2054.

12
NORMATIVA SOBRE ALIMENTOS PARA MASCOTAS

Cuando se adquieren alimentos para animales de compañía, es fundamental confiar en la información que se encuentra en la etiqueta del producto para tomar decisiones informadas. Aunque el tema de las etiquetas puede ser tangencial a la nutrición animal, es importante discutirlo ya que todas las comidas para animales, incluso el heno, están sujetas a normas que establecen los nutrientes que deben contener. Además del precio y el costo por unidad de peso, es fundamental tomar en cuenta otros factores al tomar decisiones, ya que el precio no siempre refleja el valor real del producto. En las etiquetas de los alimentos para mascotas se debe indicar claramente para qué tipo de animal es el producto. Además, para que los clientes que no saben leer puedan informarse, los productos suelen mostrar una imagen de un perro o un gato.

Además de incluir información como el peso neto, el nombre del fabricante y su dirección, es importante que las etiquetas de los alimentos para animales de compañía incluyan una garantía mínima y una lista de ingredientes. La garantía mínima es una declaración en la que el fabricante garantiza que algunos valores nutricionales del producto (proteínas, grasas, fibra y humedad, en porcentaje) son verdaderos. La lista de ingredientes, por otro lado, enumera todos los componentes utilizados en la fabricación del producto en orden descendente de predominancia. El ingrediente que se utiliza en mayor cantidad aparece primero en la lista.

La mayoría de los productos que se venden en bolsas también incluyen una guía de alimentación, que se basa en el tamaño del animal y en la densidad calórica del alimento. Además, muchas bolsas indican un análisis típico, que es diferente del análisis garantizado y que muestra más nutrientes que la garantía mínima e indica lo que el fabricante ha pretendido al formular el producto. Aunque puede aportar información útil, es importante destacar que, a diferencia de la garantía mínima de la etiqueta, los nutrientes que aparecen en el análisis típico no son sometidos a pruebas de inspección o muestreo para verificar su precisión.

La información que se encuentra en las etiquetas de los alimentos para mascotas tiene como objetivo proteger tanto a los tutores como a sus animales, así como también a los miembros de la industria de alimentos para animales. Esto se debe a que tanto los consumidores como las empresas de renombre pueden ser perjudicados por proveedores que no actúan con ética. La información de las etiquetas también permite a los consumidores tomar decisiones de compra informadas al comparar diferentes productos.

Este sistema no está exento de limitaciones, pero en general, el sistema de etiquetado de alimentos para mascotas funciona bien y es mejor que no tener ningún tipo de regulación. La industria de alimentos para mascotas está regulada por la Asociación Americana de Oficiales de Control de Alimentos, (conocida como "AAFCO", por sus siglas en inglés), que se originó hace más de 100 años cuando comenzaron a comercializarse los piensos agrícolas. La AAFCO está compuesta por varios comités, incluyendo el comité colaborativo de muestras de control, el de problemas de cumplimiento, el de inspección y muestreo, el de contaminantes, el de métodos de laboratorio, el de etiquetado y el de definición de ingredientes. Además, también cuenta con un comité específico de alimentos para mascotas. Cada comité está integrado por profesionales de la industria de piensos y cuenta con hasta una docena de asesores expertos del gobierno y la industria.

Uno de los comités más activos es el de definición de ingredientes. Si un ingrediente se utiliza en un alimento para mascotas, debe aparecer en la etiqueta, y para ello debe contar con una definición oficial de la AAFCO. La AAFCO es la autoridad de referencia para definir de manera uniforme todas las descripciones de los piensos. Es la norma que regula y organiza la comunicación para que todo el mundo esté de acuerdo, por ejemplo, con la definición de "sémola de maíz" o "harina de carne y huesos". La lista de ingredientes aprobados es la sección más larga de la normativa, con 93 páginas de un total de 500. Es fácil comprender la utilidad comercial de una distinción oficial entre lo que constituye el maíz limpio y no adulterado, y lo que es el maíz mohoso o con exceso de humedad.

Una empresa proveedora de ingredientes para alimentos de mascotas puede encontrar una gran oportunidad en una compañía que vende millones de toneladas al año. Sin embargo, si su producto no cuenta con una definición oficial por parte del comité de ingredientes, quedará excluida de este mercado. Las decisiones del comité pueden ser determinantes para las empresas y pueden tener consecuencias económicas significativas, favoreciendo a una empresa y dejando a su competidor en desventaja. Por lo tanto, es fundamental que el comité actúe con imparcialidad y equidad en sus decisiones.

Lograr que un producto de una empresa obtenga una definición aprobada como ingrediente puede ser un proceso prolongado. Por ejemplo, el proteinato metálico (57.23), un tipo de mineral orgánico, se propuso por primera vez en 1967, se aprobó en 1970, se modificó en 1977 y de nuevo en 1987. En un momento dado, había más de 25 definiciones diferentes para los tipos de minerales orgánicos. De hecho, los productos minerales son sólo una de las 36 categorías diferentes de ingredientes para piensos, y representan casi el 20% de las páginas de esta sección.

La AAFCO trabaja en estrecha colaboración con varias agencias federales de los Estados Unidos, incluyendo la Administración de Alimentos y Medicamentos (FDA), el Centro de Medicina Veterinaria y el Departamento de Agricultura de los Estados Unidos (USDA) y su división de Servicio de Inspección Sanitaria de Animales y Plantas (APHIS), todas las cuales tienen secciones dedicadas específicamente a trabajar con la industria de alimentos para mascotas. La AAFCO ha establecido un memorando de entendimiento con la FDA. Cada año, la AAFCO publica un libro de alrededor de 500 páginas que proporciona orientación y asesoramiento a la industria. La declaración de objetivos de la organización es garantizar el contenido de nutrientes, la eficacia y la seguridad, desarrollar estándares y promover la uniformidad en las leyes, reglamentos y aplicación. Además, determinan lo que es obligatorio, lo que es opcional y lo que está prohibido en una etiqueta de alimento para mascotas.

La AAFCO no se encarga de hacer cumplir la normativa. Esta función se deja en manos de los departamentos de agricultura de cada estado (o, en algunos casos, de la Oficina del Químico Estatal). A lo largo de los años, la AAFCO ha elaborado minuciosamente lo que se denomina Proyecto de ley, y se deja a los estados que lo adopten o no, según lo deseen. La mayoría lo hace. Los detalles de este Proyecto de ley pueden ser impresionantes. (Se sabe que los empleados de las empresas de alimentos para mascotas encargados de cumplir con el Proyecto de ley han utilizado diferentes palabras para describirla).

Por ejemplo, las palabras "nuevo" o "mejorado" deben ser justificadas y ser eliminadas en un plazo máximo de seis meses. La palabra "probado" está prohibida a menos que esté respaldada por pruebas científicas. Si el nombre de un producto incluye un ingrediente, como "Alimento Sustancioso con Cordero", la carne de cordero debe constituir un mínimo del 3% del contenido total de los ingredientes. Términos como "magro", "bajo en calorías", "light", "grasa reducida", "natural" y "control del sarro" están cuidadosamente restringidos y su uso es limitado. Incluso se establece el tamaño de letra permitido en la etiqueta. Sin entrar en más detalles aburridos del Proyecto de Ley (las normas de alimentos para mascotas ocupan 60 páginas del manual de la AAFCO), es suficiente decir que la industria hace todo lo posible para proteger a los animales de compañía.

En la normativa de alimentos para mascotas, hay un concepto importante que los tutores de perros y gatos deben entender: la adecuación nutricional, que hace que a veces se le denomine nutricionalmente completo. El reglamento reconoce cuatro categorías de densidad nutricional para los alimentos para mascotas: gestación/lactancia, crecimiento, mantenimiento y todas las etapas de la vida. A menos que se indique claramente en la etiqueta que un producto es un snack o golosina, cada producto debe especificar a qué categoría pertenece. El reglamento incluye tablas que detallan los requerimientos exactos de más de 30 nutrientes para perros y gatos en cada etapa de la vida.

Los académicos y nutricionistas profesionales utilizan una publicación del Consejo Nacional de Investigación (NRC) del gobierno federal como autoridad y referencia. Aproximadamente cada década, el NRC reúne a un comité de respetadas autoridades en materia de nutrición de una especie específica y les encarga la redacción de los últimos conocimientos en una referencia sucinta. La publicación incluye un extenso texto, con excepciones y condiciones de calificación, y siempre se advierte al lector que no debe basarse exclusivamente en las tablas. Estas publicaciones están disponibles para el público, y en realidad son las recomendaciones del NRC las que informan las directrices nutricionales de la AAFCO.

Cuando se solicite, el fabricante de alimentos para animales de compañía debe presentar una declaración jurada firmada que certifique que su producto cumple con los requisitos para la especie y etapa de vida que se alega. Si un producto no cumple con los requisitos según los análisis de laboratorio, aún puede ser considerado si se presentan ensayos científicos de alimentación reales. Sin embargo, estos ensayos, explicados con detalle por la AAFCO, pueden resultar bastante costosos y pocos fabricantes se comprometen a realizarlos.

Sin embargo, es importante destacar que al permitir este método alternativo de prueba de eficacia, la AAFCO reconoce que sus normas y declaraciones sobre la adecuación y los requisitos nutricionales pueden no ser definitivas o totalmente ilustrativas.

Se permite que si un producto, probado según su protocolo de alimentación, permite a una mascota tener una vida plena y saludable, no importa a la AAFCO cuál es su perfil nutricional. Sin embargo, un fabricante debe tener los resultados de los ensayos científicos de alimentación para demostrar la adecuación de un producto por este método, y su etiqueta no puede hacer referencia a los perfiles nutricionales de la AAFCO. En su lugar, pueden afirmar en la etiqueta la adecuación nutricional para la etapa de vida probada.

REGLAMENTOS DE LOS ESTADOS

La mayoría de los estados requiere que cualquier alimento para mascotas que se venda dentro de sus fronteras sea registrado. Las tasas pueden ser cobradas por empresa o marca, y varían considerablemente. La mayoría de las tasas deben ser renovadas anualmente, y algunos estados también cobran una tasa de inspección. Los funcionarios estatales encargados de hacer cumplir las normas sobre alimentos para animales de compañía son empleados del departamento estatal de agricultura, y la AAFCO espera que sean partes neutrales sin interés en el resultado del proceso. Toman muestras de los productos del mercado minorista y las envían a un laboratorio oficial para ser analizadas y determinar si el producto cumple con la garantía que figura en el empaque.

La AAFCO aconseja sabiamente que el éxito de un programa normativo se mida por el nivel de cumplimiento, no por el número de citaciones. Si un producto no cumple con la garantía que figura en su empaque, se considera "fuera de especificación" en la jerga del sector, y se sugieren diferentes acciones dependiendo del punto de vista del inspector en cuestiones como si la infracción fue inadvertida o deliberada, si es la primera vez o es frecuente, y si es grande o pequeña. En caso de una primera infracción leve, la empresa puede simplemente enviar una carta informando de los resultados. Sin embargo, todos los inspectores tienen la autoridad de "etiquetar en rojo" un producto y ordenar su retirada del mercado si encuentran una causa suficiente. La AAFCO aconseja que las infracciones se comuniquen al público y a otros miembros de la industria.

LA ETIQUETA EN LA TEORÍA Y EN LA PRÁCTICA

Supongamos que tuvieras que explicarle a un miembro de la

tribu zulú el béisbol americano. Podrías empezar explicando que el lanzador lanza la pelota para que el bateador intente golpearla. Esto sería suficiente para que el hombre de la tribu tenga una idea inicial. Sin embargo, incluso un aficionado ingenuo del béisbol sabe que el verdadero objetivo del lanzador es lanzar la pelota de tal manera que el bateador tenga dificultades para golpearla.

Esto es algo análogo a las etiquetas de los alimentos para mascotas. El propósito y la intención es informar al consumidor sobre lo que contiene la bolsa. Sin embargo, cumplir con las normativas de forma franca y abierta puede ser equivalente a regalar la fórmula a los competidores, si ellos también se informan. En el mundo ferozmente competitivo de los alimentos para mascotas, es comprensible que los ejecutivos de la industria sean reacios a hacerlo.

En realidad, puede haber trucos ocasionales y sutiles de subterfugio en juego. Afortunadamente, los días en que muchos productos indicaban como ingrediente predominante "cereales y subproductos de cereales" han quedado atrás. Se trataba de una lamentable estratagema para cumplir con la normativa sin tener que revelar nada en concreto. Los cereales y los subproductos de cereales podían ser cualquiera de varias docenas de ingredientes, pero estaba permitido y era común. El uso de este término se justificó probablemente ante los organismos reguladores por ser lo suficientemente definitivo como para cumplir con el espíritu de la norma, pero lo suficientemente flexible como para permitir la formulación de menor coste, lo que, según el argumento, era lo mejor para el comprador de alimentos para mascotas.

La formulación de bajo coste se refiere a la creación de una mezcla de ingredientes por ordenador para cumplir con las especificaciones nutricionales al menor coste posible. Se utilizan ordenadores porque seleccionar entre cientos de ingredientes, cada uno con diferentes combinaciones de alrededor de 60 nutrientes, es una tarea formidable y compleja. Al usar el término "cereales y subproductos de cereales", un fabricante podía comprar el cereal o subproducto más económico y ajustar la fórmula en consecuencia sin tener que imprimir nuevas etiquetas. Para mantener los costes manejables, las etiquetas y las bolsas se compran en grandes cantidades, y cualquier cambio en la etiqueta conlleva un gran inconveniente y gasto en la sustitución de las bolsas. Nadie cambia las etiquetas sin un motivo y cualquier cambio en la fórmula se coordina cuidadosamente con el agotamiento del inventario de bolsas, si es posible.

Los sacos de pienso para caballos y animales de granja suelen tener una etiqueta cosida en la parte superior del saco, lo cual es un método realmente útil, ya que permite que un saco sea válido independientemente de los cambios de etiqueta. Además, cualquier etiqueta obsoleta de este tipo cosida en el cierre del saco se puede reemplazar de forma fácil y económica.

Un ejemplo de la licencia creativa que podría aplicarse es el de los huevos. El huevo puede añadirse a la fórmula en forma de huevo en polvo seco, pero se coloca en la etiqueta como si se tratara de huevos enteros, como los que la gente come en el desayuno. El huevo entero es más caro y un ingrediente incómodo de manejar. Desde el punto de vista nutricional, se trata de un inofensivo guiño a la letra de la ley que no engaña a un nutricionista experto en alimentos para mascotas, pero hace que el ingrediente del huevo de alta calidad suba bastante en la lista de ingredientes (de, por ejemplo, el 1% al 4%), con la esperanza de impresionar a algunos clientes. Aunque es difícil y costoso de identificar en el laboratorio, esta inexactitud puede ser detectada por los inspectores de piensos que realizan análisis químicos más precisos y especializados en los ingredientes del pienso.

MELAMINA: CÓMO FUNCIONA EL SISTEMA

En marzo de 2007, los medios de comunicación nacionales e internacionales informaron de una importante retirada de alimentos para gatos debido a la presencia de un compuesto tóxico llamado melamina. Los rumores y las especulaciones indicaban que miles de animales de compañía habían muerto por culpa de la comida contaminada. Las organizaciones veterinarias informaron de 500 casos de insuficiencia renal y 100 muertes a finales de marzo. El número real de muertes nunca se conocerá con certeza, pero es evidente que la indignación pública fue generalizada y se pidieron normas gubernamentales para la industria de alimentos para mascotas, que previamente se había autorregulado. Las empresas implicadas en la retirada del mercado perdieron millones de dólares sólo en la ejecución de la retirada, sin mencionar las pérdidas de ventas. En definitiva, se retiraron del mercado más de 5.000 productos diferentes. Para los tutores de perros y gatos afectados, la pérdida de sus queridos animales, junto con los gastos médicos, fue trágica.

Hay una perspectiva adicional que es importante considerar. Existe un sistema para estas situaciones que funcionó en gran medida. No se puede negar la angustia y la tristeza de este incidente, pero teniendo en cuenta los cientos de millones de gatos domésticos que hay en el mundo, la masacre fue relativamente pequeña y se contuvo de forma rápida y eficaz, especialmente a la luz de la historia completa. La muerte de 100 gatos es una tragedia, pero podría haber sido mucho peor si no fuera por los procedimientos de seguridad y las normas gubernamentales de la industria.

Los fabricantes de alimentos para mascotas suelen imprimir un código indeleble en cada empaque que identifica el producto, la fecha y la hora de producción. Además, el nombre de la empresa y su información de contacto también se muestran en la bolsa. Esto permite a cualquier persona ponerse en contacto con la empresa y hablar con un empleado que puede identificar exactamente, mediante el código del empaque, la fecha, la hora y la instalación (planta) donde se ha fabricado el producto. A partir de esta información, es posible conocer la fórmula del producto y los ingredientes exactos que contiene, lo que facilita su investigación en caso de ser necesario.

Además, muchas empresas realizan investigaciones comerciales y de tecnología alimentaria alimentando a sus propios animales domésticos con sus productos, lo que sirve como una advertencia temprana adicional en caso de cualquier problema. Este fue el caso de la retirada de alimentos para gatos mencionada anteriormente, la cual fue iniciada por una empresa que notó que los gatos utilizados en las pruebas internas de preferencia de sabor estaban enfermos. A los 30 días de la retirada, los laboratorios de diagnóstico veterinario identificaron provisionalmente que la causa era la melamina, una sustancia química industrial utilizada en la fabricación de plásticos, que se encontró en el gluten de trigo obtenido en China. Este mismo compuesto estuvo implicado en la tragedia aún mayor de las muertes de bebés en China que consumieron fórmulas infantiles adulteradas.

Cuando se evalúa la proteína de un pienso, la melamina provocará una lectura artificialmente alta. Si uno está dispuesto a renunciar por completo a la moral y la ética, adulterar un ingrediente de los piensos bajo en proteínas con melamina puede ser un medio para eludir los protocolos rutinarios de garantía de calidad en su propia empresa, así como en sus clientes.

Aunque la industria de ingredientes para piensos en China se vio gravemente afectada por esta debacle, esta experiencia dejó una valiosa lección aprendida a través de un evento trágico.

REFERENCIAS

Los académicos y los nutricionistas profesionales utilizan como autoridad (...) NRC. 2006. National Research Council. Nutrient requirements of dogs and cats. National Academies Press. 500 Fifth Street. Washington, D.C. 20001.

Las principales empresas retiraron más de 5000 productos diferentes (…) Weise, E, y J Schmidt. 2007. FDA limits Chinese food additive imports. USA Today. 30 de abril.

13
¿QUÉ DAR COMO ALIMENTO?

La mayor pregunta en la mente de la mayoría de los tutores de perros y gatos es: ¿Qué dar como alimento? Una preocupación que, para empezar, es normal y que se hace aún más acuciante con las infinitas opciones disponibles, todas ellas afirmando tener la mejor respuesta.

En los últimos años, la política nutricional ha sido cada vez más cuestionada, lo que ha socavado la confianza del público en la ciencia de la nutrición. El dictamen previo de que el colesterol es malo tuvo que ser modificado y el consejo de reducir la ingesta de grasas no ha resultado eficaz. A pesar de que el consumo per cápita de grasa ha disminuido durante los últimos 30 años, la obesidad nunca ha sido tan frecuente. La margarina, que en su momento se consideraba un sustituto saludable de la mantequilla, se considera ahora un veneno debido a sus ácidos grasos trans, que se han relacionado con el cáncer. Mientras tanto, la mantequilla ha vuelto a ser alabada por su alto contenido en CLA (ácido linoleico conjugado), que se ha demostrado que ayuda a prevenir e incluso curar algunos cánceres.

La perspicacia del tutor de un animal de compañía se ve aún

más desafiada por el hecho de que la nutrición rara vez se convierte en una crisis inmediata. Esta es una estrategia de la naturaleza para lograr una gran adaptabilidad, ya que incluso una mala alimentación por un corto período nos permite, al menos, llegar al día siguiente. Sin embargo, una mala alimentación a largo plazo puede causar problemas, y la mayoría de las personas son conscientes de ello. Por lo tanto, están preocupados por la alimentación de sus animales. ¿Cuál es la respuesta a la pregunta de cuál es la mejor dieta?

Todo lo discutido hasta ahora ha sido diseñado para traernos a este punto. Un repaso de los principales puntos tratados en los capítulos anteriores puede resumirse en lo que se menciona a continuación. Para que conste, en el apéndice (Tablas 13, 14 y 15) se puede encontrar lo que dicen los expertos en forma de recomendaciones para el gato, el perro y el caballo. Para ser justos, y a pesar de todas mis críticas a los responsables políticos, sus tablas son un esfuerzo sincero de académicos bienintencionados por resumir los conocimientos actuales y son un recurso útil.

A nivel celular, es mucho más lo que tenemos en común entre todas las especies que lo que nos diferencia. El metabolismo bioquímico de todas las criaturas es muy similar. Cada aminoácido tiene el mismo diseño molecular preciso en todo el mundo y sirve para lo mismo en todas las criaturas, desde una babosa de mar hasta un elefante. Otro ejemplo es el sistema enzimático del citocromo C, que se encuentra en las mitocondrias de todas las criaturas del mundo. Las numerosas hormonas que se encuentran en los seres humanos son esencialmente idénticas en forma y función en todos los animales.

Todas las criaturas del mundo utilizan una de las tres estrategias básicas de alimentación: herbívora, carnívora u omnívora. Una dieta adecuada para un carnívoro alimentará adecuadamente a cualquier carnívoro en cualquier parte del mundo. Lo mismo ocurre con un herbívoro u omnívoro. Hay una sorprendente similitud en los nutrientes que todas las criaturas necesitan de su entorno. Por ejemplo, trescientas partes por billón (0,3 mg/kg) de selenio en la materia seca de la dieta es la necesidad media de la mayoría de los animales, y es el contenido medio de la corteza terrestre. Esto no es una coincidencia. Es simple lógica.

La evolución ha adaptado a las criaturas a las condiciones constantes del entorno en el que se encuentran, mejorando la supervivencia de los más aptos. No hay especies aisladas que requieran 200 partes por millón de cobre para sobrevivir, o que sean excepciones únicas y requieran titanio en cantidades de 10 partes por millón. En general, los seres vivos pueden sobrevivir sin la necesidad de consumir titanio en su dieta.

Para los herbívoros de todo el mundo, el consumo de materia seca con un contenido de proteína entre el 10% y el 12% es suficiente para el mantenimiento de los adultos. Esto se debe a que la mayoría de las plantas que forman parte de la alimentación de los animales herbívoros contienen alrededor del 10% al 12% de proteína en su materia seca. Si bien las plantas más jóvenes pueden tener un contenido de proteína más elevado, y las más viejas pueden tener menos, la mayoría de las plantas que los animales pastan contienen el nivel y tipo de proteína adecuados para el mantenimiento diario de los animales que han evolucionado para consumirlas.

La adaptabilidad es uno de los factores más importantes que permite la supervivencia de las especies. La mayoría de las criaturas tiene una capacidad exquisita para prosperar con una serie de dietas diferentes y para sobrevivir con una dieta deficiente, al menos durante un tiempo. Esto se debe a la amplia diversidad de mecanismos de respaldo perfeccionados por la evolución. Es precisamente esta adaptabilidad la que permite que las especies evolucionen, y también lo que fomenta la confusión en cuanto a cuál es la mejor dieta para cada individuo. Muchas dietas parecen funcionar, al menos durante un tiempo, especialmente si se corrige una deficiencia de la dieta anterior al cambiar a una nueva dieta. Por ejemplo, si se alimenta a un animal con una dieta deficiente en proteínas y magnesio y se cambia a una dieta con proteínas adecuadas, habrá una mejora parcial en su salud debido al aumento de proteína, pero la deficiencia de magnesio seguiría existiendo. Una dieta puede parecer que hace maravillas durante un tiempo, aunque también tenga deficiencias.

Vegetariano versus carne. Si las personas fueran verdaderos carnívoros como el gato, una dieta vegetariana no funcionaría. Gran parte de nuestra experiencia está condicionada por las dietas que siguen las personas. Como todo el mundo sabe, hay personas que parecen prosperar bastante bien con una dieta vegetariana estricta, o una dieta basada en el vegetarianismo con algo de pescado, huevos o productos lácteos. También hay personas que viven hasta los 100 años comiendo carne regularmente.

Con todo el ruido mediático actual, es fácil perder de vista el concepto fundamental. La amplia gama de dietas que funcionan es un ejemplo de ello. Para los omnívoros, como los perros o las personas, una dieta vegetariana puede funcionar y una dieta sin vegetales también puede hacerlo. Esto se debe a que es posible obtener todo lo necesario, y nada perjudicial, de cualquiera de las dos dietas si se seleccionan adecuadamente.

Lo que se suele omitir en el típico debate sobre la carne versus las verduras es lo que no se incluye en ninguna buena dieta. Cuando se llega a una dieta saludable, ya sea vegetariana o basada en carne, la verdadera clave es el bajo nivel de calorías totales y, especialmente, la baja cantidad de calorías derivadas del almidón y el azúcar.

El mayor error: alimentar con un exceso de energía en general y de carbohidrato soluble en particular. El estudio patrocinado por Purina (Kealy et al, 2002) y al que se hace referencia en el Capítulo 3 debería ser prueba suficiente para demostrar lo que se ha evidenciado en numerosas otras especies: menos calorías conducen a una vida más larga. O, más correctamente, el exceso de calorías acorta la vida y aumenta el riesgo de enfermedades. Está bien que los cachorros sean regordetes cuando se amamantan, pero no hay que temer que se vean algunas costillas a medida que maduran. El exceso de calorías en las etapas formativas de la vida puede predisponer a la obesidad en los adultos. Es igualmente importante, como hemos comentado y como ilustran las fotos del dóberman demacrado en el Capítulo 4, que incluso la deficiencia severa puede superarse sin daños permanentes. Si su cachorro está demasiado delgado durante un par de semanas, no se preocupe. Simplemente dele más alimento. Lo que hay que evitar a toda costa es un cachorro con sobrepeso durante todo el tiempo de su crecimiento hasta la madurez.

Menos trabajo, más calorías. Los mamíferos primitivos, y los animales salvajes de hoy en día, tienen que trabajar duro cada día para obtener una escasa cantidad de calorías. Hoy en día, el trabajo necesario para recolectar las calorías necesarias para un día (para un animal de compañía o una persona) es una décima parte del esfuerzo que realizaban nuestros antepasados y puede producir lo que se necesita multiplicado por muchas veces. Hoy en día, no sólo nadie va andando a ningún sitio, sino que premiamos constantemente a la industria por inventar formas de trabajar aún menos (ascensores, escaleras mecánicas, lavadoras, exprimidores). En nuestros coches, los asientos y las ventanillas eléctricas han reducido a la mitad nuestra carga de trabajo diaria, que puede incluir una parada en una ventanilla de autoservicio donde compramos más calorías en una sola comida que las que necesitamos en todo el día, y todo ello sin dejar de estar sentados. Nuestros antepasados trabajaban durante horas para encontrar tantas calorías como las que le dan por la ventanilla de autoservicio de un restaurante.

Un coyote adulto que cazara durante una noche de verano para atrapar una rata de campo, gastaría alrededor de 500 calorías y consumiría aproximadamente 220 calorías, de las cuales sólo el 8% serían de carbohidrato soluble. Con estas cifras, se deduce que el coyote tendría que capturar dos ratas de campo para obtener suficiente alimento. En comparación, un animal de tamaño similar que sólo camina por la casa y el jardín durante todo el día y es alimentado con una bolsa típica de comida para perros, consumiría más de 1.000 calorías, de las cuales casi la mitad provienen del carbohidrato soluble.

La falta de lógica de consumir demasiado almidón y azúcar en la dieta. La cantidad de carbohidrato soluble que se encuentra en cualquier alimento natural es inferior a la que se encuentra en la comida seca para perros y gatos. Sin embargo, ciertas partes de diversas plantas pueden contener una cantidad de carbohidrato soluble que se acerca a aproximadamente el 20%. La sequía puede aumentar el contenido de azúcar de una planta, y la proporción de azúcar y almidón puede variar dependiendo de si la sequía ocurrió de forma repentina o lenta (K.A. Watts, 2009, citado en el Capítulo 5). Algunas frutas y bayas pueden tener un alto contenido de azúcar en materia seca cuando están completamente maduras, pero al comerlas se diluyen con el agua. La miel tiene un alto contenido de carbohidrato soluble. No obstante, estos casos son la excepción y nunca forman parte constante de la dieta de un mamífero en evolución.

Nuestro metabolismo está diseñado para considerar un pico de azúcar en sangre como algo poco común y valioso, y para almacenar esta fuente de energía en las reservas de grasa del organismo. Esto se debe principalmente a la acción de la insulina, la única hormona que disminuye los niveles de azúcar en sangre y lo almacena como grasa. El entorno en el que evolucionaron los mamíferos no solía proporcionar alimentos con un alto contenido de azúcar o almidón, y cuando lo hacía, era por un breve período de tiempo. En resumen, los mamíferos están adaptados a trabajar duro para obtener alimentos en un entorno con poco carbohidrato soluble. Por lo tanto, no están bien equipados para enfrentarse a un mundo en el que el carbohidrato soluble es abundante y el ejercicio es limitado.

El último gran error: se ignora la microbiota intestinal. Al observar cuidadosamente el comportamiento de los animales salvajes y los perros y gatos silvestres, se puede ver que consumen alimentos con altas cantidades de bacterias de forma habitual. Esto es algo normal. Los sistemas digestivos de los mamíferos no sólo pueden tolerar grandes cantidades de bacterias ingeridas, sino que probablemente las necesitan para optimizar la microbiota intestinal. Los alimentos enlatados para mascotas, por definición y por ley, deben ser estériles, lo que priva a los animales de compañía de los componentes microbianos necesarios que la naturaleza provee a través de la dieta. Además, los alimentos cocinados para mascotas alteran rápidamente la microbiota intestinal, mientras que las dietas crudas la apoyan y promueven.

¿QUÉ DAR COMO ALIMENTO?

¿Qué es lo mejor que podemos dar como alimento? Cuando este libro y el resumen anterior se condensan aún más, la respuesta es que una dieta adecuada para los animales de compañía debe ser una mezcla de carne y restos de carne, verduras y fuentes de fibra vegetal, huesos, vísceras, frutos secos, bayas y algunos cereales integrales. También se puede añadir un buen suplemento de vitaminas y minerales. Los huevos son una buena fuente de proteína natural. Es importante que esta mezcla se presente fresca y cruda. Finalmente, esta es la respuesta.

Pero, por favor, continúe leyendo, ya que es importante tener en cuenta que hay numerosas variables, condiciones y excepciones que deben ser tomadas en cuenta para proporcionar una respuesta completa a esta pregunta.

Crudo frente a cocinado. Las dietas crudas no sólo son seguras para los animales de compañía, sino que probablemente son mejores. Los alimentos crudos no experimentan un proceso de cocción que pueda destruir o alterar proteínas, enzimas, vitaminas o minerales. Además, algunos nutrientes son más digeribles en alimentos crudos que en alimentos cocidos. Es cierto que los alimentos crudos pueden contener bacterias, algunas de las cuales pueden ser dañinas para la salud. Sin embargo, si se tiene conocimiento de microbiología básica y se manipulan adecuadamente los alimentos crudos, no debería haber preocupación por la seguridad alimentaria, ya que el sistema digestivo de los animales de compañía es capaz de neutralizar los patógenos ocasionales.

Pero mucha gente no es consciente de la realidad de las bacterias. Los alimentos que se dejan fuera del frigorífico o del congelador se estropean a su debido tiempo. Si se vuelven a congelar y descongelar, se estropean aún más rápido. Las bacterias también tienen muchos trucos de supervivencia, uno de los cuales es aumentar rápidamente las esporas reproductivas si la temperatura baja. Las esporas sobreviven a la congelación y se convierten en bacterias al descongelarse. Incluso sin el estímulo del cambio de temperatura, una sola célula bacteriana puede, si las condiciones son adecuadas, convertirse en una colonia extremadamente visible en la comida húmeda para mascotas que se deja en la encimera durante la noche.

Los responsables de la seguridad alimentaria y de la aplicación de la normativa se mortifican ante la idea de que haya alimentos crudos para perros y gatos en la cocina donde la gente prepara y come su propia comida. Consideran que los alimentos crudos para perros y gatos son un vector para la introducción de bacterias patógenas y que el ingenuo tutor empeora las cosas debido a su ignorancia sobre la microbiología. Y a veces tienen razón. Por esta razón, prefieren que se cocinen los alimentos para animales. Si uno es partidario de los alimentos crudos, no debe preocuparse demasiado por los posibles perjuicios de la cocción. La cocción disminuye la nutrición de algunos nutrientes, como la desnaturalización de ciertas enzimas naturales y la inactivación de algunas vitaminas, pero también mejora en gran medida la vida útil del producto.

La mejor manera de describir la cuestión es como un intercambio; lo crudo tiene ventajas e inconvenientes, y lo cocinado tiene ventajas e inconvenientes. Un animal de compañía puede alimentarse adecuadamente con cualquiera de los dos. El crudo es algo mejor, pero hay que entender la microbiología. El cocinado puede ser técnicamente menos nutritivo (dependiendo de cómo se cocine y de los ingredientes que se utilicen), pero es mucho más cómodo y tiene menos riesgos bacterianos que las dietas crudas.

Existe una situación en la que el alimento enlatado, es decir, estéril, puede ser la opción preferida: cuando se trata de un animal con problemas de salud y, sobre todo, con una capacidad inmune reducida, un alimento esterilizado introducirá menos bacterias de todo tipo.

Probióticos y prebióticos. Los probióticos son bacterias amistosas como las que se encuentran en el yogur. Es casi imposible añadirlas a un alimento extruido o enlatado, ya que el procesamiento las mata. Esa es la razón principal del procesamiento, se usa para matar las bacterias y prolongar la vida útil de los alimentos.

Muchos perros y gatos pasan su vida en un entorno con muy pocas bacterias, y esto no siempre es bueno. Si el número de células bacterianas en nuestros intestinos es diez veces superior al de nuestro cuerpo (Capítulo 5), ¿no sería lógico esperar que los animales de compañía también tuvieran una gran cantidad de bacterias intestinales? Las bacterias intestinales son cruciales para la vida normal, por lo que los animales de compañía que comen alimentos cocinados y viven en una casa sometida a desinfección constante se pueden beneficiar de un probiótico de calidad. Éstos se deben añadir por encima de la comida o se pueden dar como aderezo en una golosina que les guste.

La mayoría de las tiendas de alimentos para humanos y para animales ofrecen probióticos, junto con las guías de alimentación. Cuando considere el uso de un probiótico para humanos para alimentar a su perro o gato, adapte la guía de alimentación para humanos al peso de su animal. Por ejemplo, si pesa 25 kg, esto es entre la mitad y un tercio del peso de una persona. En este caso, dé a su animal un tercio de la dosis diaria de una persona.

Los prebióticos no son bacterias. Son nutrientes o compuestos que promueven el crecimiento de bacterias amistosas y se tratan en su propia sección (Capítulo 7).

Verduras y frutas. Cuando considere el tipo o clase de verdura que va a dar a su perro, inclínese por las que tienen un alto contenido de fibra, siendo un buen ejemplo de esto el apio. Lo que se intenta es duplicar dos tipos de ingesta de materia vegetal. Un tipo es el que ha estado disponible durante millones de años para un omnívoro en su búsqueda de alimento: hierbas frescas, brotes tiernos de plantas jóvenes y frutos reproductivos de temporada, como la calabaza o las judías verdes. El brócoli y la coliflor frescos son buenas fuentes de nutrientes como la vitamina C y el betacaroteno, y la mayoría de las verduras tienen un bajo contenido de carbohidrato soluble.

Las patatas, al tener un alto contenido en almidón, son, por supuesto, una excepción, y por esta razón, mi recomendación es mantenerlas al mínimo, tanto en frecuencia como en cantidad. Pero no hay nada malo en dar alguna patata de forma ocasional.

El otro tipo de material vegetal muy común en la dieta de un omnívoro es el contenido intestinal de sus presas. Los carnívoros en particular, y los omnívoros a menudo, tienden a comer otros animales que son herbívoros. Al comer el contenido intestinal de un animal de presa, el depredador se beneficia de los micronutrientes tan abundantes en una dieta basada en plantas, incluyendo muchas de las vitaminas esenciales para todos los mamíferos que se encuentran en las plantas, como los antioxidantes y los flavonoides.

Los mamíferos respiran oxígeno y lo utilizan para interactuar químicamente con los nutrientes y proporcionar el fuego de la vida. Las plantas hacen lo contrario. Condensan los carbonos del dióxido de carbono del aire en estructuras de carbono (los azúcares tienen cinco o seis carbonos en un anillo) y liberan oxígeno. Para las plantas, el oxígeno es un producto de desecho. La evolución ha perfeccionado muchos compuestos en las plantas para protegerlas del daño por el exceso de oxígeno. Estos metabolitos vegetales se denominan antioxidantes. Cuando los mamíferos comen plantas, consumen estos antioxidantes, que les protegen del daño del oxígeno, igual que las plantas.

Las frutas, como clase, son ampliamente consumidas por los omnívoros para obtener nutrientes. Los arándanos, famosos por su contenido en antioxidantes, nutren desde los ciervos y alces herbívoros hasta los osos y coyotes omnívoros. Los coyotes y los perros silvestres se alimentan exclusivamente de manzanas caídas, y al hacerlo disfrutan de una delicia prácticamente desconocida para la mayoría de los humanos modernos, la fruta madurada en el árbol. La fruta de las tiendas de alimentación se recoge por diseño mucho antes de su maduración, ya que es mucho más duradera y resiste mucho mejor la cosecha mecánica, el transporte y la manipulación automatizada que la fruta madura. La fruta madura debe consumirse en pocos días, lo que no deja margen suficiente para los canales de mercado modernos.

Si bien las frutas son una excelente fuente de nutrientes, también contienen azúcares, lo que significa que una dieta exclusivamente basada en frutas puede resultar en un exceso de ingesta de carbohidrato soluble. Sin embargo, gran parte del azúcar presente en las frutas se encuentra en forma de fructosa, que no requiere la intervención de la insulina para ser absorbida por las células. En comparación con la sacarosa (una combinación de fructosa y glucosa) y la glucosa, la fructosa es menos culpable del problema de malnutrición. Además, dado que las frutas tienen un alto contenido de agua, una cantidad moderada de frutas frescas en la dieta proporcionará una cantidad conservadora de materia seca, y sólo una parte de ésta se compone de azúcares.

En general, las pequeñas cantidades de frutas frescas no suelen causar problemas en la dieta de los perros, aunque se sabe que las uvas y las pasas pueden ser tóxicas para ellos. Según el Centro de Control de Envenenamiento de Animales de la Sociedad Americana para la Prevención de la Crueldad contra los Animales, en el año que finalizó en abril de 2004, se informó de 50 casos de perros con síntomas de toxicidad por uvas o pasas, y siete de ellos murieron. Se estima que la dosis tóxica para un perro de 22 kg es de 9 g de uvas o 225 g de pasas. Aunque no se sabe con certeza qué sustancia es la responsable de la toxicidad, se cree que podría estar relacionada con las micotoxinas. Sin embargo, esta teoría aún no ha sido demostrada

Cantidad de alimento a suministrar. La mayoría de las etiquetas de alimentos para perros y gatos proporcionan una guía de alimentación y esta es la base para determinar la cantidad adecuada de un alimento en particular que se debe suministrar. En ausencia de una guía de alimentación impresa, se debe suministrar a los adultos el 2% del peso corporal en materia seca de alimento, y a los animales de compañía en crecimiento del 2,5% al 3% de su peso corporal en materia seca. Las etiquetas de los productos deben declarar el porcentaje de humedad. La materia seca se obtiene al restar este número del 100.

Las guías de alimentación son simplemente eso, guías. No pretenden, y no es posible, predecir con exactitud la cantidad adecuada de alimento para todos los individuos. Tenga en cuenta que la calidad de la dieta y, por lo tanto, la digestibilidad, pueden afectar la tasa de alimentación. Las dietas crudas, congeladas y liofilizadas suelen ser más digestibles que las croquetas cocidas o a base de cereales. Es importante observar de cerca a su mascota y ajustar la cantidad de alimento para mantener un peso adecuado, independientemente de lo que diga la guía de alimentación. Si su mascota tiene un aspecto y comportamiento saludables, probablemente le esté dando la cantidad adecuada de alimento.

Comida húmeda frente a comida seca frente a comida cruda. Es común que muchas personas tengan perros grandes o múltiples perros grandes, lo que hace que la comida seca para perros sea una opción más económica que otros tipos de alimentos. Nunca he sugerido en este libro que no se deba alimentar a los perros con comida seca. Sin embargo, he discutido ampliamente su desventaja de contener demasiado carbohidrato soluble. Si es posible, se debe considerar reducir la cantidad de este carbohidrato en la dieta del perro reemplazando el alimento seco por otros tipos de alimentos. La comida enlatada para mascotas suele tener menos carbohidrato soluble y, por lo tanto, es una alternativa a las croquetas secas. Sin embargo, también tiene sus inconvenientes, como ser estéril.

La dieta cruda es el mejor tipo de dieta para reducir la cantidad tanto de croquetas secas como de los productos enlatados. En la medida en que el presupuesto y el estilo de vida del propietario de la mascota lo permitan, y en la medida en que la disponibilidad del mercado lo permita, se debe poner el énfasis en las dietas crudas de calidad. Cuanto más se consiga, mejor será la nutrición de su mascota.

Alergias. Las alergias tienen un componente hereditario, claro está, lo que significa que se transmiten de padres a hijos. Una alergia es una disfunción o una respuesta inadecuada del sistema inmune y, por lo general, requiere la atención de un profesional veterinario para su resolución. A menudo, las alergias no se curan por completo, sino que se manejan para que la mascota pueda tener una vida aceptable. Desafortunadamente, en algunos casos, incluso esto puede ser difícil de lograr. Aunque hay una cosa que los tutores de perros y gatos pueden hacer, y es cuidar la dieta de su mascota para ayudar a reducir los síntomas alérgicos.

Un amigo mío de toda la vida fabricaba un alimento para perros y gatos con la afirmación de que si no curaba la enfermedad de la piel de una mascota, le devolverían el dinero al cliente. En toda su existencia, nunca devolvieron el dinero por este motivo. Los rasgos distintivos de su dieta eran la carne de vacuno y las vísceras de vacuno, los huesos molidos, el bajo nivel de carbohidratos y la liofilización. No pretendo sugerir aquí que una dieta así cure cualquier alergia, pero sí sugiero que los bajos niveles de carbohidrato soluble y la alimentación con alimentos crudos son dos factores que se deben tener en cuenta.

En su búsqueda por encontrar cualquier método posible para mejorar las alergias de los animales de compañía, no debe pasar por alto la importancia del intestino. El intestino es un lugar clave donde se encuentra gran parte de la capacidad inmune del organismo, y una dieta cruda y baja en carbohidrato soluble podría ayudar a corregir un desequilibrio de la microbiota intestinal que afecta la inmunidad. La reducción del exceso de azúcares y almidones puede ser un aspecto que los clínicos pasan por alto en muchas ocasiones. Es importante tener en cuenta que las dietas hipoalergénicas formuladas a base de ingredientes no convencionales, si no son también bajas en carbohidrato soluble, pueden tener poco efecto en la mejora de las alergias.

Pescado. El pescado es una buena fuente de alimento para perros y gatos, especialmente aquellos de agua fría. La mayoría de los perros y gatos disfrutan del sabor del pescado. El contenido de omega-3 en el pescado es muy beneficioso para los gatos, que carecen de enzimas competentes para la elongación de los ácidos grasos.

La leche y los productos lácteos de todo tipo son un buen alimento. La leche es la única cosa presente en la naturaleza que fue hecha con el propósito expreso de ser consumida como alimento y está perfectamente diseñada para ello. Algunos perros y gatos adultos carecen de la enzima para digerir el azúcar de la leche (lactosa) y un exceso de leche puede provocar heces blandas. Para estos individuos, algunos tipos de queso pueden ser una buena opción, ya que al queso se le ha eliminado el azúcar de la leche.

Sustitutos de leche. La mayoría de las tiendas de alimentos para mascotas ofrecen una línea de productos llamados sustitutos de leche, que son leches en polvo fortificadas destinadas a alimentar a los recién nacidos huérfanos o rechazados. Para los cachorros destetados, el sustituto de leche, reconstituido con agua caliente, puede ser un suplemento sabroso y nutritivo que se puede añadir a las croquetas secas. Al usar el sustituto de leche de esta manera, también es posible comprar una croqueta seca más económica, debido a la excelente nutrición que aporta el sustituto de leche.

Enzimas. La mayoría de las veces no es realista esperar que una enzima sobreviva al medio intestinal y atraviese la pared del intestino manteniendo su funcionalidad. Las enzimas son proteínas que generalmente tienen miles de aminoácidos, mientras que muchas hormonas tienen sólo unas pocas docenas de aminoácidos. Las enzimas son ensambladas de forma precisa según las instrucciones del ADN y dirigen literalmente toda la vida en sus múltiples formas.

Los bioquímicos suelen describir la estructura de las proteínas en términos de cuatro niveles de complejidad. El primero es la secuencia de aminoácidos, seguido por la estructura secundaria, la estructura terciaria y la estructura cuaternaria. Los aminoácidos individuales podrían compararse con ladrillos, que se ensamblan para formar una pared en la estructura secundaria, y luego paredes que se unen para formar una habitación en la estructura terciaria. Finalmente, la estructura cuaternaria se compone de múltiples subunidades que se unen para formar una proteína funcional completa. La estructura de la proteína es muy sensible a su entorno y una vez que se altera, no es fácil revertirlo. Por ejemplo, freír un huevo altera la proteína y no se puede deshacer ese proceso, de la misma manera que la lana encogida no puede volver a su tamaño original.

Las enzimas que llegan al intestino se han introducido en una máquina compleja e invencible diseñada expresamente para degradar las proteínas. Eso es lo que hace la digestión, digiere cosas. La insulina es una proteína, una cadena corta de aminoácidos y si pudiera sobrevivir intacta a la digestión intestinal y atravesar la pared del intestino aún en condiciones de ejercer su función, ¿cree que millones de diabéticos se verían obligados a inyectarse diariamente? Sin embargo, las enzimas ingeridas pueden ser funcionales en el intestino. Después de todo, el organismo segrega muchas enzimas hacia el intestino con efecto instantáneo: amilasa, proteasa y lipasa, por nombrar tres. Sin embargo, no es posible que una enzima atraviese la pared intestinal y siga desempeñando su función original en el organismo.

CONCLUSIÓN

Hay perros y gatos exactamente iguales a nuestros animales de compañía, que viven en estado salvaje y se alimentan muy bien. Es cuando las personas y la domesticación entran en escena cuando surgen problemas de nutrición. La forma más común de error nutricional es la obesidad y las enfermedades prematuras asociadas a ella. Nunca ha habido un problema más fácil de identificar que la obesidad. Sin embargo, una mirada más profunda al problema revela que hay numerosas causas que pueden llevar a la obesidad, y su solución no es nada sencilla. No es correcto decir que las calorías que entran deben equilibrar las que salen. No todas las calorías engordan por igual. Las calorías provenientes del almidón y el azúcar engordan más que una cantidad igual de calorías provenientes de la grasa.

El concepto fundamental en la base de todas las causas de la obesidad es que todas las especies evolucionaron en una lucha constante por encontrar una alimentación adecuada. No existía una fuente fácilmente accesible de alimentos, lo que significaba que encontrar y conseguir alimentos requería una inversión constante de energía. Además, no había ningún alimento que fuera regularmente abundante y había muy pocos alimentos disponibles de forma constante que fueran especialmente ricos en calorías provenientes de los carbohidratos solubles. Esto dio lugar a una ecuación que sólo se equilibraba con un trabajo constante que producía las calorías justas. A veces, era apenas suficiente, y otras, era suficiente para un momento dado, gracias a los trucos de reserva para cubrir las carencias.

La naturaleza hizo un esfuerzo extraordinario para encontrar la manera de permitir la supervivencia de una especie en esta dura economía alimentaria. Hay un sistema de respaldo inmediatamente disponible ante casi cualquier carencia. Cualquier componente de los alimentos, ya sea proteína, grasa, fibra (a través de la fermentación del intestino posterior) o carbohidrato, puede transformarse en energía, la necesidad más acuciante en el mundo primitivo. Existen, por lo que sabemos, ocho hormonas que señalizan el aumento de la glucosa en sangre. Este tipo de redundancia abunda en el metabolismo celular, ya que se ha demostrado que casi todas las enzimas y moléculas mensajeras descubiertas hasta ahora tienen múltiples funciones. Estas ocho hormonas nos llevan a concluir que la evolución ha dado mucha importancia a mantener la glucosa en sangre dentro de un umbral inferior crítico.

Sólo se conoce una hormona para reducir la glucosa en sangre: la insulina. De esto se puede deducir que la naturaleza no encontraba muchas razones para perfeccionar un esquema de reducción de la glucosa en sangre. El único método de reducción de la glucosa en sangre en todas las formas de vida, la insulina, es simplista y no cuenta con el respaldo y la redundancia que son habituales en el resto del metabolismo. La glucosa en sangre constantemente elevada no era un problema que se encontrara en el curso de la evolución.

Todo el respaldo y la redundancia se convirtieron en la base de una adaptabilidad notable, la clave indispensable para sobrevivir a los frecuentes y a veces prolongados períodos de insuficiencia alimentaria. La naturaleza nunca tuvo que desarrollar un sistema para hacer frente a un exceso constante. La naturaleza jamás ofrecía un exceso de ningún alimento durante períodos prolongados. La fruta maduraba y moría, los peces y los conejos eran esquivos, las plantas entraban en letargo, la lluvia daba paso a la sequía. Incluso si había abundancia, ésta era de corta duración y diluida en calorías o nutrientes. La mayoría de los alimentos tenían un alto contenido de humedad o fibra, o ambos. Muy pocos tenían un alto contenido de azúcar o almidón. En las raras ocasiones en las que se encontraba un alimento como la miel o los dátiles, y la glucosa en sangre se disparaba, se sacaba la insulina del banquillo y se ponía en juego. Las células se llenaban de glucosa si era necesario, y el exceso se guardaba como grasa corporal.

La premisa de este libro es que los mamíferos están exquisitamente perfeccionados para poder sobrevivir ante la falta intermitente y ocasionalmente prolongada de alimentos. Los mamíferos están mal adaptados para hacer frente a un exceso constante sobre todo de calorías y especialmente de calorías procedentes del azúcar y el almidón. Alimentar a un perro, y sin duda a un gato, con un alimento seco y expandido como única fuente de nutrición les aporta un exceso de carbohidrato soluble que contribuye a la obesidad y a la mala salud. Si le preocupa la salud y la nutrición de su animal, lo primero que debe hacer es pensar en formas de reducir la presencia de almidón y azúcar en su alimento.

NOTAS FINALES

De la página 23, mi exposición a la formación empresarial.

Me siento obligado a mencionar y añadir a la historia lo consumado que era Meyer Luskin como hombre de negocios. Él y su esposa donaron recientemente 100 millones de dólares a la UCLA. Meyer acumuló estos asombrosos recursos durante toda su vida, empezando sin más ventaja que cualquiera de nosotros. Si tenías la suerte de trabajar para él, aprendías mucho.

De la página 36, Tasa Metabólica Basal.

Esta idea se la debemos al genio del Dr. Samuel Brody, quien descubrió que la tasa metabólica basal (TMB) se puede calcular en kilocalorías por día, utilizando la ecuación: 70 veces tu peso en kilogramos elevado a la ¾ potencia. Esta ecuación es aplicable a todas las criaturas de sangre caliente. Aunque en las últimas décadas, los científicos han calculado este valor como 0,73 en lugar de 0,75, todavía se utiliza el valor anterior. Por cierto, el peso corporal a la ¾ potencia se puede estimar elevando al cubo el peso corporal y sacando la raíz cuadrada dos veces. Dado que la mayoría de las calculadoras tienen un botón de raíz cuadrada, esto no es muy difícil de calcular. Algunas tablas de nutrición humana utilizan este valor para calcular el peso metabólico. Sin embargo, aunque la ecuación de Brody arroja una cifra clara, su aplicación práctica es limitada, ya que en cuanto un individuo se despierta y se pone en movimiento, sus necesidades energéticas aumentan, por lo que la tasa basal no es completamente relevante.

Los nutricionistas cuentan con diversas ecuaciones para estimar los requerimientos energéticos (según NRC 2006). Para los cachorros en crecimiento, la energía metabolizable (denominada ME y explicada en detalle en la nota final siguiente) se predice mediante la siguiente ecuación:

EM (kcal) = 130 X PCa0,75 X 3,2 X [e(-0,87p) -0,1]

Donde: p = PCa/PCm

PCa = peso corporal real en el momento de la evaluación (kg)

PCm = peso corporal maduro esperado (kg)

e = base del logaritmo natural ≈ 2,718

Si bien apoyo la aplicación de la ciencia en nutrición, la mera idea de utilizar una ecuación para determinar las necesidades energéticas de los cachorros en crecimiento puede resultar abrumadora. Aunque es reconfortante saber que se puede calcular con precisión la cantidad de energía que necesitan, en la práctica, los nutricionistas de alimentos para animales de compañía no suelen utilizar estas ecuaciones con frecuencia. Por ejemplo, la ecuación anterior predice que los cachorros de labrador de 16 semanas necesitan 1.934 kcal de energía metabolizable.

De la página 38, términos y definiciones de energía.

Por suerte, existe un orden claro en la relación entre las diferentes categorías energéticas, lo que nos ayuda a tener una idea clara de la cantidad de energía que proporciona un alimento o dieta. La energía bruta es siempre mayor que la energía digerible, que a su vez es mayor que la energía metabolizable. El total de calorías o energía bruta de un alimento o dieta puede determinarse mediante un procedimiento científico preciso utilizando un calorímetro de bomba. En este aparato, se quema una cantidad exacta de la dieta en un recipiente rodeado de agua, y el calor que se desprende se mide mediante el aumento de la temperatura del agua. Una dieta rica en grasas, que es una buena fuente de calorías, dará una lectura de energía bruta más alta, mientras que las dietas ricas en minerales (cenizas) tendrán un valor más bajo, ya que los minerales no aportan calorías. Las lecturas de energía bruta de un calorímetro de bomba se utilizan para comparar las dietas en términos de energía. Como estudiante universitario, tuve la oportunidad de utilizar uno de estos aparatos en mis estudios de nutrición.

Sin embargo, tal vez le alivie saber que las lecturas del calorímetro de bomba de una dieta tampoco son muy útiles. Hay muchas razones para ello, como el hecho de que la celulosa, que es poco digerida por los monogástricos, produce el mismo aumento de calor del agua que el azúcar, que es muy digerible. El valor energético bruto no proporciona ninguna pista sobre qué tan disponible es esa energía para un animal. Por ello, los nutricionistas utilizan una descripción más aplicable de la energía de una dieta, denominada energía digerible. La energía digerible es el contenido energético de una dieta que puede ser absorbido por el organismo. Esto se determina con exactitud sólo mediante ensayos de alimentación, también llamados ensayos de digestibilidad, analizados en otra sección. La ventaja de la energía digerible sobre la energía bruta es que corrige cosas como la fibra que se suman a las calorías de la energía bruta pero que no son digeridas por los monogástricos. El inconveniente de este descriptor energético es que, aunque mide lo que entra en el organismo, ignora el hecho de que no todas las calorías o nutrientes que entran en el organismo permanecen allí para ser utilizados productivamente, ni se utilizan de la misma manera. Las calorías procedentes de la grasa se tratan de forma diferente a las del almidón o el azúcar, un hecho que se ha ignorado durante los últimos 50 años.

Es aquí donde se analiza cómo calcular la energía de una dieta, lo que significa hablar de matemáticas por un momento. Al igual que el calorímetro de bomba, no debe preocuparse por la utilidad diaria de esto, pero una revisión equilibrada del tema se merece este análisis. Se puede generar matemáticamente una estimación para determinar la energía digerible de una dieta. Aunque es sólo una estimación, puede ser útil para comparar una dieta con otra. Para hacer estas matemáticas se supone que, tras el procesamiento metabólico, las proteínas y los carbohidratos aportan cuatro calorías por gramo, y las grasas nueve calorías por gramo. Una dieta tiene seis componentes que suman el 100%: humedad, proteínas, carbohidratos, grasas, fibra y minerales. Se considera que los minerales, la fibra y la humedad aportan cero calorías, por lo que basta con asignar cuatro calorías por cada gramo de proteína y carbohidrato, y nueve calorías por cada gramo de grasa. La humedad, la proteína y la grasa figuran como porcentaje en todos los empaques de alimentos para mascotas. El problema son los carbohidratos y los minerales. No aparecen en ningún empaque de comida para mascotas. Pero hay una manera de calcular estos valores. Si se conoce el porcentaje de cualquiera de los cinco componentes, el sexto se conoce automáticamente por diferencia. Si el porcentaje de humedad, proteína, grasa, fibra y minerales se resta del 100%, lo que queda son los carbohidratos.

Supongamos que una bolsa de comida seca tiene un 12% de humedad, un 21% de proteínas, un 10% de grasa y un 4% de fibra, tal y como indica la etiqueta. De los cinco que necesitamos saber, el que falta es el de los minerales. Este dato no suele aparecer en la etiqueta, por lo que debemos adivinarlo. Esto no es tan imprudente como podría pensarse. El mineral es invariablemente un 3% en una dieta enlatada y un 10% en una dieta seca. Utilizando un nivel de cenizas del 10% para esta dieta seca, y restándolo de 100 junto con la humedad (12%), la proteína (21%), la grasa (10%) y la fibra (4%), queda un valor de carbohidratos del 43%.

Si se dan valores en forma de porcentaje, se puede convertir automáticamente el porcentaje en gramos por 100 gramos. En otras palabras, un 21% de proteínas en la bolsa significa también 21 gramos de proteínas en 100 gramos de comida para perros. Con la proteína a cuatro calorías por gramo, este alimento en particular tiene 4 X 21 = 84 calorías de proteína en cada 100 gramos. En cuanto a la grasa, las matemáticas son 10 X 9 = 90 calorías en 100 gramos de alimento, procedentes de la grasa. Se ha calculado por diferencia que los carbohidratos son un 43%, por lo que añaden 43 X 4 = 172 calorías por cada 100 gramos de alimento.

Estos tres tipos de fuentes de calorías suman un total de 346 calorías/100 gramos de alimento (84 + 90 + 172). Estas 346 calorías se encuentran en 100 gramos de alimento, en base fresca. Esto se convierte a una base de kilogramos multiplicando por 10. (Se convierte a una base de libras multiplicando por 4,54). Todos se pueden llevar a una base del 100% de materia seca dividiendo por 0,88 porque el alimento es 88% de materia seca (el recíproco de 12% de humedad, declarado en la etiqueta). Desde 2016, la AAFCO ha impuesto el contenido calórico en todas las etiquetas. Esto es útil para comparar una dieta con otra, pero no ayuda mucho a entender la nutrición.

La energía metabolizable es una medida refinada de la descripción energética de una dieta. Es la medida más útil y fiable para comparar dietas, ya que es la forma menos variable. El aspecto principal de la energía metabolizable es que representa la energía digerible de una dieta (las calorías que el organismo utiliza) ajustada por las pérdidas que se producen en la orina, los gases expulsados y el calor generado durante la digestión. Estos componentes son el resultado del procesamiento metabólico, varían según el individuo y la composición de la dieta, y no tienen valor nutricional. La energía metabolizable sólo puede ser medida con precisión en un laboratorio colocando a animales en cámaras metabólicas, donde se controlan cuidadosamente todas las excreciones (heces, orina, pelo desprendido, gases expulsados) y las condiciones ambientales. Debido a la dificultad de realizar estos experimentos con alimentos para animales de compañía, los nutricionistas suelen recurrir a cálculos y observaciones.

De la página 47, ensayos de digestibilidad.

Me gustaría ilustrar la utilidad de un ensayo de digestibilidad con un ejemplo de una investigación que llevamos a cabo hace algunos años. Trabajaba para una empresa que fabricaba una dieta seca para osos en cautiverio, algunos de cuyos clientes eran famosos, como Smokey, el oso residente del Zoológico Nacional de Washington, D.C., y los primeros pandas gigantes importados de China. Smokey fue rescatado cuando era un cachorro después de un incendio forestal en Nuevo México. Creíamos que la dieta estaba perfectamente equilibrada para proporcionar una nutrición adecuada a una madre osa y sus oseznos. Sin embargo, varios clientes del zoológico nos informaron que los osos polares que seguían la misma dieta tenían heces blandas.

En cuanto a la dieta de los osos, estaba formulada para un animal omnívoro que come casi de todo. Sin embargo, consideré la posibilidad de que el oso polar fuese un carnívoro y, por tanto, no pudiera digerir adecuadamente los componentes de carbohidratos de la dieta. Además, pensé que la falta de descomposición de los almidones y los azúcares permitía que las bacterias prosperasen en el intestino del oso polar, lo que a su vez producía una diarrea leve y heces blandas, como las que se habían observado en los osos polares del zoológico.

Realizamos una prueba de digestibilidad con dos oseznos polares de 180 kg, lo que resultó ser toda una aventura. A pesar de que estoy agradecido de no haber trabajado con primates, los oseznos demostraron ser grandes rivales en cuanto a su capacidad intelectual.

Tuvimos que vaciar las pequeñas piscinas de los oseznos debido a que los osos a veces defecan en el agua, y para llevar a cabo la prueba de digestibilidad necesitábamos recolectar todas las heces. Sin las piscinas, tuvimos que fabricar bebederos para los osos o, básicamente, adaptar una fuente de agua para ellos. Sin embargo, todo lo que intentamos fue destruido por los oseznos, incluyendo los comederos de hormigón de 10 cm de grosor con barras de hierro. Finalmente, lo que funcionó fue soldar cajas de acero y atornillarlas a las barras de exhibición con pernos de cabeza de motor. Incluso los pernos normales de 1,27 cm eran arrancados al instante por los oseznos que tiraban de la caja de agua de acero soldada. Esta experiencia me enseñó que los oseznos polares tienen una fuerza que supera nuestra comprensión.

La exhibición de los cachorros en realidad estaba formada por dos partes separadas por una pared con barras. Esta pared tenía una puerta corrediza similar a la de una celda que se abría y cerraba tirando de una manija en forma de T desde el exterior de la instalación. Esta manija colgaba inactiva al lado de la exhibición cuando la puerta estaba cerrada. Los dos oseznos estaban en un lado del recinto con la puerta cerrada y yo estaba en el otro lado recolectando alimentos rechazados y heces para nuestro ensayo de digestibilidad. Sin que yo lo supiera, uno de los oseznos metió su pata a través de las barras y levantó la manija en T. Luego, el otro cachorro abrió la puerta y ambos se dirigieron al lado de la exhibición donde yo estaba recogiendo cuidadosamente las heces. Inmediatamente me excusé de su presencia por la puerta que se encontraba en la parte trasera de la exhibición. Mientras mi ritmo cardíaco volvía a estar por debajo de 200, observé con frustración cómo los oseznos jugueteaban en las heces que había dejado atrás (las de ellos, no las mías). Nunca habían mostrado el menor interés en sus heces hasta que me vieron recogiéndolas con diligencia y cuidado. Mi segunda lección: los cachorros de oso polar son inteligentes. Muy inteligentes.

Nuestro siguiente movimiento fue encadenar el asa de la barra en T a las barras de la exhibición para que los cachorros no pudieran moverla libremente. Para lograr esto, ofrecí a los cachorros un cebo de pescado fresco para atraerles a la parte trasera de la exhibición. Entonces, mi compañero que se encontraba en la esquina opuesta podría asegurar el asa de la barra en T a las barras de la exhibición. Cuando mi compañero procedió a asegurar el asa de la barra en T, uno de los cachorros abandonó los peces y se abalanzó sobre la mano de mi compañero con su pata, luego clavó una garra en un eslabón de la cadena y la introdujo en la exhibición. El cachorro, que ahora tenía la cadena en su poder, perdió de repente todo el interés en ella.

Mientras lo observábamos perplejos, el cachorro empujó la cadena hacia la esquina de la exhibición donde mi compañero esperaba con la barra en T. Haciendo caso omiso de la cadena, el cachorro se acercó a mí para ver si podía obtener más pescado.

Cuando mi colega recuperó la cadena para continuar encadenando la barra en T, el cachorro giró rápidamente, saltó hacia la esquina y volvió a arrastrar la cadena hacia la exhibición. Así que, en 90 segundos, los cachorros descubrieron nuestro plan y lanzaron su propio contraataque, al que sucumbimos por completo. Tercera lección: los osos polares son capaces de razonamiento predictivo, engaño y malicia premeditada. Me sentí eternamente agradecido por no haber tenido que pasar nunca ni un momento en los mismos mil kilómetros cuadrados en los que merodeaba un oso polar adulto.

Finalmente, logramos burlar a los cachorros y completar una prueba. Sin embargo, debo señalar que esto ocurrió en el pasado y que los procedimientos que utilizamos no serían permitidos por la dirección del zoológico hoy en día. Las exhibiciones actuales están mejor diseñadas para permitir el movimiento de los osos sin poner en riesgo a las personas o a los propios osos. A pesar de ello, fueron los últimos en reír. Los resultados del ensayo demostraron que estos animales son totalmente capaces de digerir los carbohidratos de un alimento seco, en torno al 85%, lo mismo que la mayoría de los omnívoros, por lo que mi hipótesis no era válida.

Presenté esta investigación en la reunión nacional de zoológicos de ese año en Calgary. El Dr. Charles Jonkle, quien había rastreado y marcado más osos polares en la naturaleza que cualquier otro investigador, estuvo presente en el evento. Durante mi conversación con él acerca de las heces normales de los osos polares en la naturaleza, el Dr. Jonkle explicó que cuando se alimentan de focas anilladas, su presa predominante durante nueve meses del año, sus heces parecen una yarda cuadrada de pintura verde. Como resultado, no sólo mi hipótesis era errónea, sino que toda la premisa de la investigación estaba equivocada. Es posible que las heces estén sueltas, pero eso no significa que no sean normales.

No obstante, la investigación nos permitió aprender un hecho único. Cuando los osos polares encontraban carbohidratos, como en un huerto de arándanos de verano o al asaltar el vertedero de la ciudad de Churchill (Canadá), eran omnívoros totalmente funcionales. Pero este era un hecho no demostrado, ya que en aquel entonces no se había realizado el ensayo de digestibilidad, por lo que logramos contribuir al cuerpo de conocimientos en este campo. Debo admitir que, en aquel momento, esta idea me pareció bastante mundana en comparación con mi nueva apreciación de la inteligencia de los osos polares.

De la página 61, la quitina en el mundo.

Hace décadas me contaron sobre la abundancia de quitina en el mundo, la cual sólo es superada por la celulosa, y se decía que nada podía digerirla. Esto me pareció ilógico, ya que sólo los insectos producen toneladas de quitina al día. Reflexioné sobre las lubinas que se tragan un cangrejo de río entero y excretan una pasta blanda, y llegué a la conclusión de que la digestión de la quitina (mediante una enzima llamada quitinasa) era más común de lo que se pensaba. Así que procedimos a demostrar que las bacterias del rumen de las vacas podían digerir la quitina alimentándolas con quitina radiactiva y siguiendo la radiactividad. Para obtener la quitina radiactiva, alimentamos cucarachas con glucosa radiactiva, la cual depositaron en la quitina de su caparazón. A medida que maduraban y mudaban su piel, recolectábamos la quitina radiactiva. Tuvimos que estar atentos, ya que lo primero que hace una cucaracha al mudar la piel es comérsela para reciclarla. Todo esto era una ciencia divertida en una época en la que el trabajo con trazadores radiactivos todavía era común. El verdadero desafío resultó ser inventar un ensayo de quitina, el cual no existía en aquella época.

De la página 74, datación por radiocarbono.

El análisis de la relación isotópica es comúnmente conocido como datación por radiocarbono. Existe un isótopo del carbono que difiere ligeramente en su estructura atómica, y los arqueólogos han aprendido a leer e interpretar las proporciones de carbono 12 (configuración normal y estable, 12C) y carbono 14 (configuración radiactiva no estable, 14C). En todo el carbono hay un nivel pequeño pero estable de 14C, lo que es la base de la datación por radiocarbono. La clave es que el 14C no es estable y lentamente, con el tiempo, revierte espontáneamente a nitrógeno. A lo largo de la vida de un animal o una planta, el carbono entra y sale del organismo de acuerdo con lo previsto por la naturaleza. Pero al morir, el contenido de carbono deja de fluir y queda fijado, cincelado en piedra, por así decirlo. Las trazas de carbono 14C en los huesos, al no ser estables, continúan descomponiéndose o revirtiendo a las formas más bajas y estables del carbono 12C. Dado que el carbono 14 decae a una velocidad lenta, constante y precisa (llamada vida media), es posible analizar el 14C y, dada su cantidad en relación con el 12C, estimar el momento en que se detuvo el flujo de carbono, es decir, el momento de la muerte, y por tanto estimar el tiempo de vida.

De la página 110, Dóberman.

Merece la pena contar la historia completa del dóberman desnutrido. Mi mujer es una de esas personas que habla con el periódico, la televisión, el iPad o el teléfono móvil como si fueran seres con conocimientos lógicos plenamente capaces de dialogar con sentido común. Una mañana estaba trabajando en mi despacho mientras ella leía el periódico en la habitación de al lado y de repente exclamó: "¡Oh no!! ¡Habría que fusilar a esta gente! ¿Quién podría hacer algo así?" Se notaba claramente que estaba indignada por algo que había leído en el periódico y yo debía coincidir como si la misma imagen estuviera delante de mí en la pantalla de mi ordenador y supiera exactamente por qué estaba molesta.

Lo que estaba viendo era la fotografía mostrada en este libro del dóberman desnutrido, que acababa de ser rescatado por los servicios de control de animales y llevado al refugio para recibir los primeros auxilios. La dirección del refugio estaba tan indignada que llamó a un reportero y Rojo, como fue apodado, obtuvo una cobertura completa en la mitad superior de la primera plana.

Mi mujer me explicó la historia del perro hambriento y estaba impaciente porque dejara de salvar a todos los demás animales del mundo y viniera a enfurecerme con ella por este perro flaco. Le comenté distraídamente que sería mejor que tuvieran cuidado y no le dieran demasiadas proteínas o lo matarían, como sucedió con algunos supervivientes de los campos de concentración liberados por los aliados durante la Segunda Guerra Mundial que murieron por un filete y huevos bien intencionados, pero trágicamente letales. Y más vale que no le den demasiada energía o le ocurrirá lo mismo que a Karen Carpenter, la famosa cantante que, mientras se recuperaba de la anorexia, murió por un infarto tras sobrealimentarse de energía.

Pronto empecé a escuchar una conversación que ella estaba teniendo por teléfono. Bueno, estrictamente hablando, escuché la mitad de la conversación. "Sí, hola, estaba leyendo sobre Rojo en el periódico y mi esposo es nutricionista de animales, y él dice que es mejor que tengan cuidado y no le den demasiadas proteínas ... sí. Eso es correcto. Y él dice que es mejor que tengan cuidado y no le den demasiada energía, o morirá de un ataque al corazón como Karen Carpenter ... Sí. Eso es correcto ... Oh ... oh ... bueno, sí ... Ok ... Sí. De acuerdo".

La conversación a medias termina y pronto una persona (que sería mi esposa) aparece silenciosamente en mi oficina. Con un tono de voz garantizado para causar horror en el corazón de un esposo, dice: "¿Cariño? ...". La miré, con el corazón palpitante. En el mismo tono dulce y aterrador, continúa: "¿Sabes ese dóberman que apareció en el periódico esta mañana?".

Para hacer la historia corta, Rojo vino a nuestra casa "sólo para recuperarse", lo que hizo con gran estilo durante los siguientes diez años. Resultó ser el compañero más encantador y se recuperó al 100%, excepto por una pequeña herida psicológica. Cuando se acurrucaba a tus pies mientras veías la televisión, si tratabas de acariciarlo con tu pie descalzo, se iba corriendo a la habitación de al lado o salía de casa si le era posible. Nunca superó el miedo a tener un pie cerca de él. Así que estoy de acuerdo con mi esposa, algunas personas deberían ser fusiladas.

De la página 117, hormonas.

Una hormona descubierta más recientemente, la leptina, generó una gran expectación cuando se investigó por primera vez, ya que conducía a la pérdida de peso en diversas especies. Uno de los mecanismos por los que lo hace es aumentando la sensación de saciedad causada por la ingesta de alimentos, lo que lleva a terminar de comer antes. Sin embargo, este entusiasmo inicial disminuyó rápidamente cuando se descubrió que los individuos obesos tendían a mostrar una marcada insensibilidad a la leptina, lo que llevó a los investigadores a volver a la mesa de trabajo. No se sabe con certeza cuáles son los mecanismos de señalización de la saciedad y el hambre, ni desde dónde (el hígado, el intestino o el cerebro) ni cuáles son exactamente los mensajeros. Pero no es por falta de estudio, ya que muchos investigadores se dedican a esta cuestión y el tema se debate activamente en su totalidad.

De la página 119, índice glucémico.

La determinación del índice glucémico de un alimento no es tarea fácil, ya que implica la participación de varios voluntarios humanos que deben someterse a múltiples extracciones de sangre después de ingerir 50 gramos de glucosa, seguidos posteriormente por una cantidad equivalente de alimento de prueba que aporte la misma cantidad de azúcar. Se compara el aumento de azúcar en sangre de cada voluntario, tanto su velocidad como su duración, después de consumir el alimento de prueba, con el aumento de azúcar en sangre después de consumir la glucosa. Se espera que cualquier valor publicado represente la media de varios voluntarios diferentes, ya que siempre hay variaciones de una persona a otra. A la glucosa se le asigna un valor numérico arbitrario de 100, y todos los alimentos se comparan con este valor de 100 de la glucosa. Algunos alimentos, aunque son muy pocos, tienen un índice glucémico cercano a 100, como el arroz de Tailandia, que tiene un valor de 98. Otras variedades de arroz tienen un índice mucho más bajo.

De la página 167, probióticos.

Supongamos que una empresa quiere comercializar un probiótico. La identificación y selección moderna de un probiótico sigue un proceso rutinario y riguroso, facilitado por los recientes avances en la ciencia, el arte y el oficio de la biología molecular. Puede llevar años y en él intervienen todas las sofisticadas técnicas analíticas de los cazadores de genomas.

Como ejemplo hipotético, se reúne un grupo de perros con un historial de afección de, por ejemplo, torsión gástrica, junto con un grupo idéntico libre de la afección. Las heces de cada perro de cada grupo se someten a un proceso que identifica, mediante una huella de ADN, los microbios únicos de cada perro. Con esta información en la mano, es posible comparar los perros afectados y los sanos y, con suerte, identificar una bacteria común en uno u otro grupo. Una bacteria común a todos los perros sanos sería una bacteria a seleccionar, y una bacteria común a todos los perros afectados sería una bacteria a excluir.

Supongamos que se ha identificado una bacteria que se encuentra casi exclusivamente en perros sanos. Para seleccionarla como probiótico, se somete a una serie de pruebas rigurosas. Debe ser capaz de crecer fácilmente en grandes cantidades y sobrevivir al pH gástrico, a los ácidos biliares y a las enzimas intestinales. Además, debe ser obtenida del tracto gastrointestinal de un mamífero para asegurar su compatibilidad. Sin embargo, muchas bacterias no logran sobrevivir al alto calor y la humedad de los procesos de fabricación utilizados para la producción de alimentos para mascotas, como las croquetas secas. Por esta razón, se suele espolvorear el probiótico en el exterior del alimento después de la extrusión. En la mayoría de los alimentos agrícolas no se utiliza procesamiento, por lo que la adición del probiótico no es un problema.

A continuación, el probiótico candidato debe demostrar que es beneficioso para el animal hospedador, bien sea provocando un aumento de peso, una mejor conversión alimenticia, heces más firmes, menos flatulencias o una piel y un pelaje más sanos.

Los resultados deben ser reproducibles y lo suficientemente marcados como para ser observados o medidos. En el caso que estamos considerando en este momento, el beneficio sería que no hubiera torsiones gástricas. Es comprensible que los tutores de animales sean reacios a pagar más por un beneficio que no pueden ver o medir, pero si sus pastores alemanes sufrieran torsiones gástricas, y al alimentarlos con un probiótico no volviera a ocurrir, sin duda se inclinarían por dar siempre el probiótico. Un beneficio demostrable es la única garantía para el dueño del animal de que está recibiendo el beneficio por el que paga, y de que un probiótico es útil.

Los fabricantes de alimentos para mascotas rara vez absorben un coste que no puedan repercutir en el consumidor final, o al menos publicitarlo e inducir un aumento en las ventas. Muchos productos demuestran fácilmente sus beneficios en un entorno controlado de laboratorio con numerosos animales de prueba en comparación con los animales de control, pero la ventaja no es lo suficientemente grande como para ser evidente en el mundo real y se desvanece en la niebla de la variación biológica de un individuo a otro.

De la página 237, minerales.

Al considerar qué forma mineral incluir en una fórmula, los nutricionistas toman en cuenta la potencia (también denominada concentración o pureza o porcentaje del elemento), el coste y la biodisponibilidad, normalmente en ese orden. Por ejemplo, el sulfato de magnesio es la forma más cara del elemento. El sulfato de magnesio tiene un 17% de magnesio, mientras que el óxido de magnesio tiene un 58%. Aunque la forma de sulfato se considera más biodisponible, no lo es lo suficiente como para compensar el hecho de que la forma de óxido es tres veces y media más concentrada. Además, se necesitaría tres veces y media más de sulfato de magnesio para añadir la misma cantidad de magnesio elemental a la dieta que si se utilizara el óxido de magnesio. Así que en este caso, la decisión es fácil. No se utiliza el sulfato de magnesio, a pesar de su mejor digestibilidad, porque es más caro y se necesita usar una cantidad mayor en la fórmula, ocupando más espacio en la misma.

El espacio en una fórmula puede ser un problema. La comparación entre el sulfato de magnesio y el óxido de magnesio ilustra este punto. Si se quisiera añadir un 0,2% de magnesio a una dieta, se necesitaría un 1,17% de la fórmula en forma de sulfato de magnesio. Si se utilizara óxido de magnesio, con su concentración mucho mayor de magnesio, sólo se necesitaría un 0,34%. Esto supone una diferencia del 0,84%, casi el 1%.

Muchas veces he buscado en vano "espacio" para añadir un 1% de algo en una fórmula. Por lo tanto, la formulación debe considerar no sólo la biodisponibilidad, sino también el coste y la potencia de los ingredientes, es decir, el porcentaje de concentración. Los ordenadores son de gran ayuda para hacer un seguimiento de todo esto, ya que permiten evaluar cientos de opciones de ingredientes diferentes.

APÉNDICE

Cálculo de energía. Método de cálculo de energía para un alimento para perros y gatos, utilizando la información de garantía escrita en la etiqueta.

EJEMPLO 1, dieta de tipo seco: Escrito en la bolsa y/o etiqueta:

Proteína bruta	21%
Grasa bruta	10%
Fibra bruta	4%
Humedad	12%

Ceniza 10% (rara vez se divulga, por lo que se asume un valor estimado)

1- Determine la cantidad de carbohidratos.

Esta cifra no está declarada en la bolsa, pero puede estimarse de forma aproximada de la siguiente forma:

a. Asuma un valor de cenizas del 10% para una dieta de tipo seco, y del 3% para la enlatada. [La ceniza es la suma de todos los minerales de la dieta].

b. Reste a 100 las proteínas, las grasas, la fibra, la humedad y las cenizas. En el ejemplo, esto es igual a 43, y representa los gramos de carbohidratos en 100 gramos de dieta, en base fresca.

2- Determine las calorías en 100 gramos de dieta.

1. Multiplique las proteínas y los carbohidratos por 4, y las grasas por 9, y súmelos. (21 X 4) + (43 X 4) + (10 X 9) = 346. [Las proteínas y los carbohidratos tienen unas 4 calorías por gramo y las grasas 9].

3- Multiplique el valor de 2) por 10

El número de calorías en 100 gramos de dieta es de 346, por lo que en un kilogramo (1000 gramos) el valor es de 3460 calorías. Este número son las kcal en un kilogramo del alimento. Si se divide entre 2,2, se obtienen las kcal por libra, 1572.

4- Convierta la cantidad de calorías en base fresca a una base de materia seca.

Dado que el contenido de humedad puede variar mucho, las dietas se comparan siempre sobre la base del 100% de materia seca. Esto se hace dividiendo la cantidad de calorías en base fresca entre el porcentaje de materia seca. [El porcentaje de materia seca es 100 menos el porcentaje de humedad de la etiqueta, que en el ejemplo es 12, por lo que la materia seca es del 88%]. 3460 ÷ 0,88 = 3931. Por lo tanto, la densidad calórica de la dieta del ejemplo anterior es de 3931 kcal/kg de materia seca de la dieta.

EJEMPLO 2, dieta de tipo enlatado: La etiqueta declara que tiene proteína bruta 10%, grasa bruta 8%, fibra bruta 3%, humedad 70%. Asumimos que las cenizas = 3%. Kcal/kg de materia seca = 4642 (2110 kcal/lb).

Tabla 1 *Comparación, basada en las declaraciones de la bolsa, de cuatro de los principales alimentos secos para perros comprados en un supermercado*[1].

Alimento	Purina	Purina	Iams	Pedigree
Descriptor	Completo y equilibrado	Nutrición total	100% Completo y equilibrado	Completo adultos
Proteína bruta, %	21	26	24	21
Grasa, %	10	16	10	10
Fibra, %	4,5	3	5	4
Humedad, %	12	12	10	12
ELN[2]	43	34	42	44
Ácido linoleico, %	1,5	1,4	-	1,4
Calcio, %	1	1	-	-
Fósforo, %	0,8	0,8	-	-
Vit A, 1000 IU/kg	10	13	-	-

Alimento	Purina	Purina	Iams	Pedigree
Descriptor	Completo y equilibrado	Nutrición total	100% Completo y equilibrado	Completo adultos
Vitamina E, UI/kg	-	100	140	225
Peso de la bolsa, libras	8,8	8,0	8,0	8,8
Coste por bolsa	$7,29	$10,99	$9,99	$7,49
Coste por libra	$0,83	$1,37	$1,25	$0,85
Kcal/libra de materia seca[3]	1801	1987	1787	1812
Kcal/kg de materia seca	3962	4371	3931	3986
Coste/kcal	$0,52	$0,78	$0,77	$0,53

[1] *Productos, de izquierda a derecha. Purina Dog Chow; Purina One, Adulto Cordero y Arroz; Iams, Activo, Maduro; Pedigree Adulto, Nutrición Completa.*

[2]*Extracto Libre de Nitrógeno, una estimación del carbohidrato soluble. El ELN se calcula de la siguiente forma: 100-(proteína + grasa + fibra + ceniza + humedad). Las cenizas rara vez se indican en la etiqueta y suelen ser de alrededor del 9% en los piensos, en base fresca. Sobre una base de 100% de materia seca, estas dietas tienen, respectivamente, 49,67%, 38,87%, 46,68% y 50,24% de carbohidrato soluble, con una media de más del 46%.*

[3]*Para un análisis detallado de los cálculos de energía, véase* ***Cálculo***

***de energía** en el Apéndice, página 304.*

***Tabla 9 ampliada**. Índice glucémico (IG) y carga glucémica (CG) de diferentes alimentos.*

Alimento (número de estudios)	**IG**	**CG[2]**
Glucosa (11)	99	-
Fructosa(6)	19	2
Bajo (IG de 1 a 30)		
Humus (crema de garbanzos)	6	0
Cacahuetes (3)	14	1
Bellotas	16	1
Leche, entera (5)	27	3
Néctar de agave (tipo de miel)	11	1
Anacardos	22	3
Soja (2)	18	1
Judías (8)	28	7
Medio (IG de 30 a 60)		

Helado (alto contenido en grasa)	37	4
Tortilla	38	9
Miel (11)[3]	55	10
Spaghetti (70), foráneo	44	21
Fresas frescas	40	1
Ciruela	39	3
Melocotón	42	5
Pera	38	4
Piña	59	7
Pomelo	25	3
Uvas (2)	46	8
Naranja (6)	42	5
Manzanas	38	6
Plátano (10)	52	12
Maíz dulce (2), EE.UU.	60	20
Salvado de avena	55	3
Guisantes (3),	48	3

cocidos		
Zanahorias (4)	47	3
Pan de trigo (2)	53	11
Pan integral	51	7
Coca Cola (2)	58	16
Trigo cocido	41	14
Alto (IG de 60 a 100)		
Galletas de arroz	78	17
Arroz (13)	64	23
Arroz, Tailandia	98	31
Patata (4)	85	26
Batata	61	17
Patatas fritas	75	22
Tortillas de maíz (nachos)	74	2
Palomitas de maíz	72	8
Gominolas	78	22
Tapioca	70	12

Sopa de guisantes	66	27
Trigo, Durham, hervido 20 min	61	27
Harina de maíz	69	9
Gachas (EEUU)	75	17
Rice Krispies (cereales para el desayuno)	82	22
Shredded Wheat (cereales para el desayuno)	83	17
Corn Flakes (cereales para el desayuno)	81	21
Pan *Wonder bread* (EE.UU.)	70	10
Donut	76	17
Mars Bar (chocolatina)	65	26

[1]*Fuente: Tabla Internacional de Valores de Índice Glucémico y Carga Glucémica 2002. Foster-Powell, K., S. Holt y J. C. Brand-Miller. Am. J. Clin. Nutr. 2002; 765-756.*

[2]*La carga glucémica se puede ver influenciada por varios factores, como el tamaño de la ración de la prueba o la fibra. Por ejemplo, el salvado de avena y el maíz dulce son casi idénticos en cuanto al IG, pero bastante diferentes en cuanto a la CG. Esto se debe probablemente al contenido de fibra del salvado de avena.*

[3]*La miel aparece con una amplia gama de IG, de 35 a 87. La miel*

pura aparece con 58. El alto nivel de fructosa (IG=19) de la miel puede ser parte de la razón por la que su IG es bajo para un alimento con alto contenido de azúcar.

[4]*La Coca Cola también puede beneficiarse de su alto contenido en fructosa, lo que mantiene su IG más bajo de lo esperado. Muchos refrescos se elaboran con jarabe de maíz con alto contenido en fructosa, que es más dulce que la sacarosa (azúcar de mesa).*

Tabla 13 *Requerimientos nutricionales del gato en crecimiento y adulto, y de la reina lactante. Porcentaje en la materia seca de la dieta, o cantidad por kg de materia seca*[1] *(mg/kg = ppm). Fuente: Nutrient Requirements of Dogs and Cats. Consejo Nacional de Investigación, 2006. National Academies Press. Washington, DC 20001.*

Nutriente	Adulto	Crecimiento	Lactancia
Proteína, %	20	22,5	30
Metionina, g	1,7	4,4	6
Taurina, g	0,4	0,4	0,53
Grasa, %	9	9	9
Ácido linoleico, g	5,5	5,5	5,5
Ácido araquidónico, g	0,06	0,2	0,2
EPA + DHA, g[2]	0,1	0,1	0,1
Ácido α-linolénico,	0	0,2	0,2

Nutriente	Adulto	Crecimiento	Lactancia
g			
Calcio, g	2,9	8	10,8
Fósforo, g	2,6	7,2	7,6
Magnesio, g	0,4	0,4	0,5
Potasio, g	5,2	4,0	5,2
Sodio, g	0,68	1,4	2,6
Cloruro, g	0,96	0,90	4,0
Hierro, mg	80	80	80
Cobre, mg	5,0	8,4	8,8
Zinc, mg	74	75	60
Manganeso, mg	4,8	4,8	7,2
Selenio, mg	0,3	0,3	0,3
Yodo, mg	1,4	1,8	1,8
Vitamina D, UI	280	224	280
Vitamina E, UI	38	38	31
Vitamina K (como	1	1	1

Nutriente	Adulto	Crecimiento	Lactancia
menadiona), mg			
Tiamina, mg	5,6	5,5	6,3
Riboflavina, mg	4	4	4
Piridoxina, mg	2,5	2,5	2,5
Niacina, mg	40	40	40
Ácido pantoténico, mg	5,75	5,75	5,75
Cobalamina, µg	22,5	22,5	22,5
Folato, µg	750	750	750
Biotina, µg	75	75	75
Colina, mg	2550	2550	2550

[1]Basado en una dieta que proporciona 4000 kcal de energía metabolizable por kg de materia seca.

[2]Ácido eicosapentaenoico + ácido docosahexaenoico

Tabla 14 *Requerimientos nutricionales del perro en crecimiento, adulto, y perra lactante. En base a materia seca. Basado en dos autoridades.*

	NRC[1]			AAFCO[2]	
Nutriente	**Mant.**	**Crec.[3]**	**Gestac./ Lactan.**	**Mant.**	**Reprod.**
Proteína %	10[4]	22,5	20	18	22
Grasa, %	5,5	8,5	8,5	5,5	8,5
Ácido linoleico, g/kg	11	13	13	11	13
Á-linolénico, g/kg	0,44	0,3	0,8		0,8
EPA + DHA[5], g/kg	0,44	0,5	0,5		0,5
Calcio, g/kg	4	12	8	5	12
Fósforo, g/kg	3	10	5	4	10
Magnesio, g/kg	0,6	0,4	0,6	0,6	0,6
Potasio, g/kg	4	4,4	3,6	6	6
Sodio, g/kg	0,8	2,2	2,0	0,8	3

	NRC[1]			AAFCO[2]	
Nutriente	**Mant.**	**Crec.[3]**	**Gestac./ Lactan.**	**Mant.**	**Reprod.**
Cloruro, g/kg	1,2	2,9	3,0	1,2	4,5
Hierro, mg/kg	30	88	70	40	88
Cobre, mg/kg	6	11	12,4	7,3	12,4
Zinc, mg/kg	60	100	96	80	100
Manganeso, mg/kg	4,8	5,6	7,2	5	7,2
Selenio, mg/kg	0,35	0,35	0,35	0,35	0,35
Yodo, mg/kg	0,88	0,88	0,88	1	1
Vitamina A, UI/kg	5050	5050	5050	5000	5000
Vitamina D, UI/kg	550	550	550	500	500
Vitamina E, UI/kg	30	30	30	50	50

	NRC[1]			AAFCO[2]	
Nutriente	**Mant.**	**Crec.[3]**	**Gestac./ Lactan.**	**Mant.**	**Reprod.**
Tiamina, mg/kg	2,25	2,25	2,25	2,25	2,25
Riboflavina, mg/kg	5,25	5,25	5,25	5,2	5,2
Piridoxina, mg/kg	1,5	1,5	1,5	1,5	1,5
Niacina, mg/kg	17	17	17	13,6	13,6
Ácido pantoténico, mg/kg	15	15	15	12	12
Cobalamina, mg/kg	0,035	0,035	0,035	0,022	0,022
Ácido fólico, mg/kg	0,27	0,27	0,27	0,22	0,22
Colina, mg/kg	1700	1700	1700	1200	1200

[1]*Consejo Nacional de Investigación, 2006. Basado en una dieta de 4000 kcal E.M./ kg de materia seca.*

[2]*Asociación Americana de Oficiales de Control de Alimentos. 2016. Basado en una dieta de 4000 kcal E.M./ kg de materia seca.*

Ambas autoridades asumen que la síntesis intestinal de vitamina K y biotina satisface los requerimientos.

[3]*Cachorros de 4 a 14 semanas de edad.*

[4]*Este valor es significativamente inferior a la normativa de la AAFCO, y se basa en la alimentación con proteínas de alta calidad y alta digestibilidad.*

[5]*Ácido eicosapentaenoico + ácido docosahexaenoico*

Tabla 15 *Recomendaciones de nutrientes para caballos, porcentaje o cantidad en la ración total, o cantidad por día, en base a la materia seca*[1].

	Manten.	**Yegua preñ.**	**Macho**	**Pico lactanc.**	**4-6 meses**	**Trabajo ligero**	**Moderado**	**Pesado***
Ingesta materia seca, % PC[2]	1,5-2,0	1,5-2,0	1,5-2,0	2,0-3,0	2,0-3,5	1,5-2,5	1,75-2,5	2,0-3,0
Proteína, %	8	10	9,6	13,2	14	9,8	10,4	11,4
Calcio, %	0,24	0,44	0,29	0,52	0,60	0,30	0,31	0,35
Fósforo, %	0,17	0,33	0,29	0,34	0,34	0,22	0,23	0,25
Magnesio, %	0,09	0,11	0,11	0,10	0,08	0,11	0,12	0,13

	Manten.	Yegua preñ.	Macho	Pico lactanc.	4-6 meses	Trabajo ligero	Moderado	Pesado*
Potasio, %	0,30	0,36	0,36	0,42	0,30	0,37	0,38	0,39
Sodio %	0,1	0,1	0,1	0,1	0,1	0,3	0,3	0,3
Azufre, %	0,15	0,15	0,15	0,15	0,15	0,15	0,15	0,15
Vitamina A, UI/día X1000	15	30	22,5	30	173	22,5	22,5	22,5
Vitamina D, UI/día X1000	3,3	3,3	3,3	3,3	6,03	3,3	3,3	3,3

	Manten.	**Yegua preñ.**	**Macho**	**Pico lactanc.**	**4-6 meses**	**Trabajo ligero**	**Moderado**	**Pesado***
Vitamina E, UI/día	500	800	800	1000	8003	800	900	1000
Tiamina, mg/kg	3	3	3	3	3	5	5	5
Riboflavina mg/kg	2	2	2	2	2	2	2	2

Faltan investigaciones para que las autoridades den recomendaciones sobre otras vitaminas.

Se supone que la síntesis de la microbiota intestinal es adecuada para los caballos sanos.

Oligoelementos, todos los caballos, mg/kg de materia seca de alimento: hierro 50, cobre 10, cobalto 0.1, manganeso 40, zinc 40, yodo 0.1, selenio 0.1.

**El trabajo ligero implica 6 horas semanales de trabajo que produce sudor a 21°C; moderado, más de 9 horas; pesado, más de 15 horas.*

[1]*Esta Tabla es una síntesis de las tablas del NRC más antiguas (1989) y la más reciente (2007). Las tablas más recientes no enumeran los porcentajes, sino que utilizan, en el caso de las proteínas, los gramos necesarios por día, sin mencionar la cantidad total de alimento ingerido.*

Se aclara que ciertas recomendaciones de minerales se basan en un consumo de alimento del 2% del peso corporal. Usando esta cifra del 2% para un caballo de 500 kg (1100 lb) en mantenimiento, se predice una ingesta de materia seca de 10 kg (22 lb). La proteína recomendada para un caballo de este tipo es de 540 gramos, lo que representaría el 5.4% de la ración en forma de proteína. Esta cifra es baja. No se discute esto, ya que demuestra la resistencia de los caballos. Sin embargo, el uso de gramos resulta incómodo para la mayoría de los propietarios de caballos. Por lo tanto, esta Tabla se presenta utilizando el porcentaje de la dieta para hacer recomendaciones sobre proteínas y macrominerales.

[2]*Existen fórmulas para predecir las necesidades energéticas de un caballo. Un caballo de 500 kg en mantenimiento necesita entre 15,2 y 18,2 Mcal de energía digerible al día (NRC 2007, pág. 9). Dado que las necesidades energéticas son tan variables (véase el Capítulo 2), se aconseja a los propietarios de caballos que se basen en la observación de la condición corporal.*

[3]*Los requerimientos diarios de vitamina A, D y E aumentan linealmente de los 4 a los 24 meses de edad, en función del tamaño corporal. Potencia dietética recomendada, UI/lb de materia seca, para el caballo en crecimiento: vitamina A, 909; vitamina D, 363; vitamina E, 36,3.*

Tabla 7. *Composición, en gramos/100 g, de los alimentos prehistóricos, tal como se encontraban y se consumían en la naturaleza. Calcio y fósforo en mg/100 g.*

Alimento	Agua	Proteína	Grasa	Ceniza	Carb. Totales	Fibra	Todos los azúcares	Sacarosa	Glucosa	Fructosa	Almidón	Calcio	Fósforo	# USDA
Hojas														
Espinaca	91,4	2,86	0,39	1,72	3,63	2,2	0,42	0,07	0,11	0,15	0	99	49	
Lechuga	95,07	1,36	0,15	0,62	2,79	1,3	0,78	0	0,36	0,43	0	36	29	
Coles de Bruselas	86,01	3,38	0,30	1,37	8,95	3,8	2,20	0,46	0,81	0,93	0	42	69	
Brotes tiernos														
Apio	95,40	0,69	0,17	0,75	2,97	1,6	1,83	0,11	0,55	0,51	0	40	24	

Alimento	**Agua**	**Proteína**	**Grasa**	**Ceniza**	**Carb. Totales**	**Fibra**	**Todos los azúcares**	**Sacarosa**	**Glucosa**	**Fructosa**	**Almidón**	**Calcio**	**Fósforo**	**# USDA**
Espárrago	93,2	2,2	0,12	0,58	3,88	2,1	1,88	0,23	0,65	1,00	0	24	52	
Brócoli	89,30	2,82	0,37	0,87	6,64	2,6	1,70	0,10	0,49	0,68	0	47	66	
Frutos secos														
Almendras	5,25	21,26	50,6	3,11	19,74	11,8	4,80	4,54	0,12		0,73	248	474	
Nuez inglesa	4,07	15,23	65,21	1,78	13,71	6,7	2,61	2,43	0,08	0,09	0,06	98	346	
Piñón	2,28	13,70	68,4	2,59	13,08	3,7	3,59	3,45	0,07	0,07	1,43	16	575	

Alimento	Agua	Proteína	Grasa	Ceniza	Carb. Totales	Fibra	Todos los azúcares	Sacarosa	Glucosa	Fructosa	Almidón	Calcio	Fósforo	# USDA
Bellota	27,9	6,15	23,86	1,35	40,75									12058
Anacardo	5,20	18,22	43,85	2,54	30,19	3,3	5,91	5,81	0,05	0,05	23,49	37	593	12087
Castaña europea	48,65	2,42	2,26	1,13	45,54	8,1						27	93	12097
Macadamia	1,36	7,91	75,77	1,14	13,82	8,6	4,57	4,43	0,07	0,07	1,50	85	188	12131
Pecanas	3,52	9,17	72,0	1,49	13,86	9,6	3,97	3,9			0,46	70	277	12142
Avellana	5,31	14,95	60,75	2,29	16,7	9,7	4,34	4,2	0,07	0,07	0,48	114	290	12120
Semillas														

Alimento	Agua	Proteína	Grasa	Ceniza	Carb. Totales	Fibra	Todos los azúcares	Sacarosa	Glucosa	Fructosa	Almidón	Calcio	Fósforo	# USDA
Lino	6,96	18,30	42,16	3,72	28,9	27,3	1,55	1,15	0,41			255	642	
Calabaza	6,92	24,50	45,85	4,88	17,81	3,9	1,00					43	1174	12014
Cártamo	5,62	16,18	38,4	5,47	34,29							78	644	12021
Sésamo	4,7	17,7	49,7	4,45	0,3	11,8	0,30					975	629	12023
Girasol	1,20	19,33	49,8	5,6	24,07	11,1	2,73					70	1155	12037
Bayas														
Uva	81,30	0,63	0,35	0,57	17,15		16,25					14	191	9131

Alimento	**Agua**	**Proteína**	**Grasa**	**Ceniza**	**Carb. Totales**	**Fibra**	**Todos los azúcares**	**Sacarosa**	**Glucosa**	**Fructosa**	**Almidón**	**Calcio**	**Fósforo**	**# USDA**
Fresa	80,6	0,58	0,60	0,80	17,36							21	27	
Mora	81,5	0,71	0,5	0,30	15,30	1,50						15	13	
Tubérculos														
Cacahuete	6,5	25,8	49,2	2,33	4,0	8,5	3,97					92	376	
Zanahoria	88,29	0,93	0,24	0,97	9,58	2,8	4,74	3,59	0,59	0,55	1,43	33	35	
Batata	77,28	1,57	0,05	0,99	20,12	3,0	4,18	2,52	0,96	0,70	12,65	30	47	
Patata rusa	78,58	2,14	0,08	1,13	18,07	1,3	0,62	0,13	0,25	0,23	15,86			1353

Alimento	**Agua**	**Proteína**	**Grasa**	**Ceniza**	**Carb. Totales**	**Fibra**	**Todos los azúcares**	**Sacarosa**	**Glucosa**	**Fructosa**	**Almidón**	**Calcio**	**Fósforo**	**# USDA**
Frutas														
Melocotón	88,87	0,91	0,25	0,43	9,54	1,5	8,39	4,76	1,95	1,53	0	6	20	9236
Manzana	85,6	0,3	0,2	0,19	10,4	2,4	10,39	2,07	2,43	5,9	0,05	6	11	9003
Pera	83,70	0,38	0,12	0,33	15,46	3,1	9,8	0,78	2,76	6,23	0	9	11	9252
Mandarina	85,7	0,8	0,3	0,38	10,4	1,8	10,58	6,05	2,13	2,4	0	37	20	9218
Cereza	91,4	0,40	0,30	0,21	7,69	1,1						12	11	9001
Otros														

Alimento	Agua	Proteína	Grasa	Ceniza	Carb. Totales	Fibra	Todos los azúcares	Sacarosa	Glucosa	Fructosa	Almidón	Calcio	Fósforo	# USDA
Setas	92,4	3,09	0,34	0,85	3,28	1,0	1,65	0	1,48	0,17	0	3	86	
Calabaza	44,6	1,21	0,18	0,62	3,35	1,1	2,2	0,03	0,75	0,95	0	15	38	
Aguacate (carne)	72,3	1,96	15,41	1,66	8,64	6,8	0,3	0,08	0,10	0,11	0,11	13	54	9038
Dátil														
Higo														
Vertebrados														
Ciervo	71,15	21,8	7,13	0,88	<1,0	0						11	201	17343

Alimento	**Agua**	**Proteína**	**Grasa**	**Ceniza**	**Carb. Totales**	**Fibra**	**Todos los azúcares**	**Sacarosa**	**Glucosa**	**Fructosa**	**Almidón**	**Calcio**	**Fósforo**	**# USDA**
Conejo	74,51	21,79	2,32	1,12	0,71	0						12	226	17180
Rana	81,9	16,4	0,31	1,4	0,71	0						18	147	80200
Codorniz	71,67	22,6	2,99	1,27	0,71	0						10	228	5159
Pollo	75,8	19,56	3,91	0,96	<1,0	0						25	168	5096
Huevo de codorniz	74,35	13,05	11,09	1,1	0,41	0	0,41					64	226	1140
Trucha	71,87	20,5	3,46	1,31	<1,0	0						67	271	15115
Bagre	80,36	16,4	2,8	1,0	<1,0	0						14	209	15010

Alimento	Agua	Proteína	Grasa	Ceniza	Carb. Totales	Fibra	Todos los azúcares	Sacarosa	Glucosa	Fructosa	Almidón	Calcio	Fósforo	# USDA
Invertebrados														
Almeja	81,82	12,3	0,97	1,87	2,57	0						46	169	15157
Mejillón	80,58	11,9	2,24	1,59	3,69	0						26	197	15164
Caracol	79,2	16,1	1,4	1,3	2	0						10	272	90560
Termita	10	36	44	1,5	1	8								
Gusano de seda		23	14											
Langosta		75	20											

Alimento	Agua	Proteína	Grasa	Ceniza	Carb. Totales	Fibra	Todos los azúcares	Sacarosa	Glucosa	Fructosa	Almidón	Calcio	Fósforo	# USDA
Miel	17,1	0,3	0	0,2	82,4	0,21	82,14	0,89	35,7	40,94	0	6	4	19296

ACERCA DEL AUTOR

En sus más de 40 años como nutricionista animal, el Dr. Patton ha trabajado en 25 países y formulado dietas para casi todo tipo de animales. Realizó sus estudios formales en Penn State, Purdue y Virginia Tech. Ha sido gerente de marketing de una compañía que reciclaba residuos alimenticios humanos para su uso en alimentos para animales y director de investigación de dietas de prescripción para perros y gatos. Como consultor con sede en Nuevo México, Patton ha trabajado durante los últimos 30 años para empresas agroalimentarias, zoológicos, gobiernos extranjeros, empresas del grupo Fortune 500, fábricas de pienso locales y regionales y empresas de alimento para perros y gatos. Ha sido profesor adjunto en Penn State durante 15 años, posee 25 publicaciones científicas, dos patentes, una edición previa de este libro (Nutrición de perros y gatos) y numerosos artículos en la prensa popular. Algunos de sus trabajos de investigación anteriores se han centrado en la Vitamina E, los minerales quelados y el metabolismo energético de la madre parturienta. El papel de Patton en el mercado es el de servir como traductor de los conocimientos técnicos para el beneficio de los animales y sus tutores. (www.pattonanimalnutrition.com)

Made in the USA
Middletown, DE
02 February 2026

28005181R00201